普通高等教育“十四五”规划教材

智能仪器原理及设计

（第二版）

郭岩宝　编著

中国石化出版社
·北京·

内 容 提 要

本书采用 Proteus 与 Keil 联合仿真，与实际工程项目相结合，从智能仪器的概述、动态显示及按键控制、模态转换、串行通信与人机交互、中断与存储控制以及数种典型的控制算法等方面，循序渐进地对智能仪器仪表进行了详细且全面的介绍。

本书既可以作为高等院校机械电子工程、机电一体化、仪器仪表等专业的本科生、研究生教材，也可供科研院所相关专业的工程技术人员阅读参考。

图书在版编目(CIP)数据

智能仪器原理及设计 / 郭岩宝编著 . —2 版.
北京：中国石化出版社，2025. 6. —ISBN 978-7-5114-7888-7

Ⅰ. TP216

中国国家版本馆 CIP 数据核字第 2025MM9867 号

中国石化出版社出版发行

地址:北京市东城区安定门外大街 58 号
邮编:100011 电话:(010)57512500
发行部电话:(010)57512575
http://www. sinopec-press. com
E-mail:press@ sinopec. com
北京艾普海德印刷有限公司印刷
全国各地新华书店经销

*

710 毫米×1000 毫米 16 开本 16. 25 印张 333 千字
2025 年 6 月第 2 版 2025 年 6 月第 1 次印刷
定价:42. 00 元

第二版前言

随着信息化与智能化飞速发展，科技的每一次脉动都深刻地重塑着我们对世界的认知与测量方式。智能仪器仪表作为连接物理世界与数字世界的桥梁，正站在技术革新的潮头。随着大数据、云计算、物联网以及人工智能技术的深度融合，这些精密的设备不再仅仅是数据的采集者，它们已经进化为能够进行自主分析、决策的智能体。在工业4.0和智能制造的宏伟蓝图中，智能仪器仪表扮演着不可或缺的角色。智能仪器仪表通过高度集成的传感器技术、微处理器和先进的软件算法，实现了对复杂环境和过程的精准监控与高效管理。

本书以仪器仪表设计理论和方法为基础，将经典的智能仪器仪表设计理论与前沿的嵌入式系统应用相结合，使读者通过本书和相应的实验，能深刻领会仪器仪表在设计中涉及的各种技术和理论。书中根据当前的时代特点，综合实际教学需要，在第一版的基础上做了较大调整、修订。主要进行了：

(1) 统一了代码形式

本书全篇采用了可读性更强、开发效率更高的C语言进行MCS-51程序编写，编程思想对于初学者来说更为友好，有助于理解程序设计的基本原理。

(2) 对现有内容进行优化、校正

调整了第一版内容中不合理的部分，修正了可能误导读者的部分描述，对全书细节进行了优化。

中国特种设备检测研究院孟涛、陈金忠、王俊强、王海涛在本书编写过程中提供了重要的指导和建议，中国石油大学(北京)巨明仓等参与了部分章节的程序运行、绘图和校对等工作，在此表示感谢。

鉴于编者水平有限，书中不妥之处在所难免，希望读者提出批评和改进意见，以便今后在架构、内容和细节等方面更加完善。

编者

2025年1月

第一版前言

智能化是现代仪器仪表的发展趋势，许多嵌入式系统、电子技术和现场总线领域的新技术被应用于智能仪器仪表的设计，尤其是嵌入式系统的许多新的理念极大地促进了智能仪器仪表技术的发展，如单芯片技术等。但是目前有关智能仪器仪表方面的教材往往只强调理论知识，而与实际工程案例的结合较少，关于嵌入式系统和微处理器应用的书籍又相对专一化，两者缺乏有机结合。

本书以仪器仪表设计理论和方法为基础，将经典的智能仪器仪表设计理论与前沿的嵌入式系统应用相结合，使读者通过本书和相应的实验，能深刻领会智能仪器仪表在设计中涉及的各种技术和理论。本书结合实际工程案例，由浅入深地将智能仪器仪表的设计理念与实际应用系统地、全面地展示给读者；不拘泥于介绍智能仪器的传统设计方法，更关注智能化自控仪表设计的特殊性。

本书结合 MCS-51 系列微处理器原理和特点，将单芯片设计理念引入智能仪器仪表设计，并以此为基础，系统地介绍了智能仪器仪表的组成和预备知识、动态显示、数模转换、通信、控制方法、控制算法以及提高智能仪器性能的有关技术等，通过本书的学习读者可建立完整的仪器仪表设计研发知识结构。本书每章的最后均附有习题，以便加深读者对所学概念的理解，达到举一反三、灵活应用的目的。

本书第 1 章概述了智能仪器仪表、预备知识以及仿真软件的应用等内容；第 2 章对智能仪表的动态显示及按键控制进行了介绍，包括 LED 灯控制、点阵控制、动态数码管按键控制和 LED 液晶显示器等内容；第 3 章较全面地介绍了智能仪器仪表的数模/模数转换方面内容；第 4 章详细阐述了智能仪器的串行通信和人机交互等相关知识，包括串行通信、串行通信接口以及智能仪器与人机交互等内容；第 5 章详细介绍了智能仪器仪表的中断与存储控制，包括中断控制系统概述、单片机的中断系统、中断模块设计以及定时/计数器等内容；第 6 章重点介绍了智能仪器仪表的控制算法及提高智能仪器性能的有关技术，包括数字滤波算法、校正算法、PID 控制算法等内容。

本书遵循“宽编窄用”的内容选取原则，以适应相关专业不同层次、不同教学学时的需要，同时各章节力求做到原理、技术与实例并重，书本知识与实验相结合，符合教学规律。

本书既可以作为高等院校机械电子工程、机电一体化、仪器仪表等专业的本科生、研究生教材，也可供科研院所相关专业的工程技术人员阅读参考。本书配有相关的教学课件，有需求的老师可联系出版社自行索取。

本书第 1 章由王斌编写，第 2 章至第 6 章由郭岩宝编写，并由郭岩宝对全书进行了统稿。在编写过程中，张建政、苏政达、杨岸雄、郭东杰、窦玉欣、李嘉杞、徐博志等参与了本书部分章节的程序运行、绘图和校对等工作，在此谨向他们表示衷心的感谢。

鉴于编者水平有限，书中不妥之处在所难免，希望读者提出批评和改进意见，以便今后在构架、内容和细节等方面做得更加完善。

编者

2020 年 12 月

目录

第1章　导　　论

当前，随着智能科技的不断发展，智能化技术在目前的各个行业都有着较广泛的应用，智能化仪器仪表在我国的工业生产当中也得到了快速的发展。现代化自动仪器仪表指的是综合应用大规模的集成电路技术、微处理器技术以及通信技术等多种技术，从而使整个仪器仪表具有自动智能化处理的功能。在进行输入信号的处理过程中，温度与压力的补偿过程需要做好相应的管理和控制，从而使控制系统在生产当中能够将系统危险进行分散，增强使用功能。仪器仪表的智能化可大大提升当前工业生产当中仪器仪表的使用性能，方便各个设备之间的信息交流，通过利用互联网网络技术组成的新型开放式控制系统，能够极大地提高设备的数据交换能力以及信息沟通能力。

1.1　智能仪器仪表概述

1.1.1　智能仪器仪表组成简介

(1)智能仪器仪表的发展概况

智能仪器仪表是一类新型的、内部装有微处理器或单片机的微机化电子仪器仪表，它是由传统的电子仪器仪表发展而来的，但在结构和内涵上已经发生了本质的变化。

回顾电子仪器仪表的发展历程，我们可以发现，从仪器仪表使用的器件来看它大致经历了三个阶段，即真空管时代、晶体管时代和集成电路时代。若从仪器仪表的工作原理来看，又可以分为以下几个阶段。

第一代仪器仪表(指针式仪器仪表)：20 世纪 50 年代以前的仪器仪表都是按某一性能要求设计的单个指针式仪器仪表，如至今还在使用的万用表、电压表、电流表和功率表等。当时人们致力于研究仪器仪表本身的性能，如提高灵敏度、扩展量程、提高精确度等，使得仪表从简单到复杂，对元器件的要求越来越高，因此仪表的造价也成倍地增加。

第二代仪器仪表(数字式仪器仪表)：在20世纪60年代，随着无线电电子学、自动控制、航空航天和军事工业的发展，测试项目越来越多，测试速度要求越来越高，需要连续、实时地显示及处理大量的测试数据。随着自动测试系统(ATS)的研制，第二代数字式仪器仪表应运而生，如数字电压表、数字功率计、数字频率计等。这类仪表能够满足快速响应和高精度的要求，以数字显示或打印作为最终结果，还可以将数据通过接口输入计算机。

第三代仪器仪表(智能仪器仪表)：在20世纪70年代，由于微型计算机的出现和迅猛发展，仪器仪表同计算机融为一体的智能仪器仪表诞生了。智能仪器仪表的优越性是以往的仪器所无法比拟的，它产生了革命性的飞跃。仪器仪表内增加了计算机芯片，不但可以用软件代替仪器仪表中的硬件功能，而且使仪器仪表的电路得到了较大程度简化。由于计算机芯片体积小、价格低，因此整个仪器仪表的体积及成本大大降低，同时功能增多、测量范围扩展、精确度提高，还具有数据加工及处理的能力。此外，智能仪器仪表大多具有与计算机连接的标准接口，可作为一台智能仪器仪表接入系统，使功能进一步扩展。在操作方面，操作人员只要熟悉一些简单的程序，或利用预先存储在计算机内的程序，就可以方便地进行测试。仪器仪表产生故障时，部分智能仪器仪表具有自检能力，维修也很方便。智能仪器仪表的发展历程如图1-1所示。

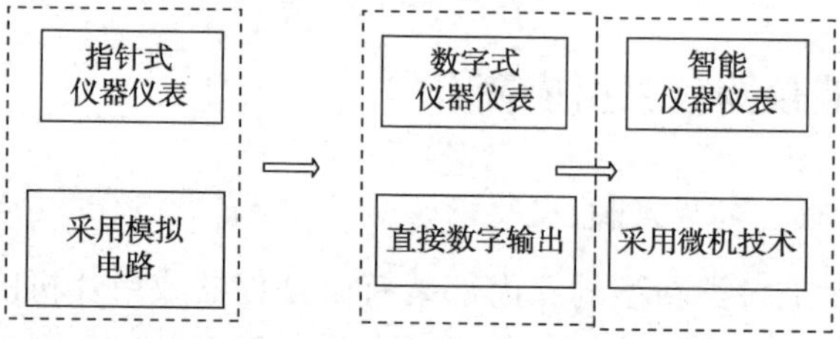

图1-1 智能仪器仪表的发展历程

本书将要讨论的智能仪器仪表主要是采用单片机作为核心控制部件的智能化电子仪器仪表。单片机被引入传统的电子仪器仪表以后，大大加快了仪器仪表智能化的进程。此外，与多芯片组成的微型计算机相比，单片机具有体积更小、功耗更低、功能更强大、价格也较便宜等优点。用单片机开发的各类智能化产品周期短、成本低，在仪器仪表微机化设计中，有着一般微型计算机无法比拟的优势。本书重点介绍由当前流行的单片机MCS-51组成的智能仪器仪表的组成原理、智能化处理功能、故障诊断与抗干扰技术、典型电路及其应用等。

(2)智能仪器仪表的基本组成

智能仪器仪表实际上是一个专用的微型计算机系统，它主要由硬件和软件两大部分组成，智能仪器的组成示意图如图 1-2 所示。硬件部分主要包括主机电路、模拟量输入/输出通道、人机联系部件与接口电路、标准通信接口电路等部分。其中，主机电路通常由微处理器、程序存储器、输入/输出(I/O)接口电路等组成，或者它本身应是一个具有多功能的单片机；模拟量输入/输出通道用来输入/输出模拟量信号，主要由 A/D 转换器、D/A 转换器和有关的模拟信号处理电路等组成；人机联系部件的作用是沟通操作者和仪器之间的联系，它主要由仪器面板中的键盘和显示器等组成；标准通信接口电路用于实现仪器与计算机的联系，以便使仪器可以接受计算机的程控命令，目前生产的智能仪器仪表一般都配有 GPIB、RS-232C、RS-485 等标准的通信接口。

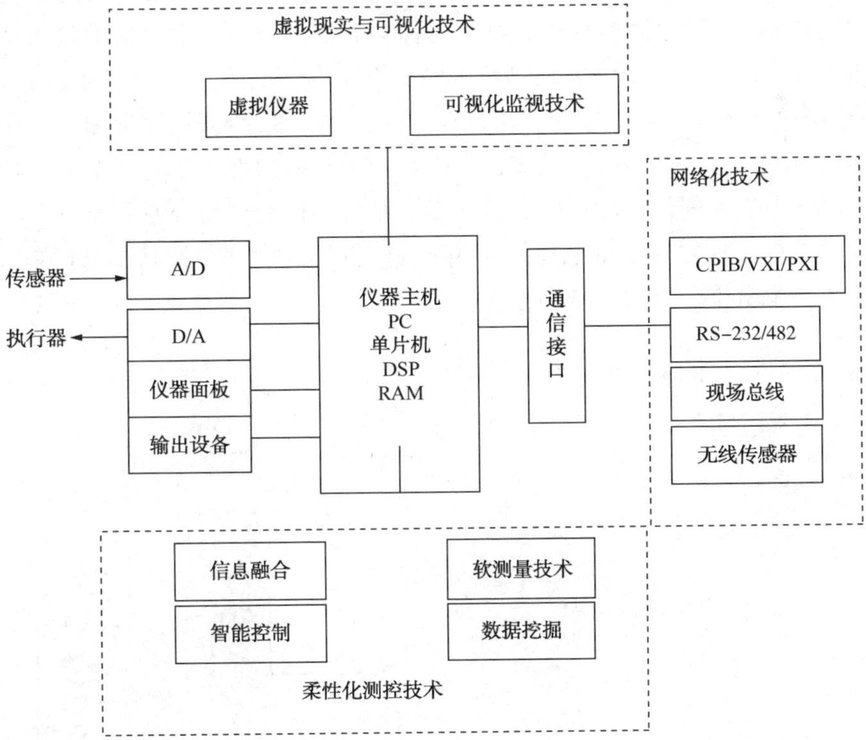

图 1-2　智能仪器的组成示意图

软件部分主要包括监控程序、接口管理程序和数据处理程序三大部分。其中，监控程序面向仪器面板键盘和显示器，其内容包括人机对话的键盘输入及对仪器进行预定的功能设置，对处理后的数据以数字、字符、图形等形式显示。接口管理程序主要通过接口电路进行数据采集、输入/输出通道控制、数据的通信及数据的存储等。数据处理程序主要完成对数据的滤波、数据的运算、数据的分析等任务。

(3)硬件 MCS-51 系列单片机简介

MCS-51 系列单片机(以下简称为 51 系列单片机或 51 单片机)是 20 世纪 80 年代由美国 Intel 公司推出的一种高性能 8 位单片机，是当前应用中较为流行的单片机之一。几十年来，51 系列单片机在教学、工业控制、仪器仪表和信息通信中发挥着重要的作用，并在交通、航运和家用电器等领域取得了大量的应用成果。它的片内集成了并行 I/O、串行 I/O 和 16 位定时/计数器。片内的 RAM 和 ROM 空间都比较大，RAM 可有 256B，ROM 可达 8KB。现在的 51 系列单片机已有许多品种，其中应用较为广泛的型号为 89C51(89S51)。

51 系列单片机的指令系统提供了 7 种寻址方式，可寻址 64KB 的外部程序存储器空间和 64KB 的数据存储器空间；共有 111 条指令，其中包括乘除指令和位操作指令；中断源有 5 个(89C52 为 6 个)，分为两个优先级，可分别进行设置；在 RAM 区中还开辟了 4 个通用工作寄存器区，共有 32 个通用寄存器，适用于多种中断或子程序嵌套的情况。在 MCS-51 系列单片机内部，还有一个由直接可寻址位组成的布尔处理器，即位处理器。指令系统中位处理指令专用于对布尔处理器的各位进行布尔处理，特别适用于位控制和解决各种逻辑问题。51 单片机的结构框图与逻辑符号如图 1-3 所示。

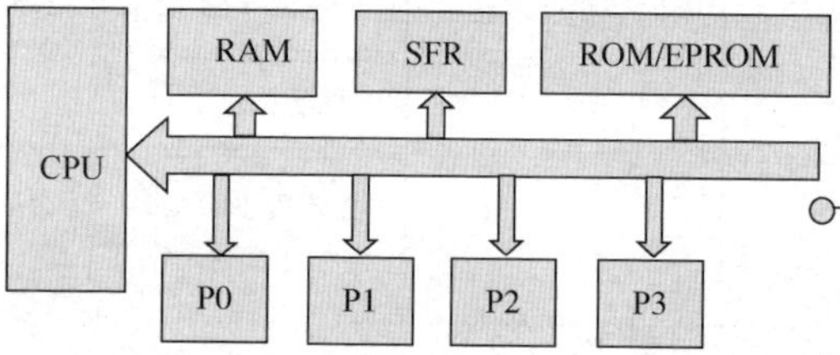

(a)结构框图

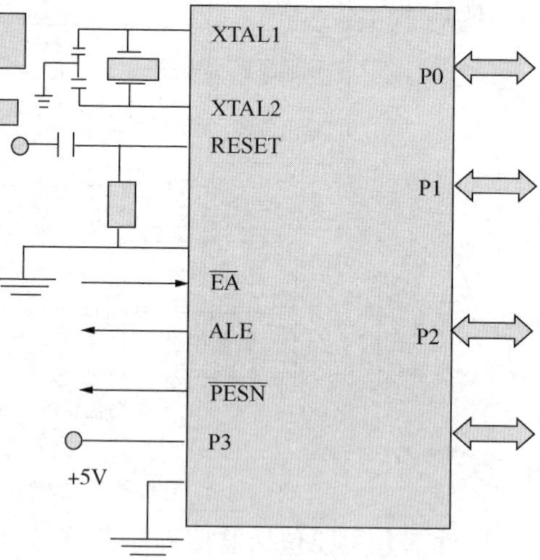

(b)逻辑符号

图 1-3　51 单片机的结构框图与逻辑符号

图 1-3 中信号端子的意义如下。

XTAL1、XTAL2：内部振荡电路的输入、输出端，在这两端接上晶振和电容，内部振荡器便可自激振荡。

RESET：复位信号输入端，+5V 电源通过 RC 微分电路接至复位端，可实现上电自动复位，也可采用按钮开关复位。

$\overline{EA}$：内外程序存储器选择端。当$\overline{EA}=1$，即为高电平时，访问内部程序存储器；当$\overline{EA}=0$，即保持低电平时，只访问外部程序存储器，不管是否有内部存储器。

ALE：地址锁存信号输出端，用作对片外存储器访问时低字节地址 ALE 以 1/6 振荡频率的稳定速率输出，可用作对外输出的时钟或定时。

$\overline{PSEN}$：外部程序存储器读选通信号输出端。

P0~P3：4 个 8 位 I/O 端口，用来输入输出数据。P3 端口还具有第二功能。51 系列单片机在内部存储空间不够用的情况下，可以扩展外部的存储器，此时，P0、P2 端口作为地址/数据总线接口。有关 51 系列单片机的详细内容可查阅有关参考资料。

Intel 公司生产的 51 系列单片机功能强、可靠性高，用它作为智能仪器的核心部件，具有以下的优点：

① 运算速度高。一般仪器仪表均要求在零点几秒内完成一个周期的测量、计算和输出操作，如许多测量仪器仪表都是动态显示的，即要求它们能对测量对象的参数进行实时测量显示。由于人的反应时间一般小于 0.5s，故要求在 0.5s 内完成一次测量显示。如果要求采用多次测量取平均值，则速度要求更高。不少仪器仪表的计算比较复杂，不仅要求有浮点运算功能，还要求有函数(如正弦函数、开平方等)计算能力，这就对智能仪器仪表中的微处理器的运算能力和运算速度提出了较高的要求。51 单片机的时钟频率可达 12MHz，大多数运算指令执行时间仅 1μs，并具有硬件乘法、除法指令，运算速度很高。

② 控制功能强。智能仪器仪表的测量过程和各种测量电路均由单片机来控制，一般情况下这些控制端都为一根 I/O 线。

由于 51 单片机具有布尔处理功能，包括一整套位处理指令、位控制转移指令和位控制 I/O 功能，这使得它特别适用于仪器仪表的控制。

③ 硬件结构简单。一般要求智能仪器仪表中有大量的 I/O 端口，并且需要有定时或计数功能，有的还需要通信功能，而 MCS-51 单片机片内具有 32 根 I/O 端口线、两个 16 位定时/计数器，还有一个全双工的串行通信接口。这样，在使用 51 单片机后可大大简化仪器仪表的硬件结构，降低仪器仪表的造价。

(4)Proteus 应用简介

Proteus 软件是英国 Labcenter electronics 公司设计的 EDA 工具软件，可完成从原理图布图、PCB 设计、代码调试到单片机与外围电路的协同仿真，真正实现了从概念到产品的完整设计，是目前世界上唯一将电路仿真软件、PCB 设计软件和虚拟模型仿真软件三合一的设计平台，其处理器模型支持 8051、HC11、PIC、AVR、ARM、8086 和 MSP430 等，2010 年又增加了 Cortex 和 DSP 系列处理器，并在持续增加其他系列处理器模型。

Proteus 软件提供了三十多个元器件库、数千种元器件，涉及电阻、电容、二极管、三极管、MOS 管、变压器、继电器、各种放大器、各种激励源、各种微控制器、各种门电路和各种终端等。在 Proteus 软件包中提供的仪表有交直流电压表、交直流电流表、逻辑分析仪、定时/计时器和信号发生器等。Proteus 还提供了一个图形显示功能，可以将线路上变化的信号，以图形方式实时显示出来，其作用与示波器相似。Proteus 提供了丰富的测试信号用于电路测试，这些测试信号包括模拟信号和数字信号。Proteus 软件主要具有以下特点：

① 具有强大的原理图绘制功能。

② 实现了单片机仿真和 SPICE 电路仿真相结合。具有模拟电路仿真、数字电路仿真、单片机及其外围电路的系统仿真、RS-232 动态仿真、I2C 调试器、SPI 调试器、键盘和 LCD 系统仿真的功能；有各种虚拟仪器，如示波器、逻辑分析仪、信号发生器等。

③ 支持主流单片机系统的仿真。目前支持的单片机类型有：68000 系列、8051 系列、AVR 系列、PIC12 系列、PIC16 系列、PIC18 系列、Z80 系列、HC11 系列以及各种外围芯片。

④ 提供软件调试功能。具有全速、单步、设置断点等调试功能，同时可以观察各变量以及寄存器等的当前状态，并支持第三方编译和调试环境，如 wave6000、Keil 等软件。

Proteus 主要由两个设计平台组成：

① ISIS(Intelligent Schematic Input System)——原理图设计与仿真平台，它用于电路原理图的设计以及交互式仿真；

② ARES(Advanced Routing and Editing Software)——高级布线和编辑软件平台，它用于印刷电路板的设计，并产生光绘输出文件。

Proteus 仿真基本步骤：

1)新建设计文件

运行 ISIS，它会自动打开一个空白文件，或者选择工具栏中的新建文件按钮，也可以执行菜单命令："File"→"New Design"，单击"OK"按钮，创建一个空白文件。不管是哪种方式新建的设计文件，其默认文件名都是 UNTITLED. DSN，其图纸样式都是基于系统的默认设置，如果图纸样式有特殊要求，用户可以从 System 菜单进行相应的设置。单击"Save"按钮，界面弹出"Save ISIS Design File"对话框，选择好设计文件的保存地址后，在文件名框中输入设计文件名，再单击"Save"按钮，则完成新建设计文件操作，其扩展名自动设定为"DSN"。

2)选取元器件并添加到对象选择器中

选择主模式工具栏中的  按钮，并选择对象选择器中的"P"按钮，或者直接单击编辑工具栏中的  按钮，也可以使用快捷键"P"(ISIS 系统默认的快捷键，表示 Pick)，会出现如图 1-4 所示的选择元器件对话框。

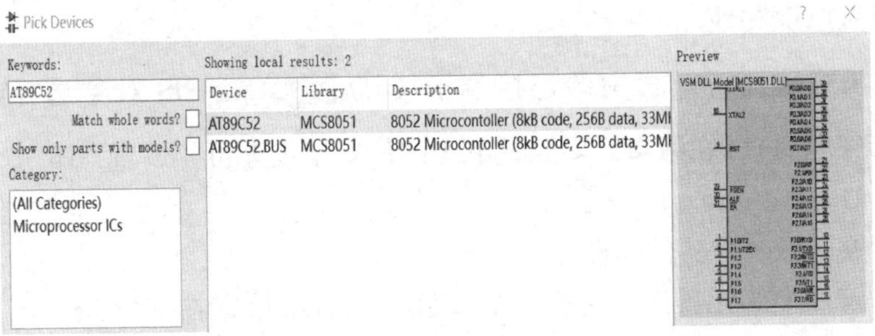

图 1-4　选择元器件对话框

以选择 AT89C52 为例，在选择元器件对话框左上"Keywords"(关键字)一栏中输入元器件名称"AT89C52"，则会出现与关键字匹配的元器件列表，选中并双击 AT89C52 所在行或单击 AT89C52 所在行后，再单击"OK"按钮，便将器件 AT89C52 加入 ISIS 对象选择器中。按此操作方法可以完成其他元器件的选取，将设计中所用的元器件都加入 ISIS 对象选择器中，如图 1-5 所示。

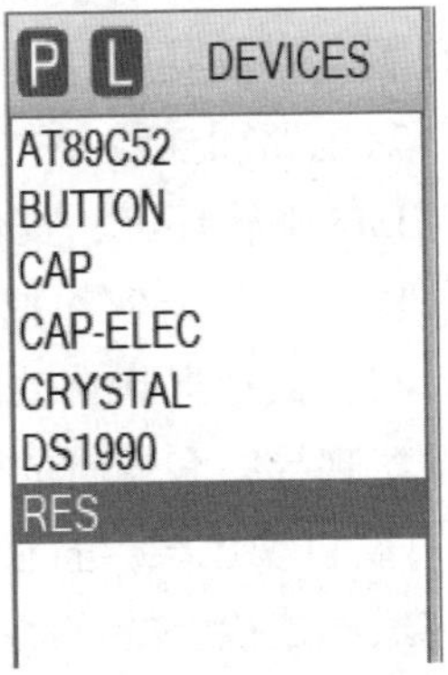

图 1-5　加入 ISIS 对象选择器中的元器件

3)图纸栅格设置

在 ISIS 编辑区内有点状的栅格，可以通过 View 菜单的 Grid 命令在打开和关闭间进行切换。点与点的间距由当前的捕捉设置决定，捕捉的尺度也是移动元器件的步长单位，可根据需要改变这一单位。单击菜单“View”后，在其下拉菜单中单击所需要的捕捉栅格单位即可。

4)元器件放置与布局

单击 ISIS 对象选择器中的元器件名，蓝色条出现在该元器件名上。把鼠标移动到编辑区某位置后，单击就可放置元器件于该位置，每单击一次，就放置一个元器件。在 ISIS 中，鼠标操作与传统的不同，右键选取、左键编辑或移动：

① 右键单击：选中对象，此时对象呈红色；再次右击已选中的对象，即可删除对象。

② 右键拖曳：框选一个块的对象。

③ 左键单击：放置对象或对选中的对象编辑属性。

④ 左键拖曳：移动对象。

⑤ 按住鼠标中心键滚动：以鼠标停留点为中心，缩放电路。

5)放置电源和地

单击模式选择工具栏中的连接端子按钮 ，在 ISIS 对象选择器中单击“POWER”(电源)，在编辑区要放置电源的位置单击即可，放置“GROUND”(地)的操作类似。

6)设置、修改元器件属性

Proteus 库中的元器件都有相应的属性，可右击放置在 ISIS 编辑区中的元器件(显示高亮度)后，在弹出的对话框中选择“Edit Properties”，打开编辑元器件属性窗口；或直接左键双击目标元器件，打开编辑元器件属性窗口。在属性窗口中设置、修改其属性，包括名称、参数值等。

7)电路图连线

ISIS 编辑环境，提供专门的连线工具，省去了用户选择连线模式的麻烦。

Proteus 具有实时捕捉功能，即当鼠标指针指向管脚末端或者导线时，鼠标指针将会被捕捉到自动出现一个绿色笔，表示从此点可以单击画线。该功能可以方便实现导线和管脚的连接。

① 自动连线：直接单击两个元器件的连接点，ISIS 即可自动定出走线路径并完成两连接点的连线操作。

② 手工调整线形：如果想自己决定走线路径，只需单击第一个元器件的连接点，然后在希望放置拐点的地方单击，最后单击另一个元器件的连接点即可，

放置拐点的地方会呈“×”样式。

③ 移动连线：左键单击选中连线，鼠标指针变为双箭头，表示可沿垂直于该线的方向移动，此时拖动鼠标，选中的画线会跟随移动。

④ 改变连线形状：只要按住拐点或斜线上任意一点，鼠标指针就会变为四向箭头，表示可以任意角度拖动连线。

⑤ 取消画线：在画线的过程中若要取消画线，直接右键单击或按键盘上的“Esc”键即可。

⑥ 删除连线：若要删除某段连线，可以右键单击选中该连线，在弹出的菜单中选择“Delete Wire”或者直接右键双击。

8)总线应用

为了简化电路原理图，我们可以用一条导线代表数条并行的导线，这就是所谓的总线。当电路中多根数据线、地址线、控制线并行时，使用总线较为方便。

① 画总线：点击左边主模式工具栏中的总线按钮 ，即可在 Proteus ISIS 编辑窗口中画总线。初次使用者，会感觉在编辑窗口中画不上，记住一定要先在要画线的地方点击一下，然后总线便随着鼠标的移动开始画出，需要拐弯时，在拐角处点击一下，想要结束画总线时要先点击一下表示总线结束点，然后再点击即可画完总线。

② 总线标注：当总线画完后，要给总线标注，总线的标注名可以与单片机的总线名相同，也可不同。总线标注时可以点击左边主模式工具栏中的总线放置标号按钮，鼠标移动到所画的总线上变成“×”状后单击，或右键单击总线，在弹出的对话框中选择“Place Wire Lable”即可进行标注。

③ 画总线分支线：总线分支线是用来连接总线和元器件管脚的，与画一般的导线方法相同。画总线分支线的简便方法是采用 Proteus 提供的重复布线(Wire Repeat)技术。假设要把单片机的 P2 口和总线相连，先画 P2.0 口与总线相连的分支线，再画 P2 口的其他分支线时，只需在引脚处双击，此时重复布线功能被激活，自动在引脚和总线之间完成连线。重复布线完全复制了上一根线的路径，如果上一根线已经是自动重复布线将仍旧自动复制该路径。如果上一根线是手工布线，那么将精确复制出新的线。

④ 分支线标注：右键点击分支线选中它，在弹出的对话框中选择“Place Wire Lable”即可进行标注。

9)连接端子应用

在电路设计时，有时需要从某一端口接多条连线，直接连线会显得很乱，这时可以采用添加连接端子的方式。

添加连接端子的操作：点击左侧小型配件按钮中的连接端子按钮，在选择元器件对话框中会出现不同端子可供选择。单击需要的连接端子，在对象预览器中会有连接端子的预览，在 Proteus ISIS 编辑窗口中单击即可放置连接端子，选中放置的连接端子单击后，弹出编辑连接端子标号“Edit Terminal Label”对话框，输入相应的标号即可。

1.1.2 智能仪器仪表功能与特点

单片机的出现与应用，对科学技术的各个领域都产生了极大的影响，与此同时也导致了一场仪器仪表技术的巨大变革。单片机在智能仪器仪表中的具体功能可归结为两大类：对测试过程的控制和对测试数据、结果的处理。

单片机对测试过程的控制主要表现在单片机可以接收来自面板键盘和通信接口传来的命令信息，解释并执行这些命令。例如，发出一个控制信号给测试电路，以启动某种操作、设置或改变量程、工作方式等，也可通过查询方式或设置中断方式，使单片机及时了解电路的工作情况，以便正确地控制仪器仪表的整个工作过程。

对智能仪器仪表测试数据、结果的处理，主要表现在采用了单片机以后，大大提高了智能仪器仪表的数据存储和数据处理能力。在不增加硬件的情况下，利用软件对测试数据进行进一步加工、处理，如数据的组装、运算、舍入，确定小数点的位置和单位，转换成七段码送显示器显示，或按规定的格式从通信接口输出等。因此，单片机的应用使智能仪器仪表具有以下主要特点：

① 具有友好的人-机对话功能。智能仪器仪表使用键盘代替了传统仪器仪表中的切换开关，操作人员只需通过键盘输入命令，就能实现某种测量功能。与此同时，智能仪器仪表还可以通过显示屏将仪器仪表的运行情况、工作状态以及对测量数据的处理结果及时告诉操作人员，使仪器仪表的操作更加方便、直观。

② 自动校正零点、满度和切换量程。智能仪器仪表的自动校正功能大大降低了因仪器仪表的零点漂移和特性变化所造成的误差，而量程的自动切换又给使用带来了很大的方便，并可以提高测量精度和读数的分辨率。

③ 多点快速检测。智能仪器仪表能对多个参数(模拟量或开关量信号)进行

快速、实时检测，以便及时了解生产过程的各种工况。

④ 自动修正各类测量误差。许多传感器的固有特性是非线性的，且受环境温度、压力等参数的影响，从而给智能仪器仪表带来了测量误差。在智能仪器仪表中，只要能掌握这些误差的规律，就可以依靠软件进行修正。常见的有测温元件的非线性校正、热电偶冷端温度补偿、气体流的温度压力补偿等。

⑤ 数字滤波。通过对主要干扰信号特性的分析，采用适当的数字滤波算法，可以有效地抑制各种干扰(例如低频干扰、脉冲干扰)的影响。

⑥ 数据处理。智能仪器仪表能实现各种复杂运算，对测量数据进行整理和加工处理，例如统计分析、查找排序、标度变换、函数逼近和频谱分析等。

⑦ 各种控制规律。智能仪器仪表能实现 PID 及各种复杂的控制规律，例如，可进行串级、前馈、解耦、非线性、纯滞后、自适应、模糊等控制，以满足不同控制系统的需要。

⑧ 多种输出形式。智能仪器仪表的输出形式有数字(或指针)显示、打印记录和声光报警，也可以输出多点模拟量(或开关量)信号。

⑨ 数据通信。智能仪器仪表配有 RS-232、RS-485、GP-IB 等标准的通信接口，可以很方便地与其他仪器仪表和计算机进行数据通信，以便构成不同规模的计算机测量控制系统。

⑩ 自诊断和故障监控。在运行过程中，智能仪器仪表可以自动地对仪器仪表本身各组成部分进行一系列的测试，一旦发现故障即能报警，并显示出故障部位，以便及时处理。有的智能仪器仪表还可以在故障存在的情况下，自行改变系统结构，继续正常工作，即在一定程度上具有容忍错误存在的能力。

也许在一些常规仪器仪表中，通过增加器件或变换电路也能或多或少地实现以上的一些功能，但往往要付出较大的代价。性能上的些许提高，会使仪器仪表的成本大大增加。而在智能仪器仪表中，性能的提高、功能的扩大是比较容易实现的，往往不会使仪器仪表成本大幅度增加。

因此，低廉的单片机芯片使得智能仪器仪表具有较高的性能价格比。

1.1.3 智能仪器仪表应用现状及发展趋势

(1) 智能仪器仪表应用现状

智能仪器仪表引领了仪器仪表产业今后发展的主流和方向，已被广泛地应用于人民生活中，涉及工农业、电力、交通运输、国防、文教卫生等各个方面，在国民经济建设各行各业的运行过程中发挥着极为重要的作用。比如，在现代国防建设技术装备中仪器仪表已成为重要的组成部分，仪器仪表和计算机占到中国航天工业的固定资产的1/3；仪器仪表开支已占到运载火箭全部研制经费的一半左右。随着科技的发展，装备的智能化水平在不断提高，有关资料显示，仪器仪表校准在工程设备总投资中的比重已占到18%左右；宝山钢铁股份有限公司推行的一贯质量管理，将1/3的技术装备投资经费用于购置仪器仪表和自控系统，以满足其现代化生产技术的需求。

(2)智能仪器仪表发展趋势

1)微型化

智能仪器仪表的微型化是指将微电子技术、微机械技术、信息技术等综合应用于智能仪器仪表的设计与生产中，从而使仪器仪表成为体积较小、功能齐全的智能化仪器仪表。它具有完成信号采集，线性化处理，数字信号处理，控制信号的输出、放大，和其他仪器仪表接口以及与人交互等功能。微型智能仪器仪表随着微电子技术、微机械技术的不断发展，其技术不断成熟，价格不断降低，因此其应用领域也必将不断扩大。它不但具有传统仪器仪表的功能，而且能在自动化技术、航天、军事、生物技术、医疗等领域起到独特的作用。

2)人工智能化

人工智能是计算机应用的一个崭新领域，利用计算机模拟人的智能，用于机器人、医疗诊断、专家系统、推理证明等各个方面。智能仪器仪表的进一步发展将含有一定的人工智能，即代替人的一部分脑力劳动，从而在视觉(图形及色彩辨读)、听觉(语音识别及语言领悟)、思维(推理、判断、学习与联想)等方面具有一定的能力。这样，智能仪器仪表可以无需人的干预而自主地完成检测或控制功能。显然，人工智能在现代仪器仪表中的应用，使我们不仅可以解决用传统方法很难解决的一类问题，而且还有望解决用传统方法根本不能解决的一些问题。

3)多功能化

多功能本身就是智能仪器仪表的一个特点。例如，为了设计速度较快和结构较复杂的数字系统，仪器仪表生产厂家制造了集脉冲发生器、频率合成器和任意波形发生器等多种功能于一体的函数发生器。这种多功能的综合型产品不但在性能上(如准确度)比专用脉冲发生器和频率合成器高，而且具备较好的各种测试功能。

4)通信与控制网络化

随着网络技术的飞速发展，Internet 技术正在逐渐向工业控制和智能仪器仪表设计领域渗透，实现智能仪器仪表系统基于 Internet 的通信能力，以及对设计好的智能仪器仪表系统进行远程升级、功能重置和系统维护。

5) 部分结构虚拟化

测试仪器仪表的主要功能都是由数据采集、数据分析和数据显示等 3 大部分组成的。随着计算机应用技术的不断发展，人们利用计算机强大的图形环境和在线帮助功能，建立了图形化的虚拟仪器仪表面板，完成了对仪器仪表控制、数据采集、数据分析和数据显示等功能。因此，只要额外提供一定的数据采集硬件，就可以与计算机组成测量仪器仪表。这种基于计算机的测量仪器仪表称为虚拟仪器仪表。在虚拟仪器仪表中，使用同一个硬件系统，只要使用不同的软件编程，就可以得到功能完全不同的测量仪器仪表。可见，软件系统是虚拟仪器仪表的核心，因此，也有人称“软件就是仪器”。

传统的智能仪器仪表主要在仪器仪表技术中采用了某种计算机技术，虚拟仪器仪表则强调在通用的计算机技术中吸收仪器技术。作为虚拟仪器仪表核心的软件系统具有通用性、通俗性、可视性、可扩展性和可升级性，能为用户带来极大的利益。因此，虚拟仪器仪表具有传统的智能仪器仪表所无法比拟的应用前景和市场。

1.2 智能仪器仪表预备知识

日常所使用的十进制数要转换成等值的二进制数才能在计算机中进行存储和操作。字符数据又称非数值数据，包括英文字母、汉字、数字、运算符号以及其他专用符号。它们在计算机中也要转换成二进制编码的形式，因为二进制编码的形式容易实现，容易表示。

1.2.1 进制

进制是一种计数机制，它使用有限的数字符号代表所有的数值。对于任何一种进制——X 进制，表示某一位置上的数在运算时，会逢 X 进一位，如常用的十进制就是“逢十进一”。实际生活中也有很多进制的应用。例如，1min = 60s，这就是六十进制；又如，对学生进行分组时，假设 8 人一组，可以让学生进行报数，报满 8 个数就多了 1 个小组，这就是八进制。

在对进制的描述中有 3 个概念：

①数位：数码在一个数字当中所处的位置。

②基数：在某种进位计数制中，每个数位上所能使用的数码的个数，即 X 进制的基数就是 X。例如，十进制的基数就是 10，每个数位上只能使用 10 个数码，即 0～9。

③位权：在某一种进位计数制表示的数中表明不同数位上数值大小的一个固定常数。例如，十进制数的位权是 10 的整数次幂，其个位的位权是 10 的 0 次幂，十位的位权是 10 的 1 次幂。十进制数 123.56 按位权展开就是 $123.56=1\times10^2+2\times10^1+3\times10^0+5\times10^{-1}+6\times10^{-2}$。

在使用 PLC 或其他数字计算机时，了解不同的数制和数码是非常有必要的，因为学习这些仪器的基本要求便是学会表示、存储和处理数字。PLC 通常以某种形式处理二进位计数制，用来表示各种代码和大小。下面将针对 C 语言与 PLC 中的二进制、八进制和十六进制分别进行讲解。

(1)二进制

二进制基数为 2，每个数位上只能使用 2 个数码，即 0 和 1。由于二进制只使用两个数字，二进制数的每一位只需增加两次便向左一位进 1，进位规则是“逢二进一”。例如计算二进制算术“1+1”，因为被加数最低位 1 是该位上最大的数，所以再加 1 后就会向前一位进一，该位改为 0，所以二进制算术“1+1”的结果是二进制数 10。二进制 101.01 按位权展开就是：

$$(101.01)_2=1\times2^2+0\times2^1+1\times2^0+0\times2^{-1}+1\times2^{-2}$$

在数字电路中，二进制数 1 和 0 可以方便地表示两个不同等级的电压，例如，图 1-6 中的+5V 和 0V。因此，二进制可以很便捷地应用于 PLC 与计算机系统。

二进制数中的每个数字是一个位，PLC 的处理器存储单元由成千上万个小的单元组成，这些单元称为字，每个字都能够以二进制数，也就是位的形式存储数据。一个字能存储的位数取决于使用的 PLC 系统类型，最常用的为 16 位或 32 位的字。在一个字中，8 个位可组成一个字节，一个字可以包含两个或更多的字节。图 1-7 解释了两个字节如何组成一个 16 位的字。最低有效位(Least Significant Bit，LSB)是该数中位权最小的数字，最高有效位(Most Significant Bit，MSB)是该数中位权中最大的数字。字中的一个位只存在两种状态：逻辑 1(也就是 ON)状态，或者逻辑 0(也就是 OFF)状态。

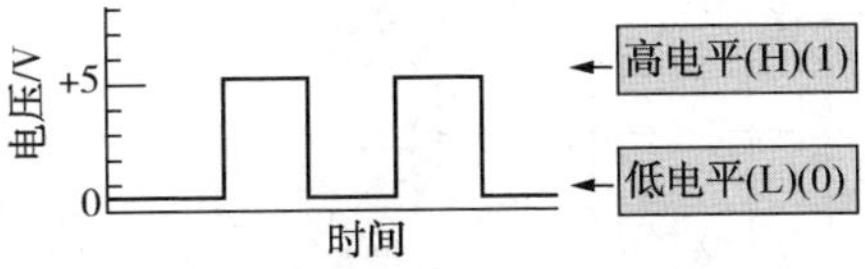

图 1-6　数字信号波形

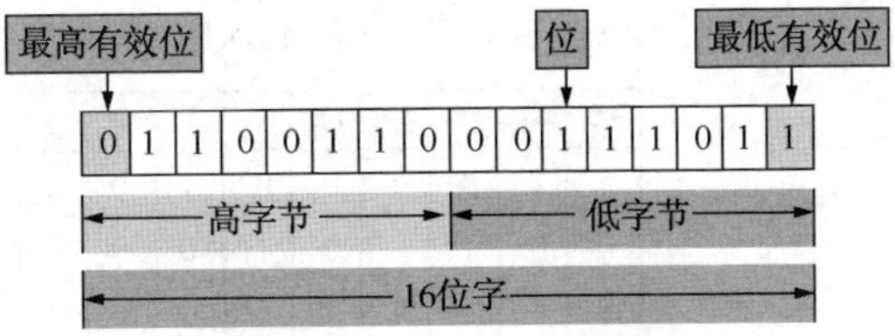

图 1-7　一个 16 位的字

PLC 内存以字节、单字或者双字的形式存储数据。旧版的 PLC 使用的字是 8 位或 16 位，而较新版本，如 Allen-Bradley 公司的 ControlLogix 系统，使用的是 32 位的双字，可编程控制器中内存的容量直接影响用户能够存储的程序的多少。如图 1-8 所示，若内存容量为 1K 字，则使用 16 位字可以存储 16384(1024×16)位的信息，使用 32 位字可以存储 32768(1024×32)位的信息。

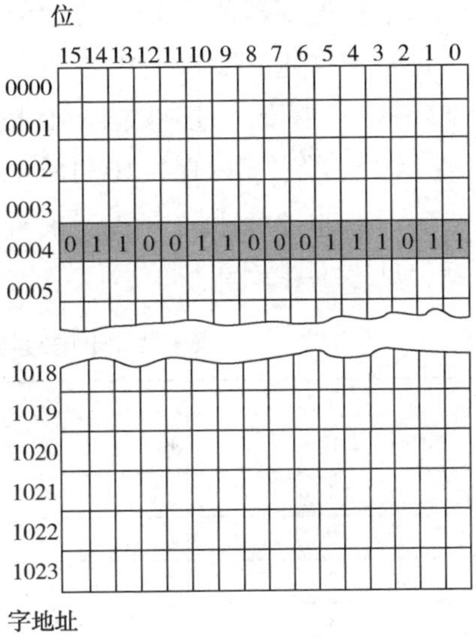

图 1-8　1K 字存储器

虽然二进制只有两个数字，但能够表示十进制数能够表示的所有数字的大小。所有 PLC 的内部均工作于二进制，其处理器，作为一个数字设备，同样只能够识别 0 与 1，也就是二进制数。

可见，计算机内存中存储了一系列二进制的 0 和 1。图 1-9 表示的是 Allen-Bradley 公司 SLC500 系统模块式机架的输出状态文件，它由组成为 16 位"字"的众多二进制位构成。一个或多个 16 位的输出文件字供机架中每一个数据插槽使用。每一位表示一个输出点的 ON 或 OFF 状态。在最上面一行，这些输出点从右向左依次编号为 0～15。最右边一列给出了输出模块的地址。虽然图 1-9 中的表格列出了依序寻进的输出状态文件字，但实际上，只有当处理器发现有输出状态位于特定的插槽中时，才会在表中创建一个字，如果插槽是空的，则不会生成。

(2)八进制

八进制基数为 8，每个数位上只能使用 8 个数码，即 0～7。进位规则是"逢八进一"。例如，计算八进制算式"7+1"，结果是八进制数 10。八进制数 324.72 按位权展开就是：

$(324.72)_8 = 3\times8^2+2\times8^1+4\times8^0+7\times8^{-1}+2\times8^{-2}$

15	14	13	12	11	10	9	8	7	6	5	4	3	2	1	0	地址
1	1	0	0	0	0	1	0	1	1	1	1	0	0	0	1	O:1
0	0	1	1	0	1	0	0	0	0	0	0	1	1	1	1	O:2
1	0	1	0	1	1	0	0	1	1	1	0	0	0	0	1	O:3
0	0	0	0	0	0	0	0	0	1	0	0	1	0	0	0	O:4
1	1	1	0	1	0	0	1	1	1	0	0	1	1	0	1	O:5

图 1-9　SLC500 输出状态文件

(3)十六进制

十六进制基数为 16，每个数位上只能使用 16 个数码，它由 0~9、A~F 这 16 个符号来描述，即除了 0~9 外，十进制的 10~15 用 A~F 表示。进位规则是“逢十六进一”。十六进制数 4A3D 按位权展开就是(十六进制中 A 为 10，D 为 13)：

$(4A3D)_{16} = 4\times16^3+10\times16^2+3\times16^1+13\times16^0$

下面通过对比的方式，来看十进制和二进制、八进制、十六进制的对应关系，见表 1-1。

表 1-1　十进制与二进制、八进制、十六进制对照表

十进制	二进制	八进制	十六进制
0	0	0	0
1	1	1	1
2	10	2	2
3	11	3	3
4	100	4	4
5	101	5	5
6	110	6	6
7	111	7	7
8	1000	10	8
9	1001	11	9
10	1010	12	A
11	1011	13	B
12	1100	14	C
13	1101	15	D
14	1110	16	E
15	1111	17	F
16	10000	20	10

需要注意的是，不同的进制是对数值的不同表示方式，无论采用哪种进制表示一个数，它的值都是一样的。以十进制16为例，十进制由符号“16”表示，而二进制由符号“10000”表示，十六进制由符号“10”表示。

(4) 十进位计数制

十进位计数制是我们最常用的计数制，包含10个基。所谓数制的基，即是该数制所采用的数字符号的个数。例如，在十进位计数制中，便使用了0~9十个不同的数字符号，这些符号的总数与基数相等，且符号中的最大值比基数小1。

一个十进制数的大小取决于组成该数的各个数字的大小以及每个数字的位权。各数字从右向左排列，其占据的每一位都有特定的阶数。在十进制中，右边第一位的阶数为0，第二位的阶数为1，第三位的阶数为2，以此类推至该数最后一位。每一位的位权为该数制基的整数次幂，该整数即为该位的阶数。对于十进制，从右向左，每一位相应的位权分别为1、10、1000，等等。

1.2.2 进制转换

不管用哪种进制形式来表示，数值本身是不会发生变化的。因此，各种进制之间可以轻松地实现转换，下面就以十进制、二进制、八进制、十六进制为例来讲解如何实现进制转换。

(1) 非十进制转换成十进制

非十进制转换成十进制的方法是按位权展开，并求和。

① 二进制转换成十进制：

$(11010.001)_2 = 1\times2^4 + 1\times2^3 + 0\times2^2 + 1\times2^1 + 0\times2^0 + 0\times2^{-1} + 0\times2^{-2} + 1\times2^{-3} = (26.125)_{10}$

② 八进制转换成十进制：

$(32)_8 = 3\times8^1 + 2\times8^0 = (26)_{10}$

③ 十六进制转换成十进制：

$(12D)_{16} = 1\times16^2 + 2\times16^1 + 13\times16^0 = (301)_{10}$

(2) 十进制转换成非十进制

十进制转换成非十进制，整数部分和小数部分要分别进行转换。转换的方法：

① 整数部分：除以基数，取其余数，直到商为零，余数倒排。

② 小数部分：乘基数，取其整数，直到积为零(或取够保留的小数位)，整数正排。

例如，将十进制数$(26.125)_{10}$转换为二进制数。

整数部分(被除数)	计算过程	商	余数
26	26/2	13	0
13	13/2	6	1
6	6/2	3	0
3	3/2	1	1
1	1/2	0	1

由上表可得整数部分$(26)_{10}=(11010)_2$。

小数部分(被乘数)	计算过程	积
0.125	0.125×2	0.250
0.250	0.250×2	0.500
0.500	0.500×2	1.000

由上表可得小数部分$(0.125)_{10}=(0.001)_2$，所以$(26.125)_{10}=(11010.001)_2$。将十进制转化为八进制与十六进制与上同理。

(3)二进制、八进制、十六进制之间的转化

1)二进制与八进制之间的转化

二进制 ⇄ 八进制

（二进制→八进制：整数部分从小数点向左，小数部分从小数点向右，三位并一位，不足位补0）

（八进制→二进制：整数部分从小数点向左，小数部分从小数点向右，一位拆三位，不足位补0）

例如，将$(1101.1101)_2$转化为八进制数是$(15.64)_8$。

001	101	110	100
1	5	6	4

再如，将$(25.63)_8$转化为二进制数是$(10101.110011)_2$。

2	5	6	3
010	101	110	011

2)二进制数与十六进制之间的转化

与二进制数和八进制之间的转化类似，只不过并或拆的位数由3变成4。因为 $8=2^3$，而 $16=2^4$。

例如，将 $(101101.11111)_2$ 转化为十六进制数是 $(2D.F8)_{16}$。

0010	1101	1111	1000
2	D	F	8

再如，将 $(A5.C3)_{16}$ 转化为二进制数是 $(10100101.11000011)_2$。

A	5	C	3
1010	0101	1100	0011

3)八进制数与十六进制数之间的转化

八进制数与十六进制数之间的转化，可将二进制数作为其中间转换数，然后按照二进制数与八进制数、十六进制数转换方法进行转换即可。

1.2.3 BCD码、ASCII码、格雷码

(1)BCD码简介

BCD码(Binary-Coded Decimal)，用4位二进制数来表示1位十进制数中的0~9这10个数码，是一种二进制的数字编码形式，是用二进制编码的十进制代码。BCD码这种编码形式利用了四个位元来储存一个十进制的数码，使二进制和十进制之间的转换得以快捷地进行。这种编码技巧最常用于会计系统的设计里，因为会计制度经常需要对很长的数字串做准确的计算。相对于一般的浮点式计数法，采用BCD码，既可保证数值的精确度，又可免去使计算机做浮点运算时所耗费的时间。此外，对于其他需要高精确度的计算，BCD编码亦很常用。

BCD码可分为有权码和无权码两类。常见的有权BCD码有8421码、2421码、5421码，无权BCD码有余3码、余3循环码、格雷码。6种常见码字的关系对照见表1-2。8421BCD码是最基本和最常用的BCD码，它和四位自然二进制码相似，各位的权值为8、4、2、1，故称为有权BCD码。5421BCD码和2421BCD码同为有权码，它们从高位到低位的权值分别为5、4、2、1和2、4、2、1。余3码是由8421码加3后形成的，是一种“对9的自补码”。余3循环码

是一种变权码，每一位在不同代码中并不代表固定的数值，主要特点是相邻的两个代码之间仅有一位的状态不同。格雷码(也称循环码)是由贝尔实验室的 Frank Gray 在 1940 年提出的，用于在使用 PCM 方法传送信号时防止出错。格雷码是一个数列集合，它是无权码，它的两个相邻代码之间仅有一位取值不同。余 3 循环码是取 4 位格雷码中的十个代码组成的，它同样具相邻性的特点。

表 1-2　常用 BCD 码

十进制数	有权码			无权码		
	2421 码	5421 码	8421 码	余 3 码	余 3 循环码	格雷码
0	0000	0000	0000	0011	0010	0000
1	0001	0001	0001	0100	0110	0001
2	0010	0010	0010	0101	0111	0011
3	0011	0011	0011	0110	0101	0010
4	0100	0100	0100	0111	0100	0110
5	1011	1000	0101	1000	1100	0111
6	1100	1001	0110	1001	1101	0101
7	1101	1010	0111	1010	1111	0100
8	1110	1011	1000	1011	1110	1100
9	1111	1100	1001	1100	1010	1101

二进制编码的十进制数(BCD 码)，是指用二进制编码来表示十进制数据。由于实际应用中一般计算问题的原始数据大多数是十进制数，而十进制数又不能直接输入计算机中参与运算，因此必须用二进制数为它编码(也就是 BCD 码)后方能输入计算机。输入计算机的 BCD 码或经十进制到二进制转换程序变为二进制数后参与运算，或直接由计算机进行二进制到十进制运算(即 BCD 码运算)。计算机进行 BCD 码运算时仍要用二进制逻辑来实现，不过要设法使它符合十进制运算规则。用二进制数为十进制数编码时，每一位十进制数需要用 4 位二进制数表示。4 位二进制数能编出 16 个码，其中 6 个码是多余的，应该放弃不用。而这种多余性便产生了多种不同的 BCD 码。在选择 BCD 码时，应使该 BCD 码便于十进制运算、校正错误，以及补码运算和与二进制数相互转换。

最常用的 BCD 码是 4 位二进制数的权从高到低分别为 8、4、2、1 的 BCD 码，称为 8421BCD 码，见表 1-3。它所表示的数值规律与二进制计数制相同，容易理解和使用，也很直观。例如，若 BCD 码为 1001000101010011.00100100B，则很容易写出相应的十进制数为9153.24。

表1-3 十进制、二进制、BCD码和十六进制的等值数字

十进制	二进制	BCD码	十六进制
0	0	0000	0
1	1	0001	1
2	10	0010	2
3	11	0011	3
4	100	0100	4
5	101	0101	5
6	110	0110	6
7	111	0111	7
8	1000	1000	8
9	1001	1001	9
10	1010	00010000	A
11	1011	00010001	B
12	1100	00010010	C
13	1101	00010011	D
14	1110	00010100	E
15	1111	00010101	F
16	10000	00010110	10
17	10001	00010111	11
18	10010	00011000	12
19	10011	00011001	13
20	10100	00100000	14
126	1111110	000100100110	7E
127	1111111	000100100111	7F
128	10000000	000100101000	80
510	111111110	010100010000	1FE
511	111111111	010100010001	1FF
512	1000000000	010100010010	200

二进制编码的十进制数(BCD码)可以很便利地处理PLC需要输入或输出的多位数字。在众多计数制中，二进制与十进制间的进制转换较为麻烦。BCD可以

方便地将人类容易识别的十进制转换为机器便于处理的二进制数，如 PLC 中拨轮开关和 LED 显示器都是利用 BCD 码的 PLC 设备。表 1-3 显示了部分十进制、二进制、BCD 码和十六进制的等值数字。

BCD 码使用 4 位数字表示一位十进制数。这 4 位数字即是十进制数 0~9 的二进制等值数。在 BCD 码中，4 位数字能够表示的最大十进制数为 9。

将十进制数用 BCD 码表示只需要将十进制数的每一位数字转换为四位 BCD 码。为了将 BCD 码与二进制数加以区分，在单元数字右边会有 BCD 码标志。十进制数 7863 的 BCD 码表示如图 1-10 所示。

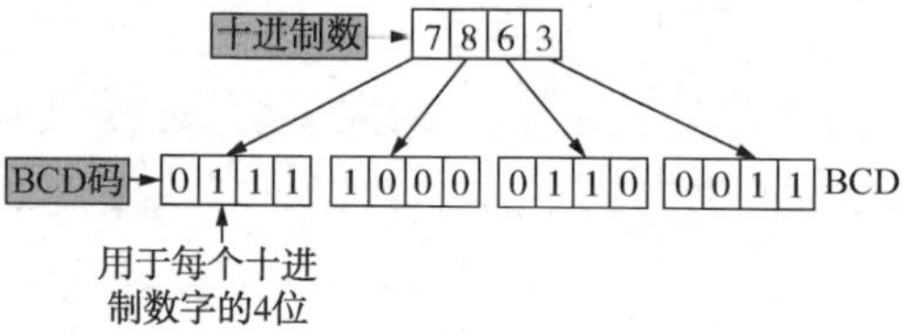

图 1-10　BCD 码表示十进制数 7863

拨轮开关是一种运用 BCD 码的输入设备。图 1-11 显示的是单数字 BCD 拨轮开关与 PLC 交换界面。拨轮的电路板中，十进制数的每一位都有与之位权相关联的 BCD 码，两者之间有电路公共连接进行转换。操作人员拨出 0~9间的一个十进制数，拨轮开关输出其等值的 4 位 BCD 码。在图 1-11 中，拨出数字 8 便输入了 1000。与单数字拨轮开关相似，四数字拨轮开关能够控制共 16(4×4)位 PLC 输入。

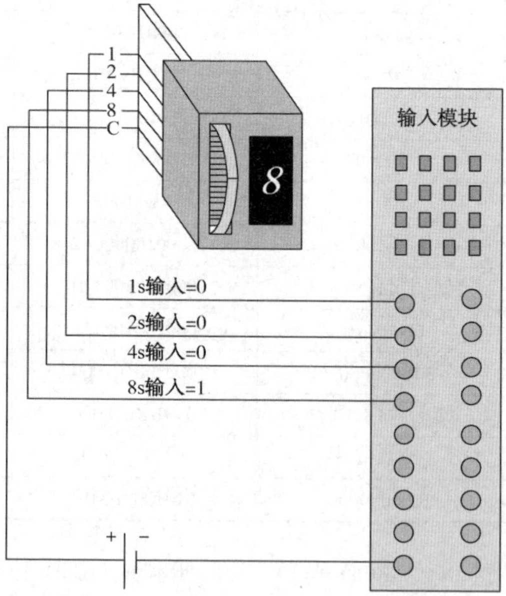

图 1-11　BCD 拨轮开关与 PLC 交换界面

科学计算器可以方便地将数字在十进制、二进制、八进制和十六进制间进行转换。除此之外，PLC 也具有数值转换功能，如图 1-12 所示。输入时需要将 BCD 码转换为二进制数，而输出时需要将二进制数转换为 BCD 码。转换为 BCD 码的指令能够在源地址 N7：23 将二进制位组合转换为与十进制数等值的 BCD 码位模式，并存储于目标地址 0：20。指令每次被扫描到且指令为真时便会执行。

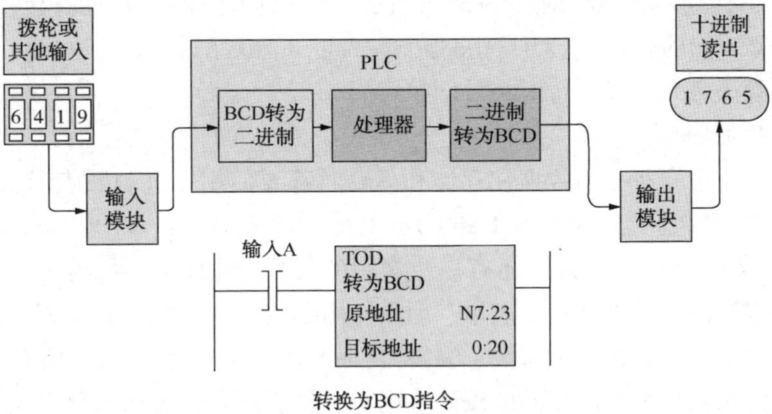

图 1-12 PLC 数制转换

很多 PLC 可以更改数字监视器中显示的数字的格式。例如，Allen-Bradley 控制器的基数更改功能能够将数字的显示格式更改为二进制、八进制、十六进制和 ASCII 码。

（2）ASCII 码简介

1）ASCII 码的定义

ASCII（American Standard Code for Information Interchange，美国信息交换标准代码）是基于拉丁字母的一套电脑编码系统，主要用于显示现代英语和其他西欧语言。它是最通用的信息交换标准，并等同于国际标准 ISO/IEC 646。ASCII 第一次以规范标准的类型发表是在 1967 年，最后一次更新则是在 1986 年，到目前为止共定义了 128 个字符。ASCII 码既包括数字也包含字母，因此是一种字母数字代码。ASCII 码采用的字符包括 10 个数字、26 个大写字母以及 25 个特殊字符，其中包括标准打印机含有的字符。

ASCII 码是一种 7 位的代码，在 ASCII 码中，十位数字用以 011 开头的 8421 BCD 码表示，大写字母以 100 或 101 开头，小写字母以 110 或 111 开头，其他字符以 010、011、101 或 111 开头。7 位代码提供了 PLC 系统中与外部设备或接口通信时所有可能用到的组合。

计算机将键盘的击键直接转换为 ASCII 码，以待处理。每次敲击计算机键盘，计算机内存便会存储一个 7 位或 8 位的字，这些字用以表示所按压键代表的字母数字、功能或控制数据。ASCII 码输入模块将外部设备输入的 ASCII 码信息转换为 PLC 能够处理的字母数字信息。通信接口协议采用 RS-232 或 RS-422。ASCII 码具有能够发送或接收 ASCII 文件，并可以创建操作接口的模块。用户编程采用 BASIC(Beginner's All-purpose Symbolic Instruction Code)语言，它与梯形图逻辑编程语言在程序运行时将共同执行。

2)产生原因

在计算机中，所有的数据在存储和运算时都要使用二进制数表示(因为计算机用高电平和低电平分别表示 1 和 0)，例如，像 a、b、c、d 这样的 52 个字母(包括大写)以及 0、1 等数字还有一些常用的符号(例如 *、#、@ 等)在计算机中存储时也要使用二进制数来表示，而具体用哪些二进制数字表示哪个符号，每个人都可以约定自己的一套做法(编码)。而大家如果要想互相通信而不造成混乱，那么大家就必须使用相同的编码规则，于是美国有关的标准化组织就出台了 ASCII 编码，统一规定了上述常用符号用哪些二进制数来表示。

美国信息交换标准代码是由美国国家标准学会(American National Standard Institute, ANSI)制定的，是一种标准的单字节字符编码方案，用于基于文本的数据。它最初是美国国家标准，供不同计算机在相互通信时用作共同遵守的西文字符编码标准。后来它被国际标准化组织(International Organization for Standardization, ISO)定为国际标准，称为 ISO 646 标准，适用于所有拉丁文字母。

3)表达方式

ASCII 码使用指定的 7 位或 8 位二进制数组合来表示 128 或 256 种可能的字符。标准 ASCII 码也叫基础 ASCII 码，使用 7 位二进制数(剩下的 1 位二进制为 0)来表示所有的大写和小写字母、数字 0~9、标点符号，以及在美式英语中使用的特殊控制字符。其中，0~31 及 127(共 33 个)是控制字符或通信专用字符(其余为可显示字符)，如控制符 LF(换行)、CR(回车)、FF(换页)、DEL(删除)、BS(退格)、BEL(响铃)等；通信专用字符 SOH(文头)、EOT(文尾)、ACK(确认)等；ASCII 值为 8、9、10 和 13 分别转换为退格、制表、换行和回车字符。它们并没有特定的图形显示，但会依不同的应用程序，而对文本显示有不同的影响。

32~126(共 95 个)是字符(32 是空格)，其中 48~57 为 0~9 共 10 个阿拉伯数字。

65~90为26个大写英文字母，97~122为26个小写英文字母，其余为一些标点符号、运算符号等。

同时还要注意，在标准ASCII码中，其最高位(b7)用作奇偶校验位。所谓奇偶校验，是指在代码传送过程中用来检验是否出现错误的一种方法，一般分奇校验和偶校验两种。奇校验规定，正确的代码一个字节中1的个数必须是奇数，若非奇数，则在最高位b7添1；偶校验规定，正确的代码一个字节中1的个数必须是偶数，若非偶数，则在最高位b7添1。

(3)格雷码简介

格雷码是一种不使用位权的特殊形式的二进制代码，也就是说，每一位没有固定的位权。格雷码表示的数值，相邻数值只有一位不同。尽管格雷码应用于计数电路容易造成混乱，但是非常适用于编码电路。例如，绝对式编码器即是一种使用格雷码来确定角位置的检测器。格雷码的优点是每一次“计数”(每从一个数转换到下一个数)只有一位数字改变。表1-4显示的即是格雷码和它等值的二进制数。

表1-4 格雷码和等值的二进制数

格雷码	二进制数	格雷码	二进制数
0000	0000	1100	1000
0001	0001	1101	1001
0011	0010	1111	1010
0010	0011	1110	1011
0110	0100	1010	1100
0111	0101	1011	1101
0101	0110	1001	1110
0100	0111	1000	1111

在二进制中，每次“计数”最多有4位数字发生变化。例如，二进制数0111变为1000(十进制数7变为8)需要4位数字全部改变。这种变化方式增加了数字电路出错的可能性。因此，格雷码被认为是出错率最低的代码。

位置检测器使用格雷码来实现对机器人、机床和跟踪器的精确的运动控制。图1-13表示的即是使用4位格雷码来探测角位置变化的光电编码盘。在该编码盘中，编码盘与一旋转轴相连，并能输出格雷码数字信号，用以旋转轴定位。一组固定阵列的光敏二极管和光源分别位于码道的两侧，光敏二极管接收来自光源的反射光。依据接收到的光照强度，每个光源能够输出一个电压值，分别对应二进制的 1 和 0。因此，每一排码盘均产生一组不同的四位字。

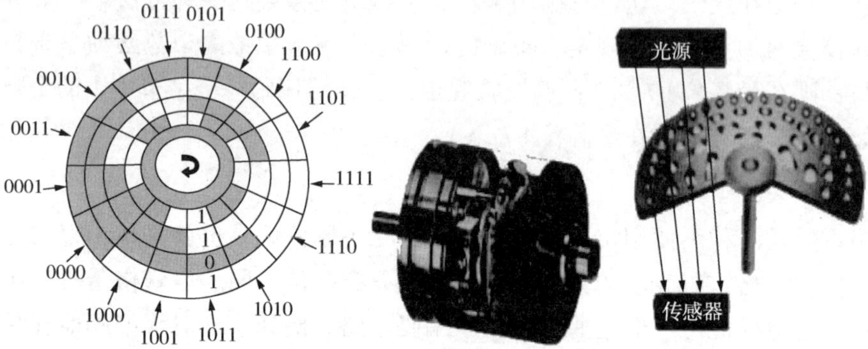

图 1-13　光电编码盘

1.2.4　程序编写方法

(1)什么是程序

在人类的发展历史中，人们为了传达信息、表达思想、交流情感，逐渐发明了各种语言，如汉语、英语等，这些人类进行交流所用的语言称为自然语言。自从世界上第一台电子计算机 ENIAC 诞生以来，计算机的发展已历经半个多世纪。在这一过程中，为了能够更好、更有效地与计算机进行通信，指挥其为人类工作，人们同样发明、设计出许多专门与计算机进行交流的语言，这些语言称为程序设计语言。程序设计语言相对自然语言来说，使用的词汇不多、语法简单、语义清晰，便于人们使用其控制计算机。

众所周知，计算机是能够自动进行数据处理的电子设备。计算机之所以能够自动、有条不紊地工作，根本原因在于计算机是在程序的控制下进行工作的。那么什么是程序呢？程序实际上就是用户用于指挥计算机进行各种动作，使计算机完成指定任务的指令序列。为计算机编写程序的过程称为程序设计。程序设计过程中所使用的语言就是程序设计语言。计算机的一切工作都是通过执行程序来完成的，而计算机可以直接识别并执行的程序是用二进制串表示的机器语言程序。对于人类来说，直接用机器语言书写程序是一件十分痛苦的工作。为此，人们发明了汇编语言，采用便于记忆的符号代替二进制串，但实际上汇编语言仅是机器语言的一种助记符，没有本质的区别，使用仍然不便。在这种情况下，各种高级程序设计语言应运而生。高级程序设计语言之所以高级就在于它接近人类的自然语言，更加符合人类的思维方式。

因为高级程序设计语言更接近人类所习惯的描述形式，所以更容易被接受，这也使更多的人能够参与程序设计活动。因为高级程序设计语言开发效率高，所以人们使用其设计出了更多的应用系统，这反过来又大大推动了计算机应用的发展。计算机应用的发展又促进了计算机工业的更大发展。可以说，高级程序设计语言的诞生和发展，对计算机发展到今天起到了极其重要的作用。

程序的概念是很普遍的。要完成一项复杂的任务，需要事先做好计划，即将任务分解成一系列具体的工作。按照一定的顺序安排的工作序列，就是程序。例如，亲手缝制一条裤子的程序如下：

① 购买布料、拉锁等物品。

② 按身材量好尺寸。

③ 按尺寸裁剪布料。

④ 缝制成裤子。

⑤ 将裤子熨烫平整。

在这个程序中，涉及布料、拉锁、尺寸、裤子等对象(具有一定关系的数据)，以及购买、量、裁剪、缝制、熨烫等行为(对数据的操作)，这些行为是能加于对象之上的，有一定的顺序，要遵守一定的规则，所以说，一个程序主要描述两部分内容——对数据的描述和对操作的描述。

一个计算机程序，就是用某种计算机能识别和执行的语言，描述解决问题的方法和步骤。所以程序是计算机为完成某一任务所必须执行的一个指令序列。

例如，要将某班40名同学某门课程的成绩按分数从高到低的顺序输出。

分析：

① 数据及数据之间的关系：每一个学号、姓名、成绩是一一对应的关系。

② 对数据的操作有：输入数据，用某种方法排序，输出排序结果。

问题中的数据与数据之间的关系以及对数据的操作，就是该问题的数据结构。对数据操作的实现步骤，也就是为解决问题而采取的方法和步骤，称为算法。著名计算机科学家沃思(Nikiklaus Wirth)提出一个公式：数据结构+算法=程序，这充分表明了数据结构和算法在程序中的重要地位。

程序设计的任务就是分析问题，弄清数据与数据之间的逻辑关系以及对数据的操作(编制数据结构)；确定解决问题的方法和步骤(设计算法)；选择一种计算语言来描述算法(编程)；调试并运行程序，使之满足任务的要求，输出正确的结果。所以说，程序设计是利用计算机解决问题的过程。

要利用计算机来处理问题，必须事先编写出使计算机能够按照人们意愿工作的应用程序，所谓程序，就是让计算机完成某项工作的具体详细规定和先后步骤，它是一组计算机指令，一条指令能使计算机执行一个特定的操作。针对同一个问题编写的程序并不是唯一的，不同的人编写的程序也不完全相同，但任何一个程序都必须包含下述三个方面的内容。

1)算法

算法也称计算方法，是为了解决某个问题而采取的方法和具体步骤。比如去北京旅游，可以事先制定一个详细的旅游路线，先参观什么，后参观什么，列出要参观景点的先后顺序，然后按照这个顺序参观，就是算法。对于同一个问题，可以有不同的算法。就像去北京旅游一样，先参观某个景点或后参观某个景点没有什么区别，只要将旅游路线上的景点参观完就可以了。当然，在旅游中，如果选定了一个合理的路线，可以节省时间，达到最佳的旅游效果。也就是说，尽管解决一个问题的算法有多种，但要考虑到算法的质量，需选择合理的算法。

2)数据结构

数据结构是程序设计时的具体数据对象，任何一个程序都离不开具体的数据操作。就像参观某个旅游景点需要花多少钱购买门票，参观完毕需要多长时间一样。

3)程序设计语言

算法必须通过具体的程序设计语言并采用合适的方法来实现，才能够形成程序。可以这样说，算法是程序的灵魂，是解决“做什么”和“怎么做”的问题，一个好的程序必须有两个合理、高效的算法，数据结构是程序要处理的具体对象，语言是描述算法过程的具体工具。

(2)程序设计的过程

程序设计通常需要如下步骤：

1)任务分析

首先要对任务进行详细分析，弄清楚任务中数据与数据之间的逻辑关系，以及具体的操作要求(如需要输入哪些数据，要对数据进行哪些处理，要求输出哪些数据等)，即明确数据结构，也就是弄清楚要计算机“做什么”。

2)算法设计

算法是对要解决问题的方法和步骤的描述，是对问题处理过程的进一步细化。解决一个问题，可能有多种算法，不同的算法可能效率不同，应该通过分析和比较挑选其中最优的算法。算法设计就是明确要计算机“怎么做”。

3)程序编制

首先根据算法，选择一种程序设计语言，写出源程序，这个过程称为编码。然后将编写好的源程序通过编辑器(可以用语言自带的编辑器，也可以使用 Windows 的记事本)输入计算机并以源程序的形式保存，这个过程称为编辑。源程序必须是纯文本文件，不能带有格式，若用字处理软件(如 Word)编辑，则必须另存为纯文本文件。

4)调试运行

计算机不能直接执行源程序，需要通过编译和连接，生成计算机能够执行的可执行文件。

① 编译：通过编译器将源程序翻译成目标程序。编译时编译器对源程序进行语法检查，给出编译信息。若有错，通过编辑器修改后再编译，直到编译成功，生成目标程序。

② 连接：将目标程序和程序中所需的目标程序模块(如调用的标准函数、执行的输入/输出模块等)连接后生成可执行文件。只有可执行文件才可以在操作系统上运行。

③ 运行并分析结果：如需要输入数据，应设计能涵盖各种情况的测试数据，然后运行程序，检查结果是否符合问题要求，是否正确。另外，即使程序能正常运行并得到了运行结果，也可能存在逻辑错误。这类错误可能是设计算法时的错误，也可能是编写程序时出现疏忽所致，或者是测试数据不合理、不全面所致，而计算机无法检查出这些错误。存在逻辑错误时，如果是算法有错，则应先修改算法，再修改程序；如果算法正确而程序编写错误，则应修改程序。

此过程称为调试程序，常常需要多次反复，需要有耐心、有信心、有决心，而且还要细心。这个过程也是不断积累程序调试经验的过程。

5)编写程序文档

程序文档就是程序的使用说明书和技术说明书，它记录了程序设计的全过程，可以保证程序的可读性和可维护性。对于较小的程序，程序文档显得并不重要，在程序中加些注释，让读程序的人能理解就足够了。但对于一个需要多人合作，并且开发和维护时间较长的软件来说，程序文档是至关重要的。尤其是软件的二次开发，就更离不开程序文档了。所以有人说，软件=程序+程序文档。

通常情况下，程序文档主要分为两部分：程序技术说明书和程序使用说明书。

程序设计的过程环环相扣，每一步都必须认真去做。然而，初学者往往是问题还没有分析清楚就急于编程，常常是思路混乱，甚至一见运行有结果就以为完成了任务，对结果不加分析和验证，所以很难得到预想的结果。因此，养成良好的程序设计习惯和严谨的科学作风是非常重要的。

(3)程序设计语言的发展过程

计算机程序设计语言发展非常迅速，从计算机产生以来，出现了许多不同的程序设计语言。从功能上来分，主要分为三类：机器语言、汇编语言和高级语言。

1)机器语言

机器语言是计算机能直接识别和执行的以二进制代码形式表示的机器指令集合，机器语言的每个指令都是由0和1组成的序列。机器语言直接面向计算机，虽然能被计算机直接执行，且运行速度快，但指令不直观，不好理解，编程比较困难，容易出错，编写的程序可移植性较差，只能在某个固定型号的机器上使用。机器语言对编程人员的要求也比较高，要求翻译设计人员必须熟悉计算机的结构。因此，目前很少直接使用机器语言编程。

2)汇编语言

汇编语言是一种使用助记符号表示机器指令的计算机语言。汇编语言采用助记符号来编写程序，不能被计算机直接执行，必须先通过“汇编程序”编译，才能变成能被计算机直接识别和执行的机器指令。用助记符号编写的程序称为源程序，经过编译后生成的程序称为目标程序。汇编语言是一种低级语言，直接对计算机硬件进行操作，尽管使用起来不方便，比较烦琐，而且要求编程人员熟悉计算机内部结构，但程序占用内存空间少，运行速度快，比较适合用来编写系统软件和过程控制软件。

3)高级语言

高级语言是类似人类自然语言的计算机语言，十分接近人们在日常生活中使用的语言和思维习惯，直观易懂、便于学习，也不需要编程人员熟悉计算机结构。用高级语言编写的程序不再依赖于计算机硬件，可以移植到各种类型的计算机上运行，比较适合应用程序开发设计。同样，高级语言也不能直接被计算机识别和执行，必须先通过“编译程序”生成可以被计算机直接执行的机器指令后才能执行。目前常用的高级语言主要有C语言、Python语言、Visual Basic语言、

Visual C++语言等。其中又以C语言为智能仪器主要编程语言，C语言具有简洁紧凑、灵活方便、执行效率高等优点，且在大部分单片机上运行。因此，C语言是单片机高级语言中的主流编程语言。

在智能仪器中，机器语言用于单片机编程的特点主要包括直接对应硬件指令、高度高效性、低级别的控制能力、较差的可读性和可维护性、缺乏便携性以及依赖具体的硬件架构。汇编语言则因接近硬件的特性，提供更高性能和更低级别的控制，常用于关键部分的优化。C语言以其结构化和高级特性，结合高效的编译结果和丰富的库支持，使其成为智能仪器开发中的主要选择。各类编程语言的特点见表1-5。

表1-5 编程语言的特点

编程语言类型	编程语言特点
机器语言	高度高效性：由于没有编译和解释的过程，机器语言程序的执行效率极高，适合性能敏感的应用场景。 较差的可读性和可维护性：二进制代码或接近二进制的表示形式使得机器语言程序难以被人类理解，增加了错误排查和后期维护的难度。 缺乏便携性：机器语言程序高度依赖于特定的处理器架构，这意味着代码几乎不能在不同类型的单片机之间移植
汇编语言	接近硬件：直接操作单片机的指令集，能够提供对硬件直接、精确的控制。 性能优越：运行效率高，资源占用少，特别适合那些对速度和资源消耗有极高要求的应用场景。 复杂性较高：需要深入了解具体的硬件架构，编写起来较为烦琐且容易出错
高级语言 （以C语言为代表）	结构化和高级特性：C语言提供了诸如函数、指针、数组等多种高级编程概念，使得代码更加模块化和易读。 高效的编译结果：C语言能够产生高质量的目标代码，兼具汇编语言的速度优势和高级语言的便利性。 易于维护：C语言结构化的编程方式有助于提高代码的质量和可维护性。 模块化程序设计：C语言程序可以通过定义多个独立的函数或类来进行组织，有利于团队协作和个人分工

C 语言作为一种高级编程语言，在智能仪器中的应用优势包括高效编译、广泛库支持、良好的可移植性、模块化编程、直接硬件访问、丰富的文档和社区支持以及相对较高的安全性。相较于汇编语言、机器语言，C 语言展现出更广阔的前景，它提高了开发效率，具有更好的可读性和维护性，适应更广泛的生态系统，兼容现代技术趋势，并且便于团队协作与技术传递。此外，C 语言可以轻松与其他高级语言(如 Python)结合使用，充分发挥各自的优势，提升整个系统的功能性，C 语言的综合优势使其成为智能仪器开发的首选。因此本书选择 C 语言作为主要的项目编程语言。

C 语言在单片机中的应用非常广泛且高效，用途包括：初始化和配置各项外围设备如 GPIO 端口、串行通信接口(UART)、SPI、I2C 等，通过定义和配置寄存器确保所有硬件正常工作；实现传感器数据的采样和输出并使用中断服务进程处理实时数据采集需求；实时控制支持定时器和 PWM(脉宽调制)用于电机控制、伺服机构调节及其他需要精确时间控制的应用；通信系统实现各种通信协议，如 Modbus RTU、CAN 总线、Zigbee 等用于与其他设备进行数据交换和通信；设计用户界面驱动 LCD 显示屏或其他显示设备实现图形用户界面(GUI)并与用户交互；存储管理内部 Flash 和 RAM 存储空间实现数据持久化和临时数据缓冲区的功能；算法高效地实现各类算法，如滤波算法、PID 控制器、FFT 变换等用于数据分析和处理。

C 语言凭借其高效性、灵活性和广泛的库支持在单片机的各种功能中扮演着至关重要的角色，能够满足从简单到复杂的不同应用需求，在工业生产中作为智能仪器的核心，起着不可替代的作用。

1.3　仿真软件预备知识

1.3.1　元器件库与元器件

(1)Proteus 原理图元器件库说明

Proteus 中的常用元器件库说明见表 1-6。

表 1-6 Proteus 中的常用元器件库说明

库名	代表意义
DEVICE. LIB	包括电阻、电容、二极管、三极管和 PCB 的连接器符号
ACTIVE. LIB	虚拟仪器和有源器件
DIODE. LIB	二极管和整流桥
DISPLAY. LIB	LCD、LED
BIPOLAR. LIB	三极管
FET. LIB	场效应管
ASIMMDLS. LIB	模拟元器件
VALVES. LIB	电子管
ANALOG. LIB	电源调节器、运放和数据采样 IC
CAPACITORS. LIB	电容
COMS. LIB	4000 系列
ECL. LIB	ECL10000 系列
MICRO. LIB	通用微处理器
OPAMP. LIB	运算放大器
RESISTORS. LIB	电阻
FAIRCHLD. LIB	FAIRCHLD 半导体公司的分立器件
UNTEC. LIB	LINTEC 公司的运算放大器
NATDAC. LIB	美国国家半导体公司的数字采样器件
NATOA. LIB	美国国家半导体公司的运算放大器
TECOOR. LIB	TECOOR 公司的 SCR 和 TRIAC
TEXOAC. LIB	美国得州仪器公司的运算放大器和比较器
ZETEX. LIB	ZETEX 公司的分立器件

(2) Proteus 中的常用元器件

Proteus 中的常用元器件见表 1-7。

表 1-7 Proteus 中的常用元器件

元器件名	中文注释	元器件名	中文注释
80C51	Atmel8051 单片机	RELAY	继电器
AT89C52	Atmel8052 单片机	ALTERNATOR	交互式交流电压源
CRYSTAL	晶体振荡器	POT-LIN	交互式电位计

续表

元器件名	中文注释	元器件名	中文注释
CERAMIC22P	陶瓷电容	CAP-VAR	可变电容
CAP	电容	CELL	单电池
CAP-ELEC	通用电解电容	BATTERY	电池组
RES	电阻	AREIAL	天线
RX8	8 电阻排	PIN	单脚终端接插针
RESPACK-8	带公共端的 8 电阻排	LAMP	动态灯泡模型
MINRES5K6	5K6 电阻	TRAFFIC	动态交通灯模型
74LS00	四路输入与非门	SOUNDER	压电发声模型
74LS164	8 位并出串行移位寄存器	SPEAKER	喇叭模型
74LS244	8 同相三态输出缓冲器	7805	5V、1A 稳压器
74LS245	8 同相三态输出收发器	78L05	5V、100mA 稳压器
NOR	两路输入或非门	LED-GREEN	绿色发光二极管
OR	两路输入或门	LED-RED	红色发光二极管
XOR	两路输入异或门	LED-YELLOW	黄色发光二极管
NAND	两路输入与非门	MAX7219	串行 8B LED 显示驱动器
AND	两路输入与门	7SEG-BCD	七段 BCD 数码管
NOT	数字反相器	7SEG-DIGITAL	七段数码管
COMS	COMS 系列	7SEG-COM-CAT-GRN	七段共阴极绿色数码管
4001	两路输入或非门	7SEG-COM-AN-GRN	七段共阳极绿色数码管
4052	差分输入 4 通道模拟开关	7SEG-MPX6-CA	6 位七段共阳极红色数码管
4511	BCD-7 段锁存/解码/驱动器	7SEG-MPX6-CC	6 位七段共阴极红色数码管
DIODE-TUN	通用沟道二极管	MATRIX-5 X7-RED	5×7 点阵红色 LED 显示器
UF4001	二极管急速整流器	MATRIX-8 X8-BLUE	8×7 点阵蓝色 LED 显示器
1N4148	小信号开关二极管	AMPIRE128X64	128×64 图形 LCD
SCR	通用晶闸管整流器	LM016L	16×2 字符 LCD
TRIAC	通用三端双向晶闸管开关	555	定时器/振荡器
MOTOR	简单直流电动机	NPN	通用 NPN 型双极性晶体管
MOTOR-STEPPER	动态单极性步进电动机	PNP	通用 PNP 型双极性晶体管
MOTOR-SERVO	伺服电动机	PMOSFET	通用 P 型金属氧化物场效应管
COMPIN	COM 口物理接口模型	2764	8KB×8EPROM 存储器
CONN-D9M	9 针 D 型连接器	6264	8KB×8 静态 RAM 存储器
CONN-D9F	9 孔 D 型连接器	24C04	4 KB I2C EEPROM 存储器
BUTTON	按钮	ADC0808	8 位 8 通道 ADC
SWITCH	带锁存开关	DAC0832	8 位 DAC
SW-SPST-MOM	非锁存开关	DS1302	日历时钟

1.3.2 原理图绘制

(1)集成环境 ISIS

Proteus 软件包提供一种界面友好的人机交互式集成环境 ISIS，其设计功能强大，使用方便。ISIS 在 Windows 环境下运行，启动后弹出如图 1-14 所示的界面，ISIS 环境界面由下拉菜单、预览窗口、原理图编辑窗口、快捷工具栏、元器件方向选择、仿真按钮等组成。

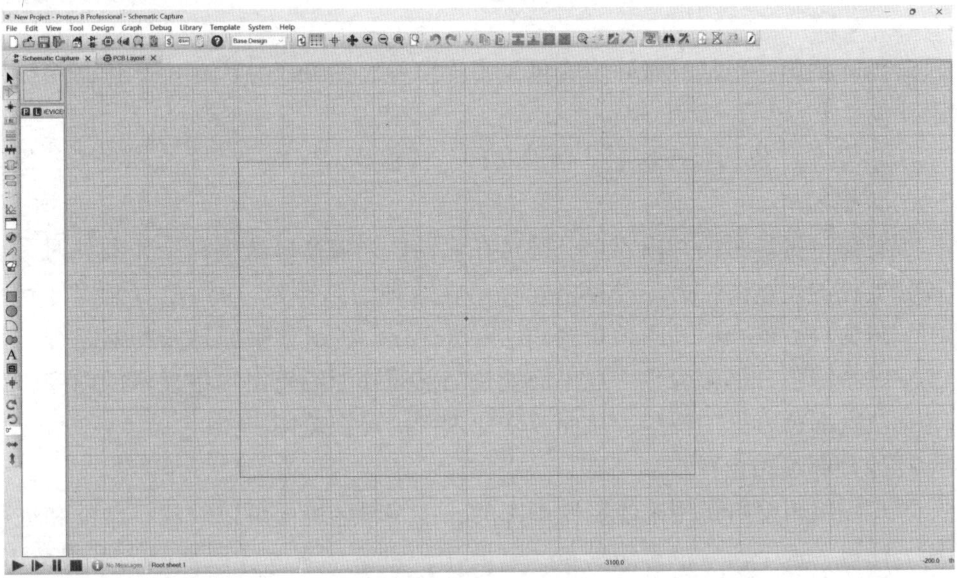

图 1-14 ISIS 仿真界面

1)下拉菜单

下拉菜单提供如下功能选项：

File 菜单：包括常用的文件功能，如创建一个新设计、打开已有设计、保存设计、导入/导出文件、打印设计文档等。

View 菜单：包括是否显示网格、设置网格间距、缩放原理图、显示与隐藏各种工具栏等命令。

Edit 菜单：包括撤销/恢复操作、查找与编辑、剪切、复制、粘贴元器件、设置多个对象的层叠关系等命令。

Tools 菜单：包括实时标注、实时捕捉、自动布线等命令。

Design 菜单：包括编辑设计属性、编辑图纸属性、进行设计注释等命令。

Graph 菜单：包括编辑图形、添加 Trace、仿真图形、一致性分析等命令。

Source 菜单：包括添加/删除源程序文件、定义代码生成工具、调用外部文本编辑器等命令。

Debug 菜单：包括启动调试、进行仿真、单步执行、重新排布弹出窗口等命令。

Library 菜单：包括添加、创建元器件/图标、调用库管理器等命令。

Template 菜单：包括设置图形格式、文本格式、设计颜色、节点形状等命令。

System 菜单：包括设置环境变量、工作路径、图纸尺寸大小、字体、快捷键等命令。

Help 菜单：包括版权信息、帮助文件、例程等。

2)预览窗口

预览窗口可显示两种内容：一种是在元器件列表窗口选中某个元器件时，显示该元器件的预览图；另一种是当光标落在原理图编辑窗口时(放置元器件到原理图编辑窗口后或在原理图编辑窗口中单击后)，显示整张原理图的缩略图，并会显示一个绿色方框，绿色方框里面就是当前原理图编辑窗口中显示的内容，可用光标改变绿色方框的位置，从而改变原理图的可视范围。

3)原理图编辑窗口

原理图编辑窗口是用来绘制原理图的，在编辑区里面可以放置元器件和进行连线。注意，这个窗口没有滚动条，需要用预览窗口来改变原理图的可视范围，也可以用鼠标滚轮对显示内容进行缩放。

4)快捷工具栏

快捷工具栏分为主工具栏和元器件工具栏。

主工具栏包括文件工具、视图工具、编辑工具、设计工具 4 个部分，每个工具栏提供若干快捷按钮。元器件工具栏包括方式选择、配件模型、图形绘制 3 个部分。

“文件工具”按钮如图 1-15 所示，从左往右各按钮功能依次为：新建工程、打开工程、保存工程、关闭工程、主页、原理图设计、PCB 设计、3D 观察器、Gerber 观察器、设计浏览器、物料清单、源代码、工程备注。

“视图工具”按钮如图 1-16 所示，从左往右各按钮功能依次为：刷新、网格开关、原点、选择显示中心、放大、缩小、全图显示、区域缩放。

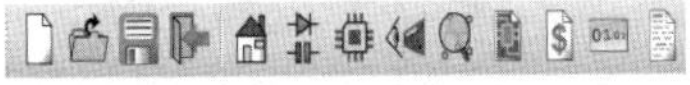

图 1-15 “文件工具”按钮

图 1-16 “视图工具”按钮

“编辑工具”按钮如图 1-17 所示，从左往右各按钮功能依次为：撤销、重做、剪切、复制、粘贴、复制选中对象、移动选中对象、旋转选中对象、删除选中对象、从元器件库选元器件、制作元器件、封装工具、释放元器件。

“设计工具”按钮如图 1-18 所示，从左往右各按钮功能依次为：自动布线、查找、属性分配工具、设计浏览器、新建图纸、删除图纸、退到上层图纸、生成电气规则检查报告。

图 1-17 “编辑工具”按钮

图 1-18 “设计工具”按钮

“方式选择”按钮如图 1-19 所示，从左往右各按钮功能依次为：选择模式、选择放置元器件、放置节点、放置网络标号、放置文本、绘制总线、放置子电路图。

“配件模型”按钮如图 1-20 所示，从左往右各按钮功能依次为：端点方式(有 Vcc、地、输出、输入等)、元器件引脚方式(用于绘制各种引脚)、仿真图表、调试弹出模式、信号发生器、探针模式、虚拟仪表。

“图形绘制”按钮如图 1-21 所示，从左往右各按钮功能依次为：绘制直线、绘制方框、绘制圆、绘制圆弧、绘制多边形、绘制二维文本图形、绘制原点。

图 1-19 “方式选择”按钮

图 1-20 “配件模型”按钮

图 1-21 “图形绘制”按钮

5)元器件方向选择

在元器件列表窗口下方有一个“元器件方向选择”栏，其按钮如图 1-22 所示，从左往右各按钮功能依次为：向右旋转 90°、向左旋转 90°、自定义角度旋转、水平翻转、垂直翻转。

6)仿真按钮

在原理图编辑窗口下方是“仿真”按钮，如图 1-23 所示，从左往右各按钮功能依次为：全速运行、单步运行、暂停、停止。

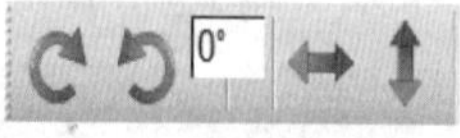

图 1-22 “元器件方向选择”按钮

图 1-23 “仿真”按钮

(2)原理图绘制

原理图是在原理图编辑窗口中绘制完成的，通过 System 下拉菜单中的“Set Sheet Size”选项，可以调整原理图设计页面大小。绘制原理图时，首先应根据需要选取元器件，Proteus ISIS 库中提供了大量元器件原理图符号，利用 Proteus ISIS 的搜索功能可以很方便地查找需要的元器件。下面以图 1-24 为例说明绘制原理图的方法。

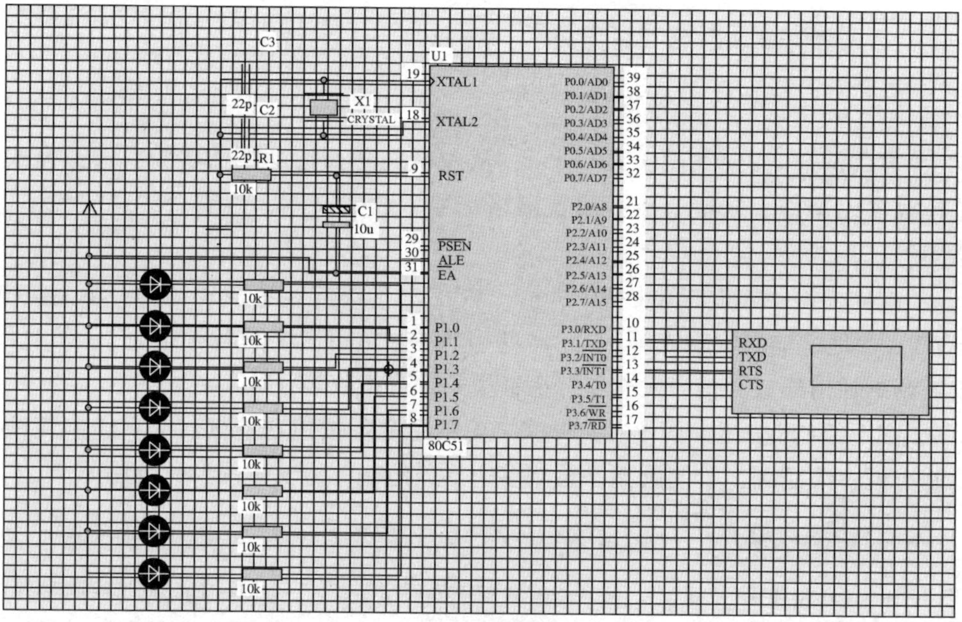

图 1-24 绘制原理图示例

首先根据需要选择器件。单击元器件列表窗口上的按钮“P”，弹出如图 1-25 所示元器件选择对话框，在该对话框左上方的“Keywords”栏内输入“8051”，中间的“Results”栏将显示元器件库中所有 8051 单片机芯片，选择其中的“80C51”，右上方的“80C51 Preview”栏将显示 80C51 图形符号，同时显示该器件的虚拟仿真模型“VSM DLL Model(MCS8051. DLL)”，单击“OK”按钮后，80C51 将出现在元器件列表窗口。按照此方法选择所有需要的元器件，如果选择的元器件显示

“No Simulator Model”，说明该元器件没有仿真模型，将不能进行虚拟仿真。

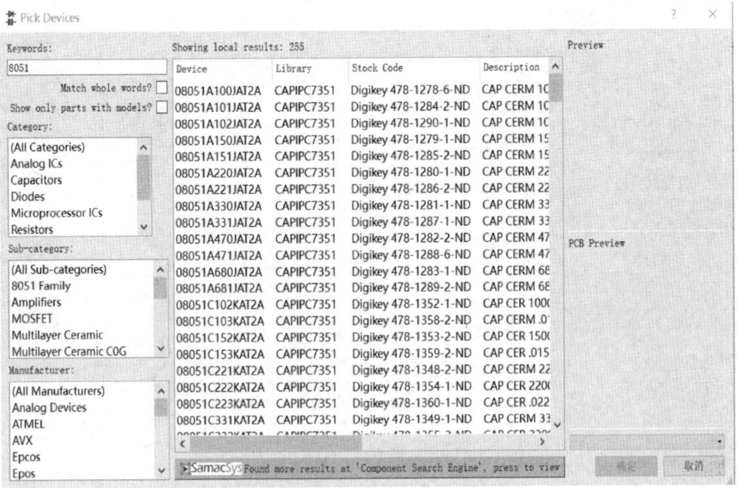

图 1-25　元器件选择对话框

如果遇到库中没有的元器件，则需要自己创建。通常有两种方法创建自己的元器件：一种是用 Proteus VSM SDK 开发仿真模型制作元器件，另一种是在已有的元器件基础上进行改造。关于具体创建方法这里不再介绍，读者可查阅相关资料。

元器件选择完毕后，就可以开始绘制原理图了。先用光标从元器件选择对话框中选中需要的元器件，预览窗口将出现该元器件的图标。再将光标指向编辑窗口并单击左键，将选中的元器件放置到原理图中。

放置电源和地线端时，要从“配件模型”按钮中选取。

在两个元器件之间进行连线的方式很简单，先将光标指向第一个元器件的连接点并单击左键，再将光标移到另一个元器件的连接点并单击左键，这样两个点就被连接到一起了。对于相隔较远、直接连线不方便的元器件，可以用标号的方式进行连接。

在编辑窗口中绘制原理图的一般操作总结为：用左键放置元器件，右键选择元器件，双击右键删除元器件，右键拖选多个元器件，先右键后左键编辑元器件属性，先右键后左键拖动元器件，连线用左键，删除用右键，中键缩放整个原理图。

原理图绘制完成后，给单片机添加应用程序，就可以进行虚拟仿真调试。先单击鼠标右键选中 80C51 单片机，再单击左键，弹出如图 1-26 所示的元器件编辑对话框。

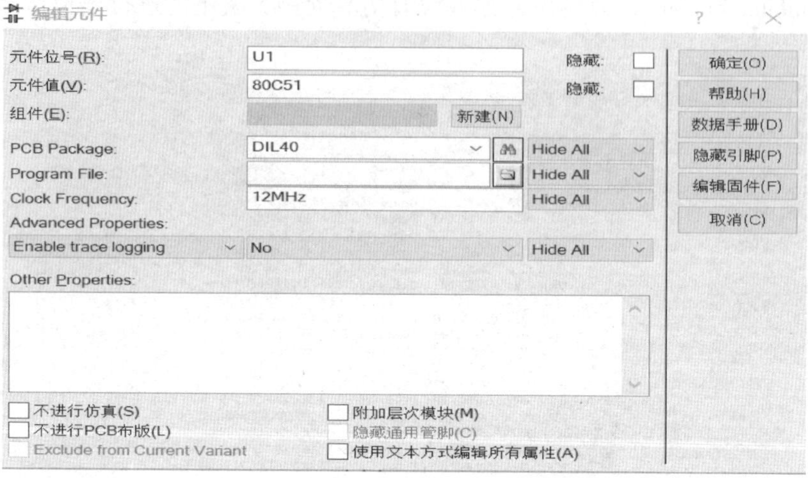

图 1-26　元器件编辑对话框

在元器件编辑对话框中的“Program File”栏单击文件夹浏览按钮，找到需要仿真的 HEX 文件，单击“OK”按钮完成添加文件，在“Clock Frequency”栏中把频率改为 12MHz，单击“OK”按钮退出。这时单击仿真按钮中的全速运行按钮，即可开始进行虚拟仿真。为了直观地看到仿真过程，还可以在原理图中添加一些虚拟仪表，可用的虚拟仪表有：电压表、电流表、虚拟示波器、逻辑分析仪、定时/计数器、虚拟终端、虚拟信号发生器、序列发生器、Fc 调试器、SPI 调试器等。

1.3.3　仿真调试

(1) Keil 工作环境介绍

Keil 是德国 Keil Software 公司开发的 80C51 系列单片机集成软件开发平台，它支持众多不同公司的 MCS51 架构的芯片，集编辑、编译、仿真等功能于一体，同时还支持 PLM、汇编和 C 语言的程序设计，它的界面和常用的微软 VC++的界面相似，界面友好，易学易用，在调试程序、软件仿真方面也有很强大的功能。

本章本着尽快让读者上手的原则讲解 Keil 的基本操作。

1) 启动 Keil

安装好软件后，单击桌面快捷方式或者从“开始 | 程序 | Keil uVision5”启动

uVision5 集成工作环境，经过短暂的欢迎画面后，进入图 1-27 所示的初始工作界面。

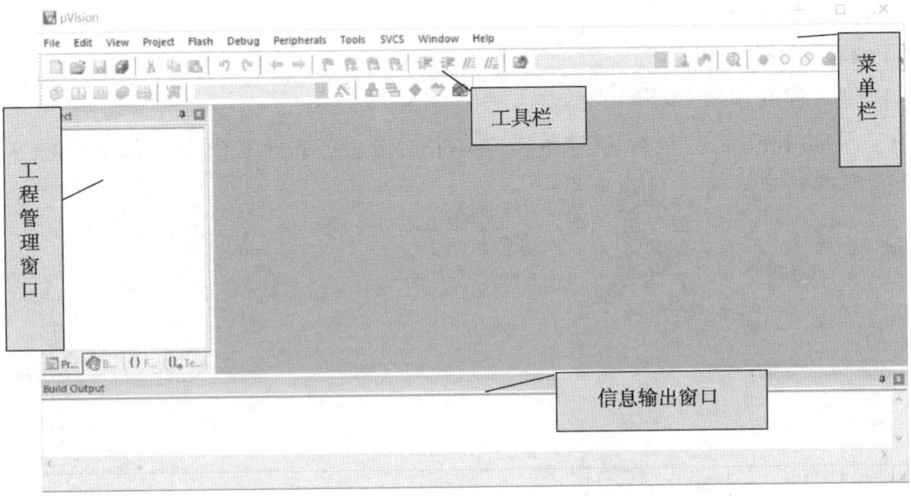

图 1-27 Keil 初始工作界面

初始工作界面由菜单栏、工具栏、程序编辑窗口、工程管理窗口、信息输出窗口五部分组成。菜单栏内包含对 Keil 软件进行操作的各种命令，当需要快捷地进行某些操作时，可以单击工具栏内的命令。工程管理窗口可以对每个工程下的文件进行增加、删除等管理操作，源程序的编辑在程序编辑窗口进行，而当程序编写完毕，编译或者调试时，编译和调试信息将在信息输出窗口输出。

2) Keil 软件开发流程

Keil 是使用工程方式，而不是使用单一文件的模式来管理文件的。所有的文件，包括源程序、头文件及说明性的文档等，都可以放在工程项目文件中统一管理。概括地说，Keil 环境下的软件开发主要步骤如下：

① 新建工程：主要包括工程项目文件的新建、目标器件的选择等。

② 新建文件：在该工程下新建程序代码编写文件，并且在该文件中输入源程序。当工程比较大时，可能会在一个工程下新建多个文件。

③ 项目文件的设置：主要包括对目标的设置、输出选项的设置、仿真类型的设置等。

④ 软件编译与链接：检查源程序的语法错误，生成单片机可执行的 .hex 文件。

⑤ 软件调试：检查设计的程序是否完成了特定功能。

(2)Keil C51 使用方法

下面以新建一个项目为例，详细讲解 Keil 软件开发的完整流程，其中软件调试可参考其他资料。

1)新建工程

新建工程的步骤如下：

① 启动 Keil 后，鼠标左键单击菜单栏中的“Project ”命令，弹出如图 1-28 所示的保存新建工程文件对话框。

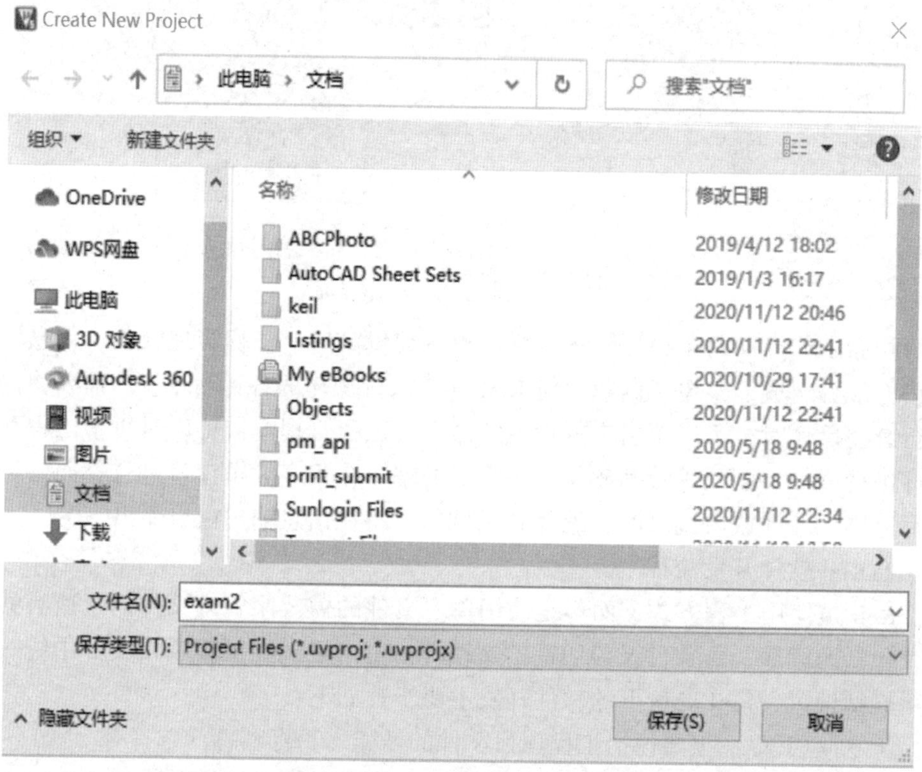

图 1-28　保存新建工程文件对话框

② 在如图 1-28 所示的对话框中选择保存项目文件的路径，在“文件名”文本框中输入项目的名称 exam2。

③ 单击图 1-28 的“保存”按钮后，会弹出如图 1-29 所示的对话框，该对话框用于选择所用的单片机类型，Keil 几乎支持所有的 51 系列单片机。我们采用的是 STC 公司的 52 单片机，发现没有 STC 公司的，只要选择 52 单片机即可。单

击 Atmel 中的 AT89C52，单击“OK”。

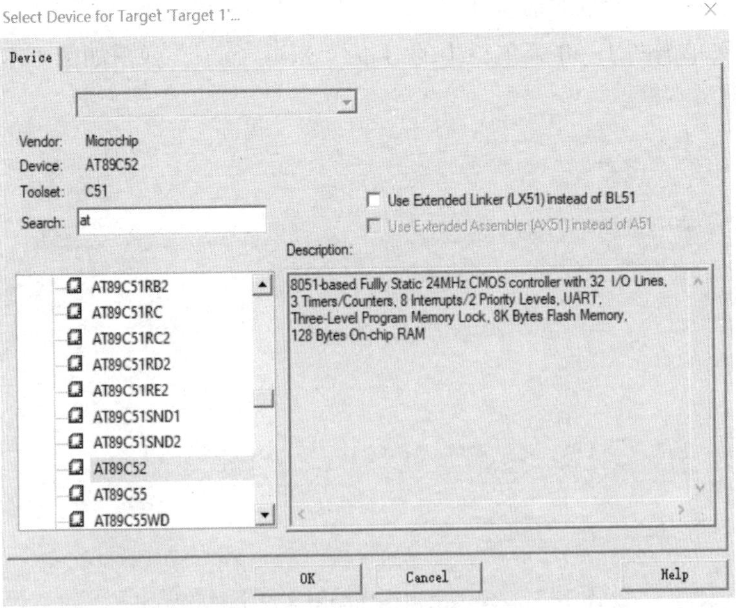

图 1-29　选择单片机型号对话框

至此，一个新的项目文件创建完成，工作界面变为如图 1-30 所示的界面。此时的项目文件只是一个空壳，里面还没有任何源代码，因此下一步要新建源代码文件。

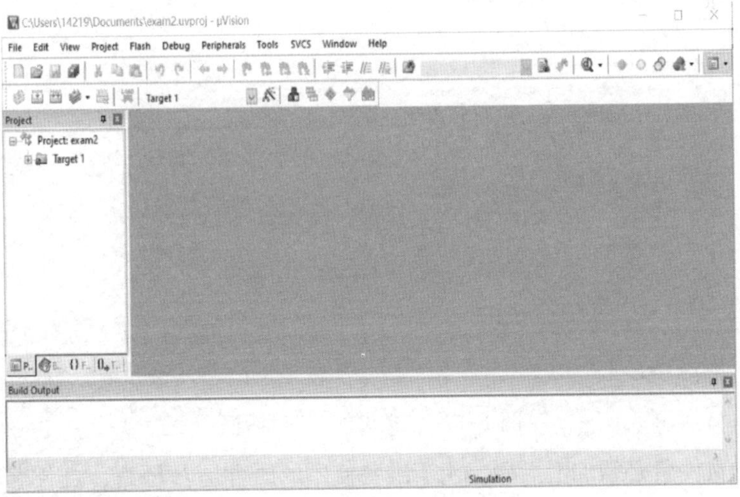

图 1-30　工程建立后的界面

2)新建 C 语言文件

建立 C 语言文件的步骤如下：

① 依次单击图 1-30 菜单栏中的“File”“New”命令，弹出如图 1-31 所示的空白程序编辑文本框。

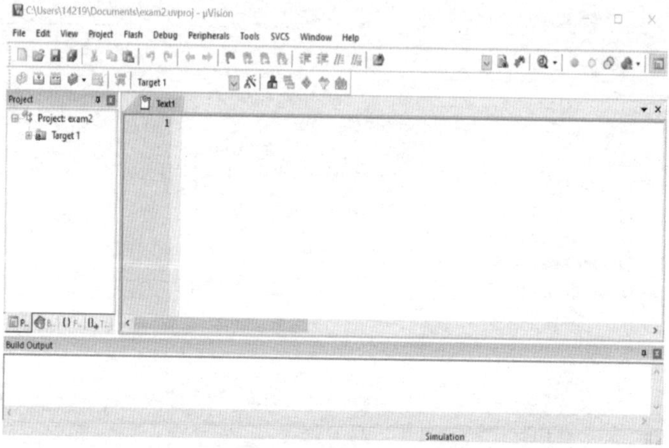

图 1-31　弹出空白程序编辑文本框后的界面

② 选择“File | Save”命令，弹出如图 1-32 所示的“文件保存”对话框。在该对话框中选择要保存的路径，一般保存路径和刚才新建工程的保存路径相同，这样便于文件管理，不相同也没有关系，在“文件名”文本框中输入文件名即可。

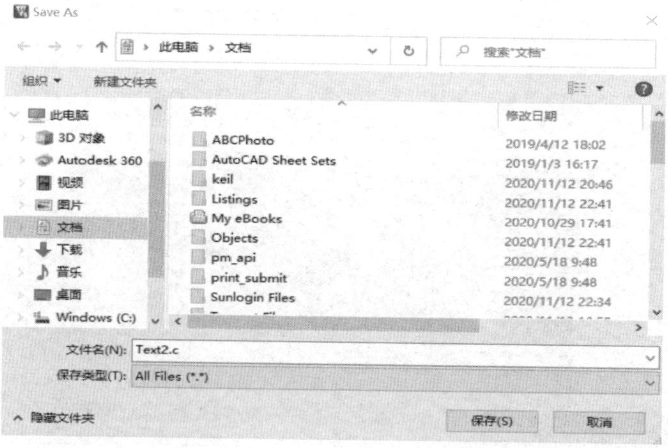

图 1-32　“文件保存”对话框

注意：文件名必须加上后缀，由于准备使用的语言是 C 语言，文件名后缀为 .c，如果是汇编语言，文件名后缀为 .asm ，这一点请切记。单击“保存”按钮，完成 C 语言文件的建立。

此时，虽然新建了一个项目文件，也新建了源代码文件，但项目文件和源代码文件还没什么关系，下面需要将源代码文件加入项目文件中。

③ 单击图 1-31 中“Target 1”前面的“+”号，展开里面的内容“Source Group 1”，用右键单击“Source Group 1”，弹出如图 1-33 所示的菜单。

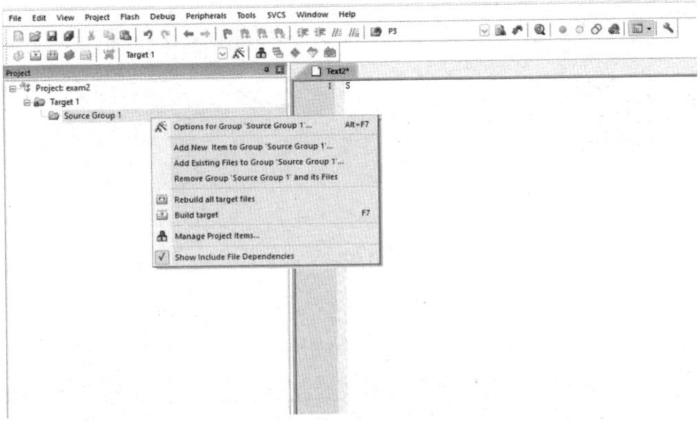

图 1-33　右键单击“Source Group1”弹出的菜单

④ 在弹出的快捷菜单中，单击“Add Existing Files to Group ‘Source Group 1’”选项，弹出如图 1-34 所示的“选择文件”对话框。选择所需的文件，本例中，需要将 Text2 文件添加到项目中。选中“Text2”文件，然后单击“Add”按钮将其添加到项目中。添加完毕后单击“Close”按钮，关闭该窗口。

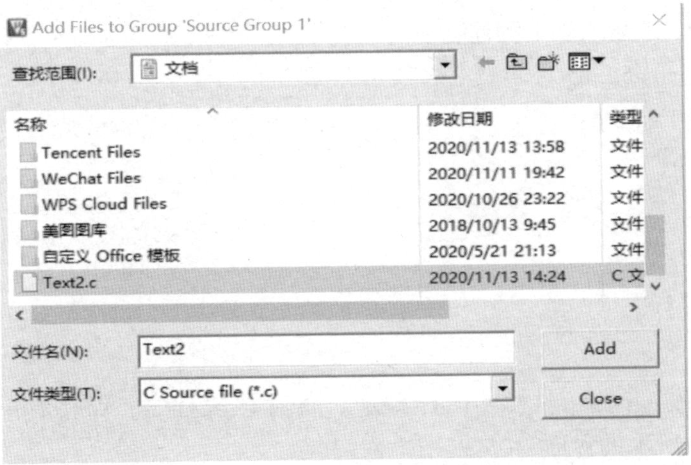

图 1-34　“选择文件”对话框

至此完成将“Text2”文件添加到新建的 exam2 工程中，此时的工作界面如图 1-35所示。下面就可在“Text2”文件中输入程序。

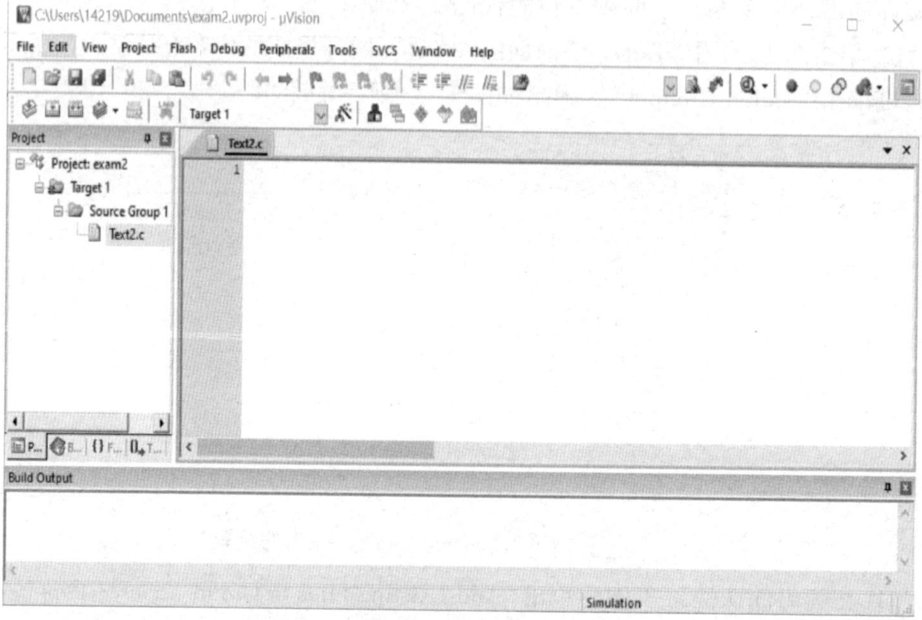

图 1-35　项目创建完成后的工作界面

3)编写源程序

在 Keil 中编写源程序步骤如下所述。

在 Text. c 中输入以下程序：

```
#include<reg52. h>
sbit LED1=P2^6;
void main()
{
LED1=0;
while(1);
}
```

输入之后，单击工具栏的图标  ，保存该段程序。保存后，工作界面变成如图 1-36 所示的界面。

4)编译源程序

编译源程序的目的是将编写的 C 语言程序转换为单片机能识别的机器代码。

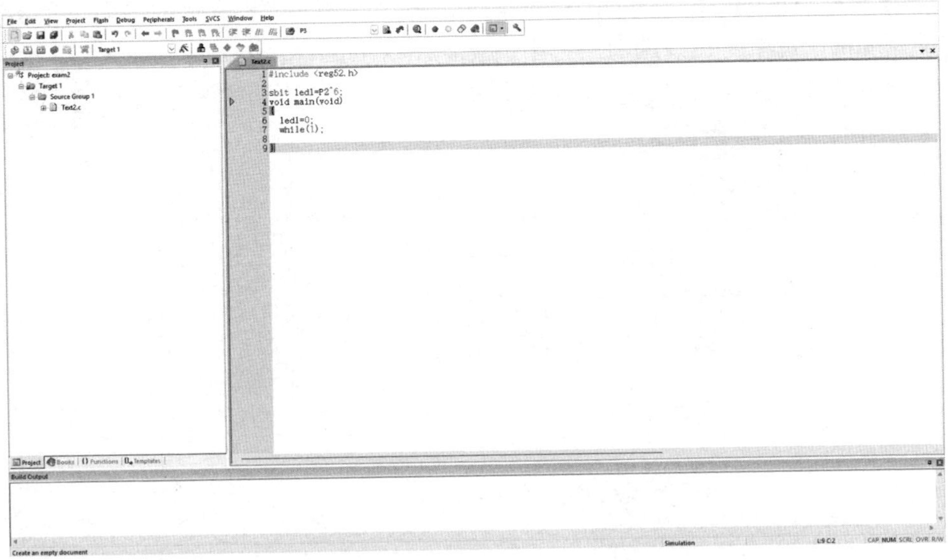

图 1-36 输入程序后的工作界面

编译源程序的步骤如下：

① 右键单击图 1-36 中“Target 1”，弹出如图 1-37 所示的菜单。

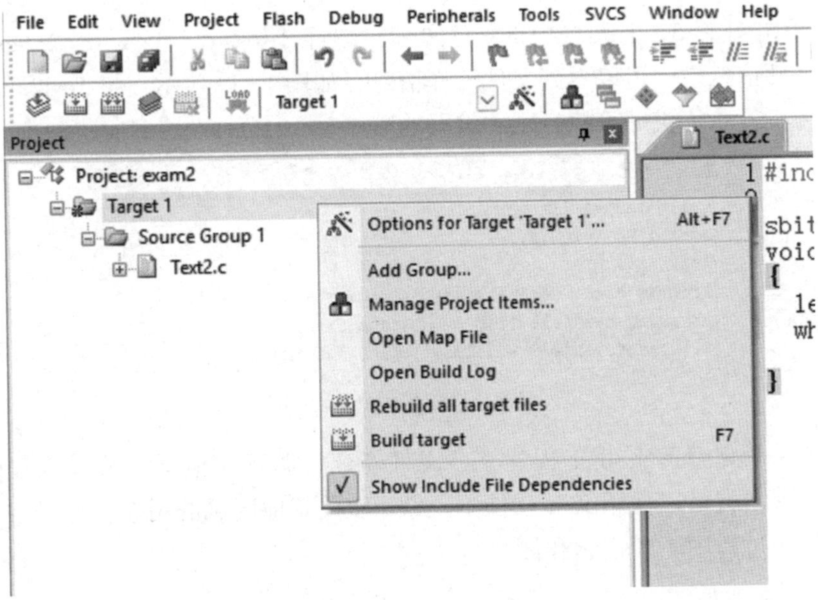

图 1-37 单击“Target1”后弹出的菜单

② 选择“Options for Target‘Target1’”，弹出如图 1-38 所示的界面，单击其中的“Output”选项，在该选项中选中“Creat HEX File”和“Browse Information”这两个选项可以让源程序在编译的过程中产生“. hex”文件和输出编译信息。单击“OK”按钮，完成编译设置。

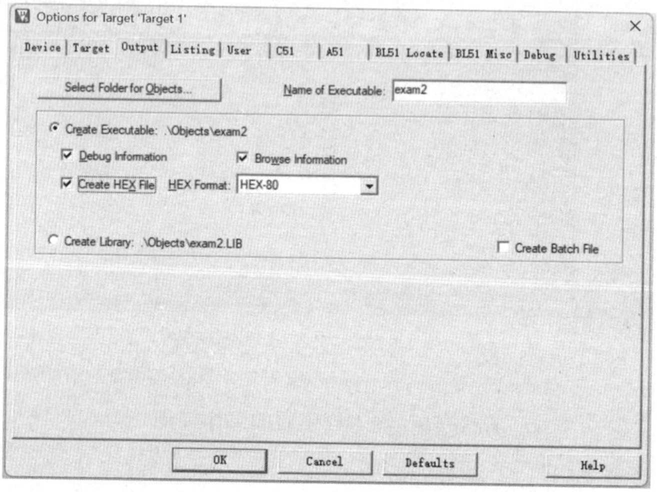

图 1-38　修改编译输出信息界面

③ 单击图 1-37 工具栏中的图标，编译 Text2. c，生成 Text2. hex 文件，在输出文件信息栏中可以看到文件编译信息，如图 1-39 所示。将 Text2. hex 文件载入单片机，单片机即可执行刚才编写的程序。

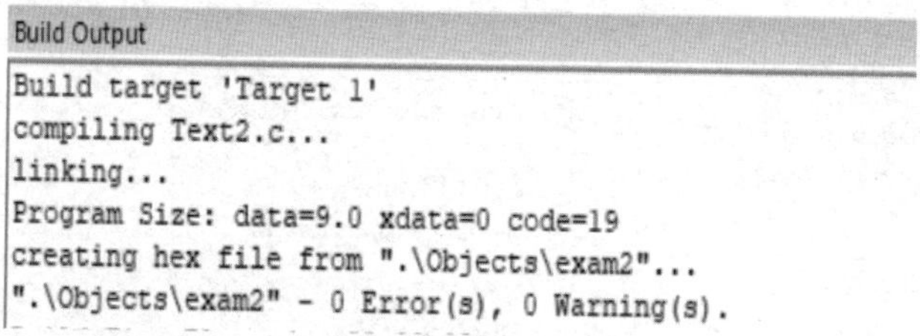

图 1-39　编译输出信息

至此一个完整的 Keil 工程建立，文件新建，源程序编写、编译流程就走完了，我们基本就可以使用 Keil 软件了。Keil 软件其他区域的用途，可以在学习使用单片机的过程中不断摸索和体会。

(3) 仿真调试

通过新建文件、添加文件、绘制仿真图、连线、添加电源和接地等步骤，可完成如下仿真图的绘制，如图 1-40 所示。

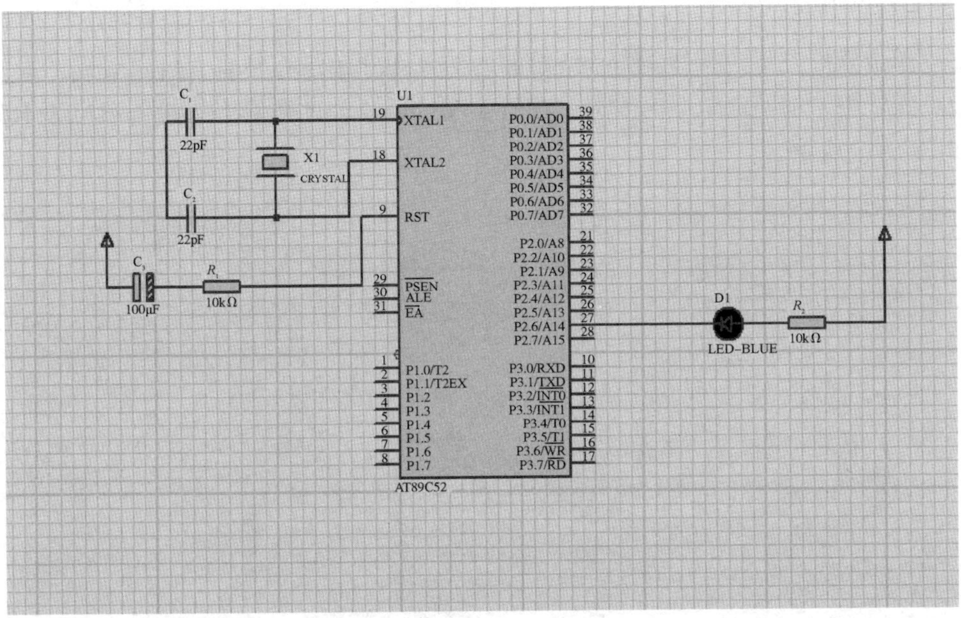

图 1-40　发光二极管原理图

1) 设置单片机属性

① 在图 1-40 所示界面中双击 AT89C52 单片机元件，出现如图 1-41 所示界面。

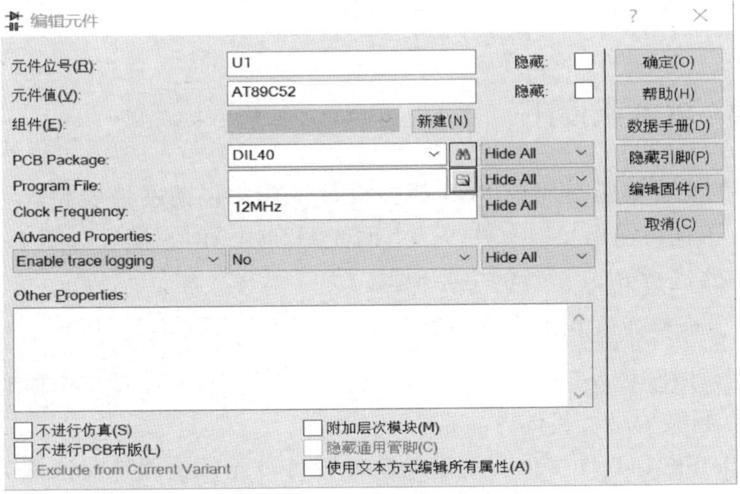

图 1-41　单片机属性编辑界面

② 将编译程序装载于单片机。

2)开始仿真

单击软件左下角按钮，所绘制的仿真图开始进行仿真，可以看到二极管被点亮。由于加限流电阻时发光二极管亮度太低，因此仿真时去掉限流电阻 R2，如图 1-42 所示。

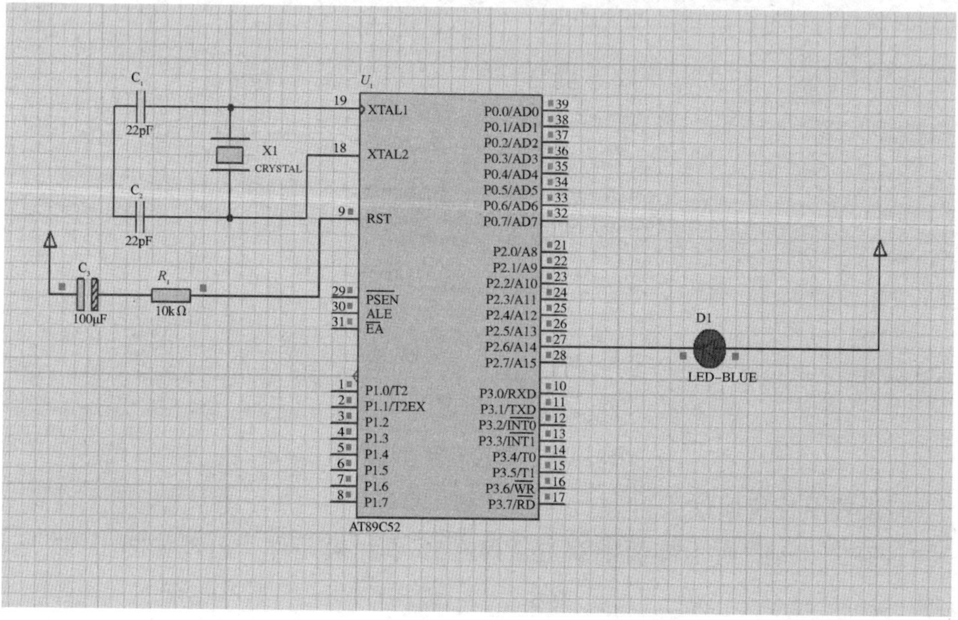

图 1-42　仿真结果

1.3.4　PCB 板设计

ARES 的主要功能是完成 PCB 相关设计工作，包括网络表导入、元器件布局、布线、覆铜及输出光绘文件等。下面介绍利用 ARES 模块对图 1-42 完成发光二极管电路进行 PCB 设计的主要步骤。

(1)核实元器件的 PCB 封装模型

在利用 ARES 模块进行 PCB 设计前，需要检查 ISIS 原理图中所有元器件是否都有 PCB 封装模型。具体方法是：

① 打开 ISIS 原理图文件，右键单击查看每个元件的属性对话框，发光二极管 D1 的属性对话框如图 1-43 所示。

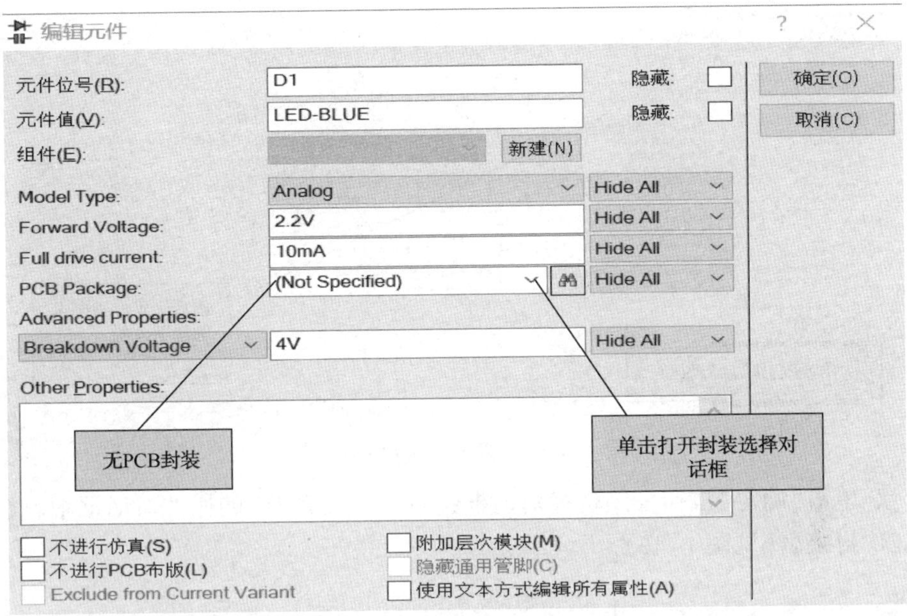

图 1-43　D1 元件的属性对话框

可以看出，此时在“PCB Package”下拉框中显示“Not Specified”，表明尚未指定 PCB 封装模型。单击该参数框后面的按钮，可弹出 PCB 封装选择对话框，如图 1-44 所示。

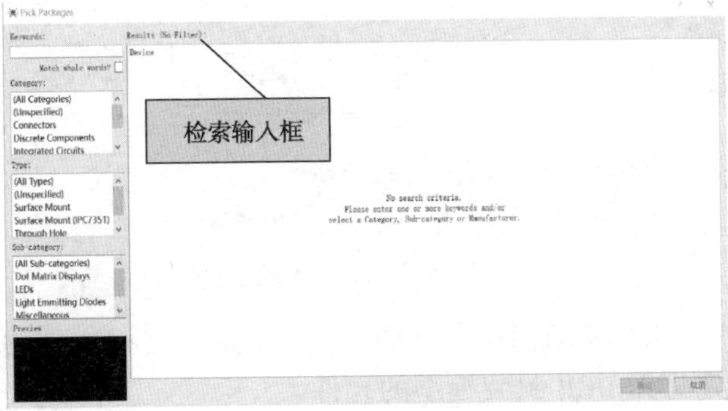

图 1-44　PCB 封装选择对话框

若已知 PCB 封装库中有名为“LED”的元件，且外形及尺寸符合 D1 的要求，则可在“Keywords” 文本框中输入检索字符“LED”。对话框窗口里将出现 LED 的封装图形和选项说明，如图 1-45 所示。

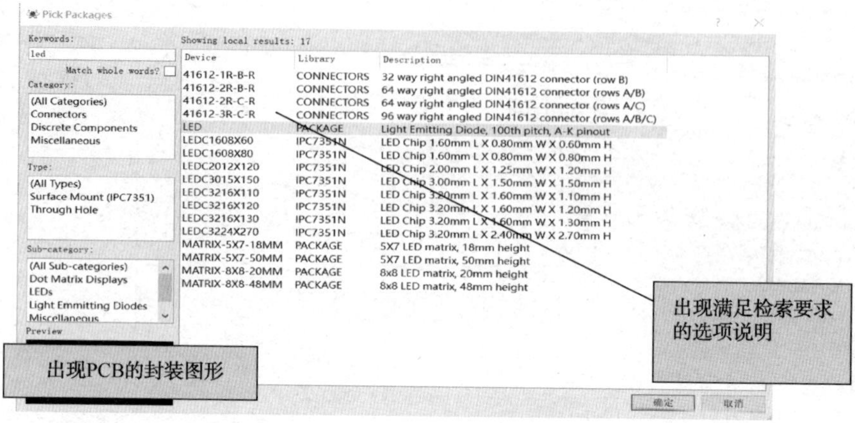

图 1-45　检索 LED 的 PCB 封装

② 单击“确定”按钮关闭选择对话框，发光二级管 D1 的属性对话框中就会出现 LED 封装名(见图 1-46)。

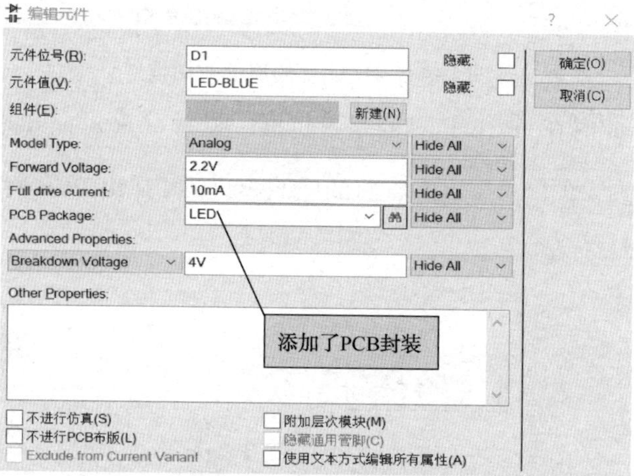

图 1-46　发光二级管 D1 的属性窗口

③ 单击“确定”按钮结束 D1 的 PCB 封装设置。这种方法可将库中已有的 PCB 封装模型指定为无 PCB 封装模型的元件。

如果封装库中模型都不适用，则用户需要根据元件的实际外形与引脚自定义 PCB 封装模型。

(2) 导入元器件网络表

单击 ISIS 工作界面的工具按钮，启动 ARES 模块，此时可将元器件网络表自动导入打开的 ARES 模块中。

(3)元件布局

分别单击工具栏中的矩形图框选项按钮和图层选择栏中的“Board Edge”选项，按住鼠标左键，在编辑工作区上拖画出一个方框(见图1-47)。这个方框是PCB的元器件布局区，可以根据需要调整大小。

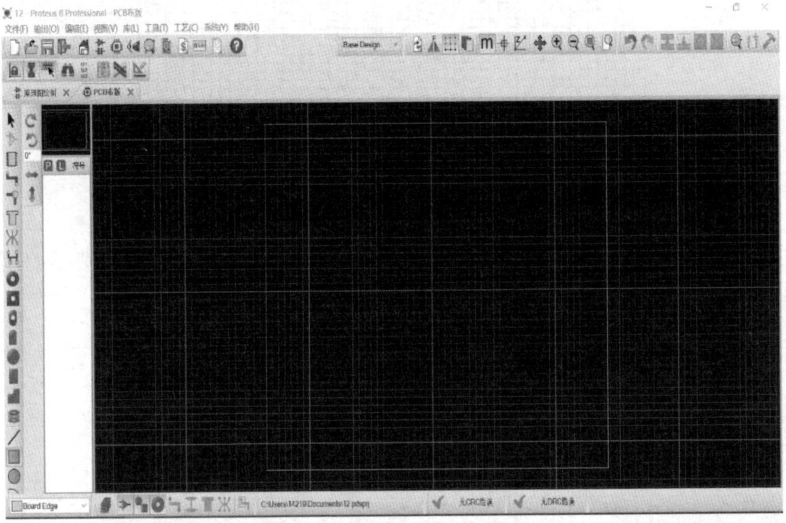

图1-47 建立PCB布局区

单击选择工具栏中的“元件模式”按钮，在列表框中指定某一元件后，预览窗口中将显示该元件的封装图形(见图1-48)。

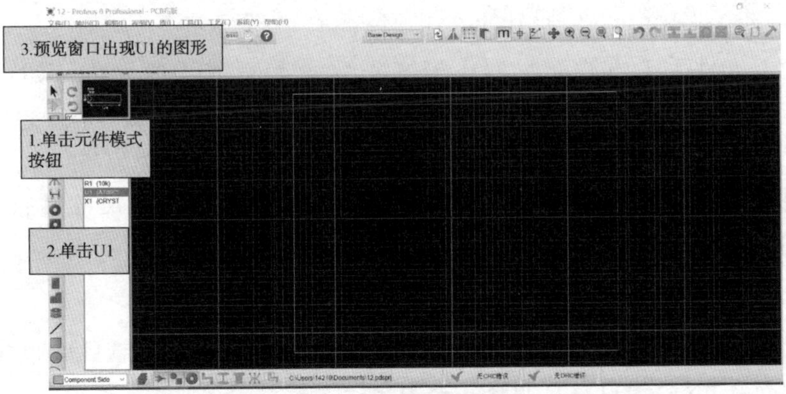

图1-48 元件预览封装图形

单击编辑工作区，可将选中的U1元件摆放到适当的位置。通过正反向旋转90°、水平反转、垂直反转等方法可以调整U1摆放的姿态(见图1-49)。

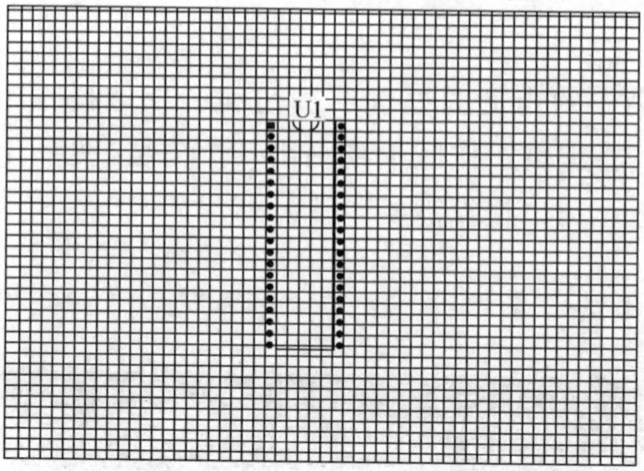

图 1-49　元件手工布局

采用类似方法，可将列表窗口中的元件逐一摆放到布局区中。在摆放过程中，元件之间会自动产生“飞线”(见图 1-50)。

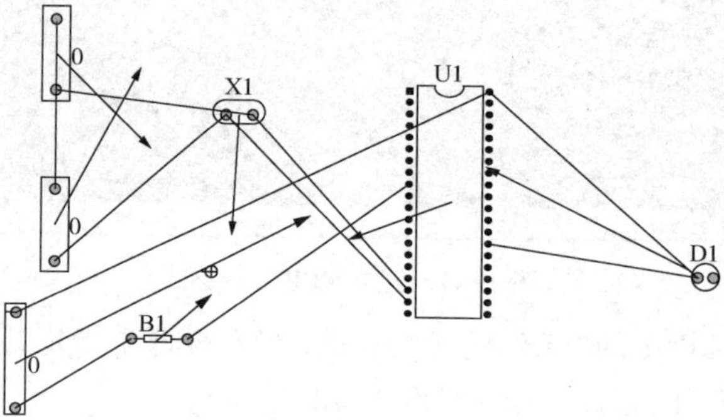

图 1-50　元件自动产生“飞线”

注意：元件手工方式布局时，最好先放置大型或重要元件，如本例中的 80C51 单片机。元件布局也可采用自动方式进行，但由于效果不很理想，故一般不太使用。

元件布局完成后，可根据需要对元件摆放区边框形状及尺寸进行调整(见图 1-51)。

(4)元件布线

单击菜单“工具”中“自动布线”选项，或单击工具栏中的“自动布线”按钮，可以弹出自动布线设置窗口(见图 1-52)。

如果无须更改设置，单击“开始布线”按钮即可开始自动布线，此时“飞线”将被正式的引线所取代(见图 1-53)。自动布线后也可利用手动方式进行局部调整，以获得最佳效果。

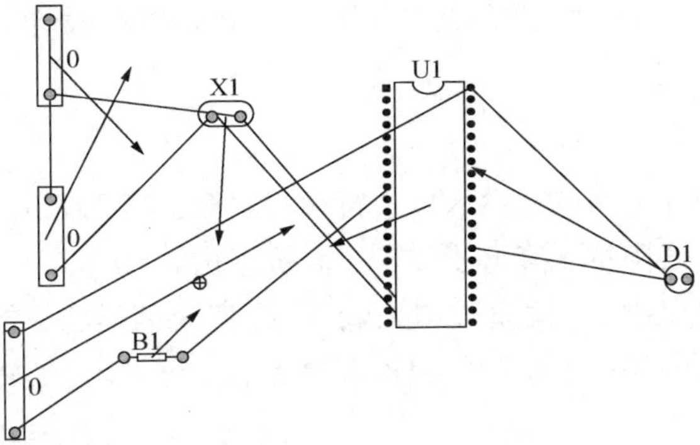

图 1-51 调整布局边框形状及尺寸

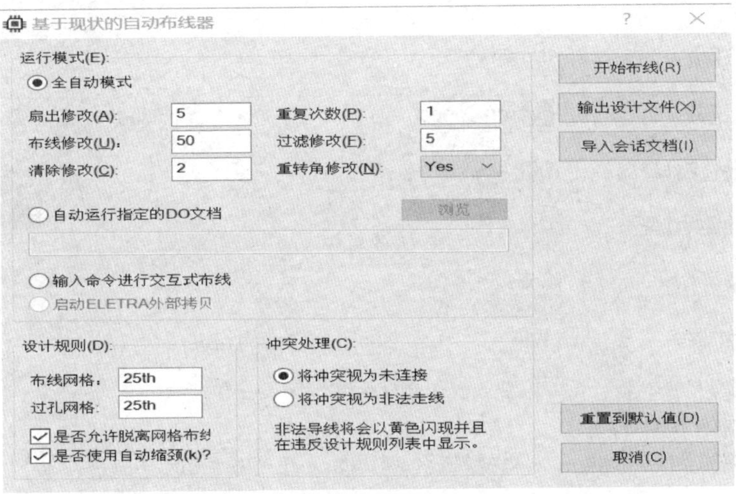

图 1-52 自动布线设置窗口

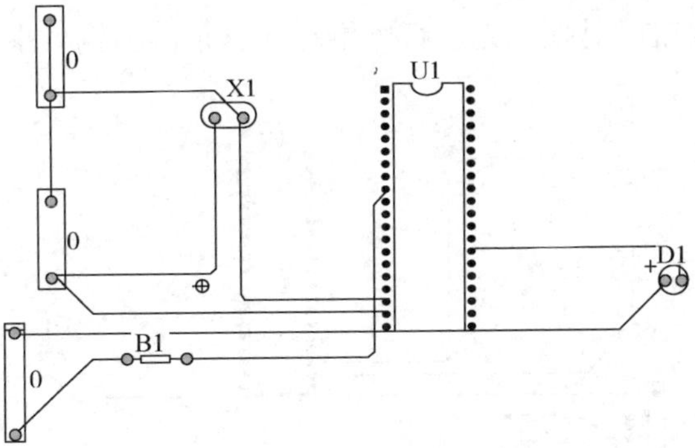

图 1-53 自动布线的效果图

注意：为保证自动布线功能的顺利进行，用于 PCB 设计的 ISIS 原理图的文件名中不要出现中文。

(5) 覆铜

覆铜是指将布线之间的空白区域进行铜箔填充，其意义在于增大线路各处的对地电容，减小地线阻抗，降低压降，提高抗干扰能力。

单击选择工具栏中“覆铜模式”按钮，光标变为笔形状，按住鼠标左键在黄色边框线内拖曳出一块矩形覆铜区。松开鼠标后，可弹出“编辑覆铜”对话框(见图 1-54)。

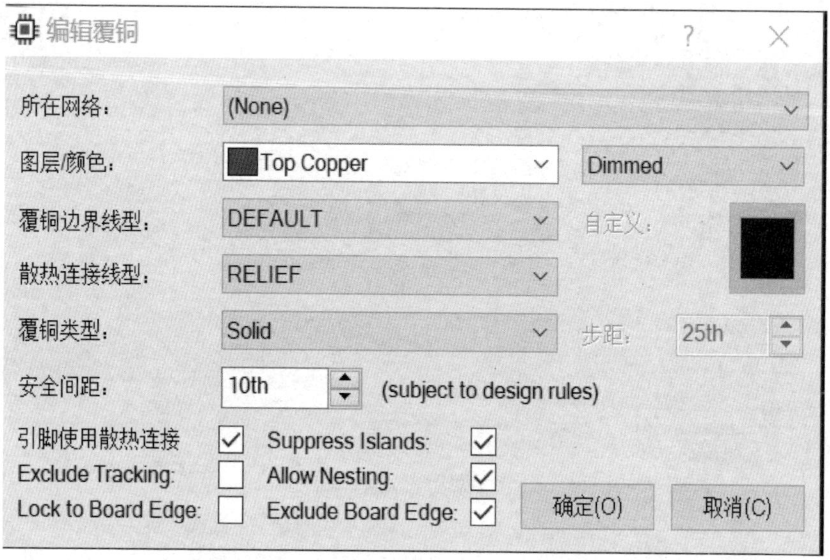

图 1-54 “编辑覆铜”对话框(一)

单击“确定”按钮可对顶层先进行覆铜操作，顶层覆铜效果如图 1-55 所示。

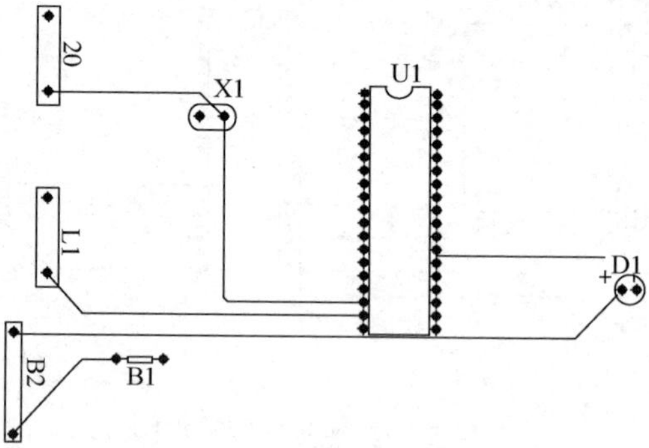

图 1-55 顶层覆铜效果

按住鼠标左键，在靠近黄色边框线附近再拖曳出一块矩形覆铜区。松开鼠标后，“编辑覆铜”对话框(见图 1-56)可再次弹出。

图 1-56　“编辑覆铜”对话框(二)

单击“图层/颜色”下拉框，选择“Top Copper”对底层进行覆铜操作。底层覆铜效果如图 1-57 所示。

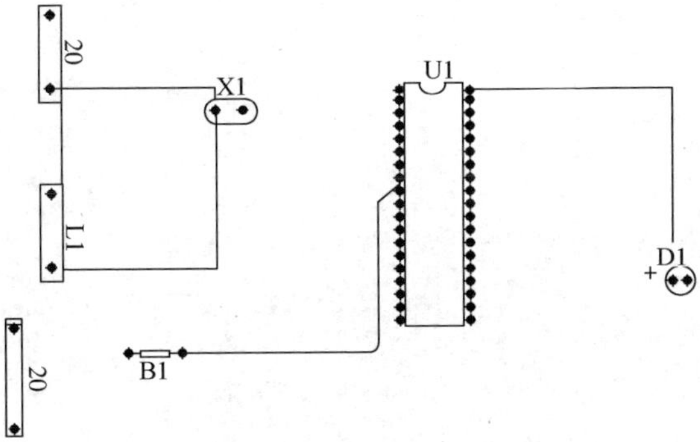

图 1-57　底层覆铜效果

(6)预览 PCB 效果

单击菜单“输出”中“3D 预览”选项，可启动三维预览功能，鼠标拖动操作可以从不同角度观察 PCB 的设计效果(见图 1-58)。

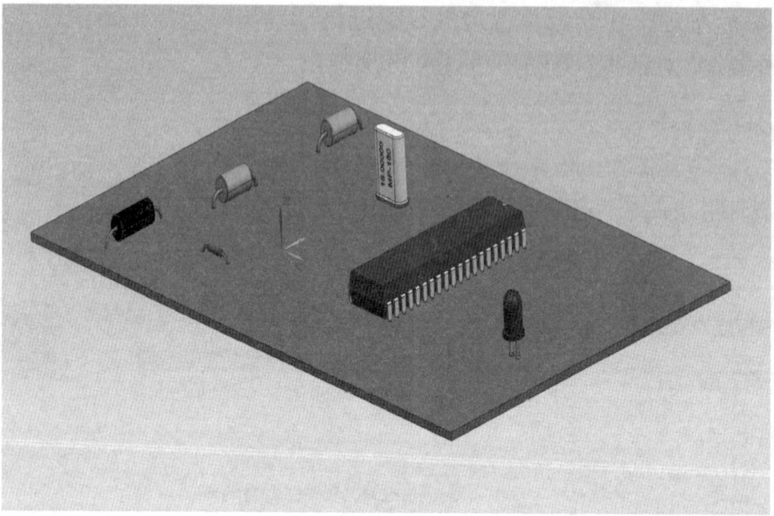

图 1-58　三维预览效果

(7)输出 PCB 文件

单击菜单“输出”中“Gerber and Excellon”选项，可弹出光绘文件设置窗口(见图 1-59)。

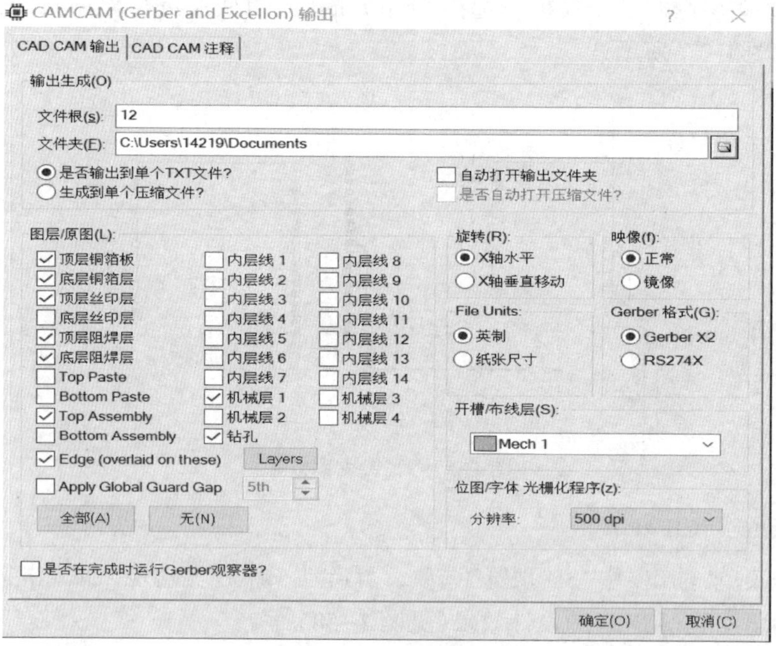

图 1-59　光绘文件设置窗口

图 1-59 中的勾选项为 PCB 制作的常用图层：顶层铜箔板、底层铜箔层、顶层丝印层、顶层阻焊层、底层阻焊层、钻孔等。确定存盘路径并单击“确定”按钮后，可形成一组 .txt 格式的 Gerber 光绘文件。单击菜单“导出”中“导出位图文件”选项，可弹出“导出位图”对话框（见图 1-60），勾选相应图形选项，单击可生成如图 1-61 所示的光绘文件分层图形。

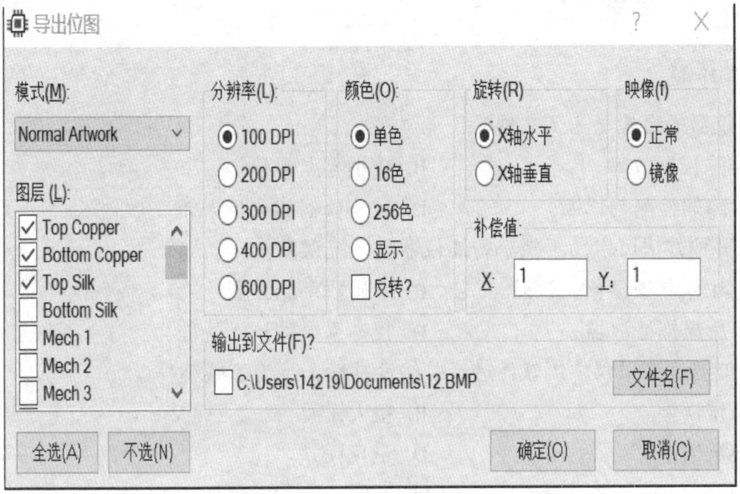

图 1-60　“导出位图”对话框

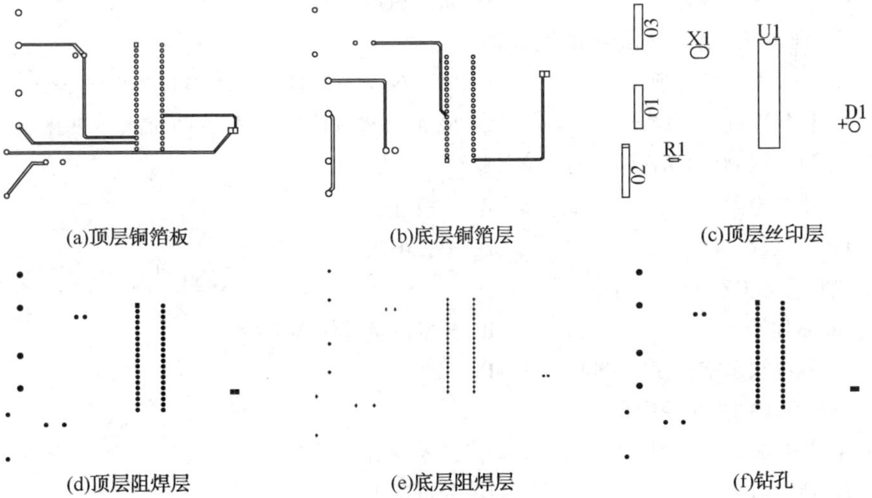

图 1-61　光绘文件分层图形

PCB 设计到此结束，此后还需经过印刷线路板加工—元器件焊接—可执行文件下载—实验测试等后续环节的工作，若正确无误才算完成一个电子产品的设计开发。可以看出，利用功能强大的 Proteus 设计工具，可以实现从概念到产品的完整设计过程。

习　题

一、选择题

1. 智能仪器的自检是为了实现(　　)功能。

A. 排除仪器故障　　B. 减小零点漂移

C. 故障的检测与诊断　　D. 减小仪器的测量误差

2. 下述哪种方法可以用于减小智能仪器的系统误差？(　　)

A. 利用误差模型修正误差　　B. 采用数字滤波器

C. 采用模拟滤波器　　D. 提高系统的抗干扰能力

3. 在智能温度测量仪中用软件进行非线性补偿，是为了减小(　　)。

A. 系统误差　　B. 粗大误差

C. 随机误差　　D. 量化误差

4. 智能仪器的自动零点调整功能通常是由(　　)的方法实现的。

A. 软件　　B. 硬件

C. 软硬件相结合　　D. 斩波稳零技术

5. 采样保持器在模拟通道中的作用是(　　)。

A. 提高系统采样速率　　B. 保证在 A/D 转换期间 A/D 输入信号不变

C. 保持系统数据稳定　　D. 使 A/D 输入信号能跟上模拟信号的变化

6. 51 单片机 P0 口用作输出时，应外接(　　)。

A. 上拉电阻　　B. 二极管

C. 三极管　　D. 下拉电阻

7. 进位标志 CY 在(　　)中。

A. 累加器　　B. 算术逻辑部件 ALU

C. 程序状态字寄存器 PSW　　D. DPTR

8. 堆栈数据的进出原则是(　　)。

A. 先进先出　　B. 进入不出

C. 后进后出　　D. 先进后出

9. 51 单片机系统中，若晶振频率为 6MHz，一个机器周期等于(　　)μs。

A. 1.5　　B. 3　　C. 1　　D. 2

10. 80C51 基本型单片机内部程序存储器容量为(　　)。

A. 16K　　B. 8K　　C. 4K　　D. 2K

11. 在家用电器中使用单片机应属于微计算机的(　　)。

A. 辅助设计应用　　B. 测量、控制应用

C. 数值计算应用　　D. 数据处理应用

12. PC 的值是(　)。

A. 当前正在执行指令的前一条指令的地址

B. 当前正在执行指令的地址

C. 当前正在执行指令的下一条指令的地址

D. 控制器中指令寄存器的地址

13. 单片机应用程序一般存放在(　　)中。

A. RAM　　B. ROM　　C. 寄存器　　D. CPU

14. 在堆栈操作中，当进栈数据全部弹出后，这时 SP 应指向(　　)。

A. 栈底单元　　B. 7FH 单元

C. 栈底单元地址加 1　　D. 栈底单元地址减 1

15. 51 单片机的并行 I/O 口信息有两种读取方法，一种是读引脚，另一种是(　　)。

A. 读锁存器　　B. 读数据库　　C. 读累加器　　D. 读 CPU

二、简答题

1. 什么是智能仪器?
2. 智能仪器的发展历程是什么?
3. 智能仪器的硬件主要包括哪几部分?
4. 智能仪器的应用现状是什么?
5. 简述智能仪器的发展趋势。

第 2 章　智能仪器仪表动态显示及按键控制

2.1　LED 灯控制

随着社会的发展，人们对生活质量的要求越来越高，照明也早已成为我们生活不可或缺的一部分，在能耗中所占的比例日益增加。在当今社会中，使用比较普遍的有通过声音、触摸、光感等来控制的照明灯具。LED 灯寿命比较长，省电，比较环保，正是这些优点的存在以及当下对 LED 灯的大力研究，使 LED 灯走上了历史的舞台。采用 LED 灯作为社会的首选照明用具，可以节约很多电能，有着巨大的经济环境效益。

智能灯光控制器，也称为可编程式灯光控制器，即控制器的灯光程序是可以按照使用者的需要进行修改的，比如修改灯光闪烁的速度、时间、花样、同步与异步，等等，并具有良好的扩展性，可以根据使用者的需要进行多块控制板组合同步、异步运行达到更高的要求。其采用稳定可靠的 51 单片机为硬件控制核心，并配有上位机软件编辑修改灯光、下载程序，并升级为电脑 USB 接口通信，大大提高了控制器的使用性。在配套软件上可以随意编辑、下发编好的控制程序(灯光花样)，并具有独特的软件预览功能，方便修改、调试灯光效果……单个控制器可以令 8 路输出端口通断变化组合达到所需效果，还可以多个控制板组合达到控制更多路可控端口的目的(目前可最大做到 24 路，技术扩展将会实现更多路可控)。

2.1.1　控制板

控制板主要由以下几个部分组成：51 单片机，8 位的微处理器，片内为 128 个字节、片外最多可外扩至 64K 字节数据存储器，程序存储器，5 个中断源、2 级中断优先权的中断系统，2 个 16 位的定时/计数器，1 个全双工的串行口，4 个并行 8 位 I/O 口，21 个特殊功能寄存器。

2.1.2　光照检测

方案一，采用光敏二极管或三极管等光传感器件把环境亮度转换成相应的数字电平，然后直接接入单片机 I/O 引脚。

方案二，采用光敏电阻把环境亮度转换成相应的电压值(模拟值)，然后通过运放后经 A/D 转换，单片机得到数字信号反映光照强度。

2.1.3　人体检测

人体检测主要通过菲涅耳透镜来完成，当人进入感应范围时，人体释放的红外光透过镜片被聚集在某个同心环上，然后生成一个光信号，检测装置通过探头将光信号转换成电信号来工作。

2.1.4　热释电红外传感器

热释电红外线传感器用于检测人体辐射的红外线，然后通过一定的方式将红外线转换成电压信号，再将电压信号投入工作中。

人体热释电检测电路如下：检测对象—菲涅耳透镜—热释电红外传感器—信号处理电路—V_m。

2.1.5　照明设备驱动

方案一，采用可控硅控制。可控硅又称晶闸管，是一种具有三个 PN 结的四层结构的大功率半导体器件。其具有体积小、结构相对简单、功能强等特点，是比较常用的半导体器件之一。

方案二，采用继电器控制。继电器是一种当输入电、磁、声、光、热等达到一定值时，输出量发生跳跃式变化的自动控制器件。其动作快、工作稳定、使用寿命长、体积小，所以被广泛应用于运动、遥控、电力保护、自动化、测量和通信等装置中。根据不同的结构，可以将其分为电磁继电器、热敏干簧继电器、固态继电器、磁簧继电器、光继电器等。由于电磁继电器简单易用，开关状态极其容易判断，所以本设计采用电磁继电器来控制。

首先光照射到 LED 灯系统上，软件系统会对光照进行检测以及做出相应的反应。亮度调节分为三个阶段，当周围光强信号高于设定值时，所有 LED 灯关闭。当周围光强信号低于设定值时控制器打开一部分 LED 灯，光强信号低于更小的设定值时再打开一部分 LED 灯，光强信号低于最小的设定值时全部 LED 灯打开。进入深夜 LED 灯则会自动变暗减少能耗，当检测到周围有人时会根据此时光强情况调节亮度，以达到最大限度节约电能而不影响正常照明的目标。

2.1.6 利用 MCS-51 单片机进行控制

MCS-51 单片机具有以下几个优点：

① 可靠性高。

② 控制功能强。具有丰富的控制指令。

③ 实用性好。体积小，功耗低，价格便宜，易于产品化。

2.1.7 多个 LED 灯并联集成在一起控制亮度

通过光敏电阻检测外部光亮，然后通过 51 单片机控制 LED 灯的亮灭个数，从而达到亮度控制。

独立按键控制 LED 灯的学习目标：

① 掌握独立按键消抖原理。

② 掌握独立按键接口电路设计。

③ 掌握独立按键控制 LED 灯的程序编写。

键盘是常见的计算机输入设备，在单片机应用中，按键可以设置电子钟的时间，简易计算器中，按键可以输入数字，按键还可以实现单片机中两个不同功能的程序切换。本例要求两个按键分别实现 LDE 灯的不同闪烁方式，按键 1 按下时，LED 灯从右向左依次点亮，按键 2 按下时，LED 灯从左向右依次点亮。

本例只需 2 个按键实现 LED 灯闪烁方式控制，因此按键接口电路设计成独立按键。独立按键即每个按键直接与单片机 I/O 端口连接，当按键按下和弹开时，单片机 I/O 端口呈现不同的电平。独立按键接口电路可以设计成当按键按下时，单片机 I/O 端口为高电平或者低电平，读者可以根据自己的需求自行设计。单片机应用中的独立按键多是机械弹性开关，在按键按下和弹开时，由于按键的机械特性，有抖动产生。消除抖动有硬件和软件两种方式，软件方式就是编程读取 I/O 端口电平时，产生一个 5~10ms 延时后，再次读取 I/O 端口电平，以确认按键是否按下或弹开。

仿真效果图如图 2-1 所示。

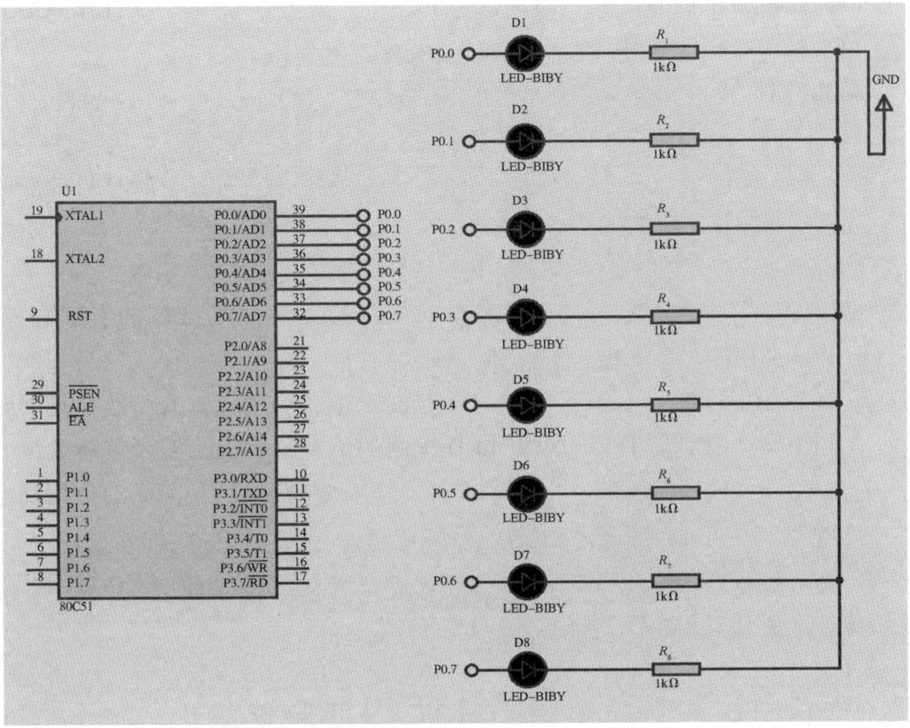

图 2-1　仿真效果图

由图 2-1 可知：

① LED 灯接的是单片机的 P0 口，意味着我们只能用 P0 口来编程。

② LED 灯是共阳极，当给低电平时 LED 灯才会亮(单片机灌电流能力较强，输出电流较弱，所以一般用共阳极)。

③ LED 所在的 P0 口是读 I/O 口，故使用时用一个变量来作中介。

实现跑马灯效果，P0. 0 到 P0. 7 口依次亮且每次只亮一个灯，然后 P0. 7 到 P0. 0 依次亮灯。

实验代码：

```
#include <reg52. h>        //此文件中定义了 51 单片机的一些特殊功能寄存器
#include <intrins. h>                                        //声明全局函数
void Delay10ms(unsigned int c);                               //延时 10ms
void main()
{
```

```
    unsigned char i;
    unsigned char LED;                                          //首先赋值 LED
    LED = 0xFE;
    while (1)
    {
                                                                //LED 灯往左闪烁
     for (i = 0 ; i < 7 ; i++)
     {
                                                                //将 LED 的值赋给 P2 口
       P0= LED;
       Delay10ms(50);                       //延时一下，为了让灯有持续点亮的时间
       LED = LED << 1;          //将 LED 里面的值左移一位，然后重新赋给 LED
       LED = LED | 0x01;                               //移位后，前面的位为高电平
     }
                                                                //LED 灯向右显示
     for (i = 0 ; i < 7 ; i++)
     {
       P0= LED;
       Delay10ms(50);
       LED = LED >> 1;                                                  //右移
       LED = LED | 0x80;                               //移位后，后面的位为高电平
     }
    }
}
void Delay10ms(unsigned int c)                                     //误差 0μs
{
    unsigned char a, b;
          //c 在传递过来的时候已经赋值了，所以在 for 语句第一句就不用赋值了
    for ( ; c>0; c--)
    {
     for(b=38; b>0; b--)
     {
```

```
    for (a=130; a>0; a--);
   }
  }
}
```

扩展：实现流水灯。

```
#include <reg52.h>                  //此文件中定义了 51 的一些特殊功能寄存器
#include <intrins.h>                                        //声明全局函数
void Delay10ms(unsigned int c);                             //延时 10ms
void main()
{
  unsigned char i;
  unsigned char LED;                                        //首先赋值 LED
  while (1)
  {
  LED = 0xFE;                                               //LED 灯往左闪烁
   for (i = 0 ; i < 8 ; i++)
   {
                                                  //将 LED 的值赋给 P2 口
    P0= LED;
    Delay10ms(50);                     //延时一下，为了让灯有持续点亮的时间
    LED = LED << 1;          //将 LED 里面的值左移一位，然后重新赋给 LED
    LED = LED | 0x01;                            //移位后，前面的位为高电平
   }
                                                          //LED 灯向右显示
    LED=0x7F;
    for(i=0; i<8; i++)
   {
    P0=LED;
    Delay10ms(50);
    LED=LED>>1;                                                   //右移
    LED=LED | 0x80;                              //移位后，后面的位为高电平
   }
```

```
    }
}

void Delay10ms(unsigned int c)                                  //误差 0μs
{
    unsigned char a, b;
        //c 在传递过来的时候已经赋值了，所以在 for 语句第一句就不用赋值了
    for (; c>0; c--)
    {
      for (b=38; b>0; b--)
      {
        for (a=130; a>0; a--);
      }
    }
}
```

仿真效果图如图 2-2 所示。

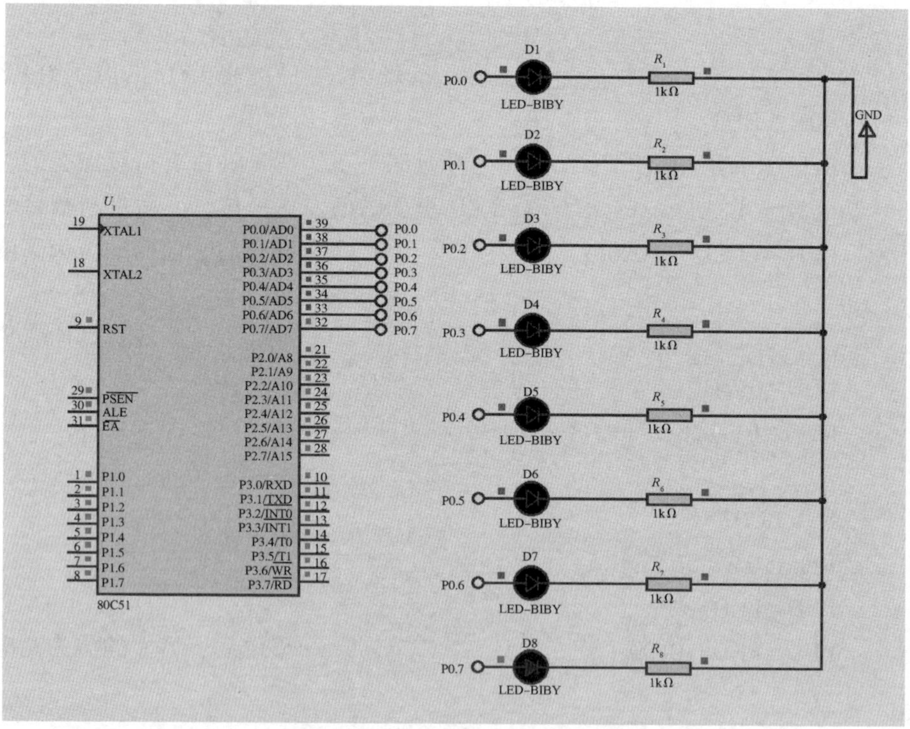

图 2-2　仿真效果图

2.2　点阵

为了研制基于 FPGA 的 LED 点阵显示系统，此节介绍显示系统的硬件设计方案，给出 16×16 LED 点阵与 FPGA 芯片的接口电路，详细介绍 FPGA 的基于 IP 核的设计方法。显示数据存放在 FPGA 片内，其内部的控制逻辑单元与 ROM 存储器分别进行设计，很方便地实现了 22 个字符的左移动态扫描显示。充分利用了 FPGA 运行速度快、I/O 引脚多、设计灵活的特点，本书提出的 LED 点阵显示控制方法具有较好的实际应用价值。

随着科学技术的发展进步，现场可编程门阵列作为嵌入式的一种，被广泛应用于各个领域。FPGA 拥有丰富的硬件资源，具有较强的二次开发性和灵活的设计方式，已经成为嵌入式系统设计的主流硬件平台之一。与数字信号处理器(Digital Signal Processor，DSP)相比，FPGA 能够实现数字信号处理算法硬件流水或复杂的数字控制，可以满足高速数字控制和硬件系统高度集成化的需求；与单片机(Micro-Controller Unit，MCU)相比，FPGA 具有更丰富的 I/O 引脚和更高速的性能，并且 FPGA 可以实现纯硬件电路，工作时没有 CPU 程序运行，从而可以提高系统可靠性和工作速度。

LED 点阵显示屏是随着计算机技术、半导体微电子技术、光电子技术的迅猛发展而形成的一种新型信息显示媒体，它利用发光二极管构成的点阵模块或像素单元组成可变面积的显示屏幕，以可靠性高、使用寿命长、环境适应能力强、性价比高、使用成本低等特点，迅速成长为平板显示的主流产品，在信息显示领域得到了广泛的应用。近几年有关 LED 点阵显示屏的研究，主要基于 MCU 和 ARM 实现，存在运行速度慢、控制单元与 LED 点阵显示屏的接口电路复杂等不足之处。本书基于 FPGA 的 LED 点阵显示控制方法，充分利用 FPGA 运行速度快、I/O 引脚多、设计灵活的特点，以 FPGA 控制 16×16 LED 点阵实现左移字符串显示为例，介绍系统的整体结构、FPGA 芯片与 LED 点阵的接口电路、FPGA 基于 IP 核的设计方法。

2.2.1　系统整体结构图

基于 FPGA 的 LED 点阵字符和图像显示系统，由 FPGA 和 LED 点阵两部分组成，如图 2-3 所示。FPGA 向 LED 点阵发送显示数据和扫描信号，控制 LED

点阵工作，实现字符和图像的显示。

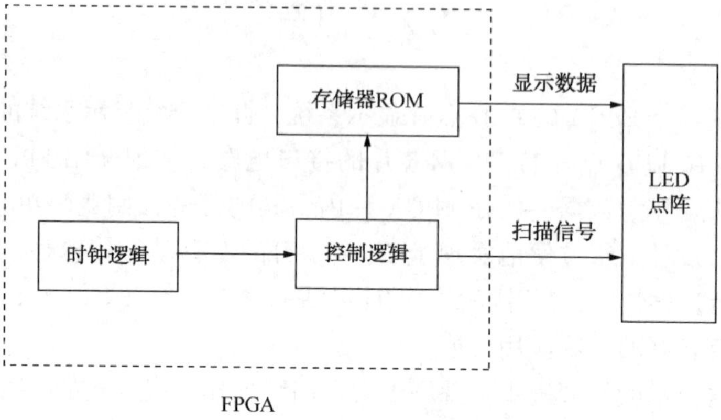

图 2-3　系统整体结构图

FPGA 芯片内部由 3 个单元电路组成：时钟逻辑单元产生起同步作用的系统时钟脉冲信号；存储器 ROM 单元用于存放显示数据，是基于 FPGA 的 IP 核而实现的，其中的显示数据取决所显示的内容，显示内容包括字符或者图像；控制逻辑单元产生读取存储器 ROM 的地址信号和控制 LED 点阵的扫描信号，是基于 FPGA 的文本设计输入方法实现的，如何完成其设计取决于 LED 点阵的显示内容和显示方式，LED 点阵的显示方式分为静态显示和移动显示。

2.2.2　FPGA 与 LED 点阵的接口电路

一般而言，LED 点阵采用低电压扫描控制方式来完成显示，为了叙述的方便，本设计采用 16×16 LED 点阵，并且采用列扫描控制方式。在 FPGA 芯片与 16×16 LED 点阵的接口中 U1 是 FPGA 芯片，其型号为 EP1K30TC144；U2 ~ U5 是 8 bit 总线驱动器，其型号为 74HC245；16×16 LED 点阵是由 4 块 8×8 LED 点阵模块拼接而成的。需要说明一下，此处我们选用的 8×8 LED 点阵模块是行共阳、列共阴的。

芯片 U2 和 U3 的每一个输出引脚，最多提供 1 个发光二极管的阳极电流，所以 U2 和 U3 的驱动能力是足够的。芯片 U4 和 U5 的每一个输出引脚，最多提供 16 个发光二极管的阴极电流之和，U4 和 U5 的驱动能力也是足够的，但是当 LED 点阵显示屏增大时，需要提供的最大阴极电流之和也随之增大，这时 U4 和 U5 的驱动能力不足，这种情况下可以在 U4 和 U5 的输出端添加达林顿晶体管来满足驱动能力的要求。

图示接口电路的特点是，在每一个时钟周期，在 FPGA 提供列扫描信号 Scan[15：0]的同时，行显示数据 Line[15：0]也送到了 LED 点阵的行引脚，无论是行显示数据，还是列扫描信号，FPGA 是直接送达 LED 点阵引脚的，不需要 FPGA 外部芯片进行串并转换和地址译码。因此，充分发挥了 FPGA 芯片的运行速度快和 I/O 引脚多的优势，即使 LED 点阵显示屏增大时，接口电路也只是增加 8 bit 总线驱动器和达林顿晶体管，从而简化了接口电路，完全能够保证 LED 点阵显示屏的刷新率和显示亮度。

2.2.3　FPGA 芯片内部电路框图

FPGA 芯片内部由 3 个单元电路组成：时钟逻辑单元、存储器 ROM 单元和控制逻辑单元。FPGA 片内逻辑电路的设计，是在 FPGA 开发环境 QuartusⅡ下完成的，时钟逻辑单元的设计很简单，下面主要介绍控制逻辑单元、存储器 ROM 单元的设计方法。

2.2.3.1　控制逻辑单元设计方法

如何完成控制逻辑单元的设计，取决于 LED 点阵的显示内容和显示方式，为了叙述的方便，拟定显示内容为字符串，显示方式为左移动态扫描显示方式。因此，控制逻辑单元的功能是，产生读取存储器 ROM 的地址信号，产生 LED 点阵的列扫描信号。使用 FPGA 的 VHDL 硬件描述语言文本设计输入方法，完成控制逻辑单元的设计。

2.2.3.2　创建只读存储器初始化数据文件

在 FPGA 芯片内部开发的存储器 ROM 单元用于存放显示数据，其中的显示数据取决于所显示的内容，首先根据显示内容变换成显示数据，再由显示数据创建只读存储器的初始化数据文件。显示内容变换成显示数据的过程，是在取字模数据软件中完成的。例如，取字模数据的软件有“PC to LCD 2002 完美版”，其是一个绿色软件。在取字模数据的软件“PC to LCD 2002 完美版”中，可以很方便地获取字符串对应的字模数据(显示数据)，当然也可以很方便地获取显示内容为图像的字模数据。根据得到的字模数据(显示数据)，在开发环境 QuartusⅡ中，就可以创建只读存储器的初始化数据文件 ROM data. mif，只要将字模数据拷贝到 ROM data. mif 文件中即可。

2.2.3.3 创建只读存储器

本例在 FPGA 芯片内部实现存储器 ROM 单元的设计，是基于 FPGA 的免费 IP 核而实现的。在开发环境 QuartusⅡ中，利用开发商提供的免费 IP 核，设计了一个包含 1024 个字，字长为 16 bit 的只读存储器 ROM_ 1024_ 16。需要提醒的是，在设计过程中，要选中前面已经创建好的只读存储器初始化数据文件 ROM data. mif，这样就很方便地在 FPGA 芯片中，完成存储单元中存放显示数据的只读存储器 ROM_ 1024_ 16 的设计。

对于采用 MCU 或 ARM 的 LED 点阵显示系统而言，由 MCU 或 ARM 发送的显示数据一般是串行传送给具有锁存功能的移位寄存器，比如 8 bit 的移位寄存器 74HC595，如果要将一个 8 bit 的显示数据送到 74HC595 芯片，就需要 8 个时钟周期。然而一屏完整的显示数据往往是远大于 8 bit 的，所以就需要更多的时钟周期；而且移位寄存器中的显示数据送达 LED 点阵，是在锁存时钟脉冲信号控制下完成的，所以还需要一个时钟周期，因此，这样严重制约了系统的整体工作速度，并影响 LED 点阵显示屏的刷新率和显示亮度。本例的硬件系统主要由 FPGA、LED 点阵及其驱动器 74HC245 组成，结构非常简单。由于采用 FPGA 芯片，一屏完整的显示数据并行地由 FPGA 发送给驱动器 74HC245，经其驱动后送达 LED 点阵，只需要一个时钟周期。

2.3 动态数码管按键控制

2.3.1 软件介绍与动态说明

PROTEUS 软件是英国 Lab Center Electronics 公司出版的 EDA(电子设计自动化)工具软件。KeilC51 是美国 Keil Software 公司出品的 51 系列兼容单片机 C 语言软件开发系统。两软件的联合调试是单片机仿真的基础。静态显示就是用单片机 I/O 口输出固定的数值，每个数码管的驱动电平不会改变，一般用来显示固定的数值。动态显示，也称扫描显示，是将所有数码管的 8 段即 a ~ dp 段都连接在一起，分时使各个数码管的位选端有效，也就是在某一个时刻只能有 1 个数码管在显示。由于人眼具有“视觉暂留”作用(光信号消失后，人眼睛对光还会保留大约 0. 1 ~ 0. 4s 的时间)，因此只要使多个数码管显示的时间间隔较短，人眼一般是感觉不到数码管熄灭的，因此可以形成多个数码管在“静态显示”的假象。动态显示优点是占用的 I/O 接口较少，但需要不断调用 MCU 调节 I/O 口输出。

2. 3. 2　动态显示编程

由四位数码管用动态显示“2018”，原理是由单片机的一个 I/O 口输出显示段码，另一个 I/O 口输出位码。程序如下：

```
#include<reg52.h>
delay();
#define uchar unsigned char
P2=0x00;
#define uint unsigned int
P2=a[2];
uchar code a[4]={0x7f, 0x06, 0x3f, 0x5b};
P1=b[2];
uchar code b[4]={0xfe, 0xfd, 0xfb, 0xf7};
delay();
uint time;
P2=0x00;
void delay();
P2=a[3];
void main()
P1=b[3];
{
  P0=0x00;
  delay();
```

```
    while(1)
    {
      P2=0x00;
      {
        P2=a[0];
      }
      P1=b[0];
    }
  delay();
  }
  void delay()
  P2=0x00;
  {
  time=1300;
  P2=a[1];
  while(time--);
  }
  P1=b[1];
```

动态显示可以同时显示多位数码管，通过不停地刷新 I/O 口的数据来实现多位的持续显示。硬件上，I/O 口与所有的段码输入口相连，另外还要将 I/O 口独立连接每一位的数码管的公共端作为该位数码管显示时候的选择端。动态显示较静态显示可以用更少的单片机控制更多的数码管，可以减少硬件开销。

传统的单片机实验教学模式是用仿真器加实验板加编译软件的模式，在这种模式下学生做实验硬件电路是事先固定好的，不能由学生来设计硬件电路，学生最多只能编写程序，并调试程序。但是对单片机的掌握应该是既懂电路设计，又懂编程序，所以传统的实验模式不能让学生有全面的动手锻炼的机会，尤其是在硬件的设计方面，而基于 Proteus 仿真软件的实验模式就能够很好地解决这个问题。在课堂教学中和课程设计等环节引入 Proteus 仿真软件同样能起到很好的作用。

Proteus 软件是英国 Lab Center Electronics 公司开发的一款仿真软件，可以设计电路原理图，PCB 版图，还可以仿真、分析各种模拟器件和集成电路，仿真效果如图 2-4 所示。该软件的特点是：

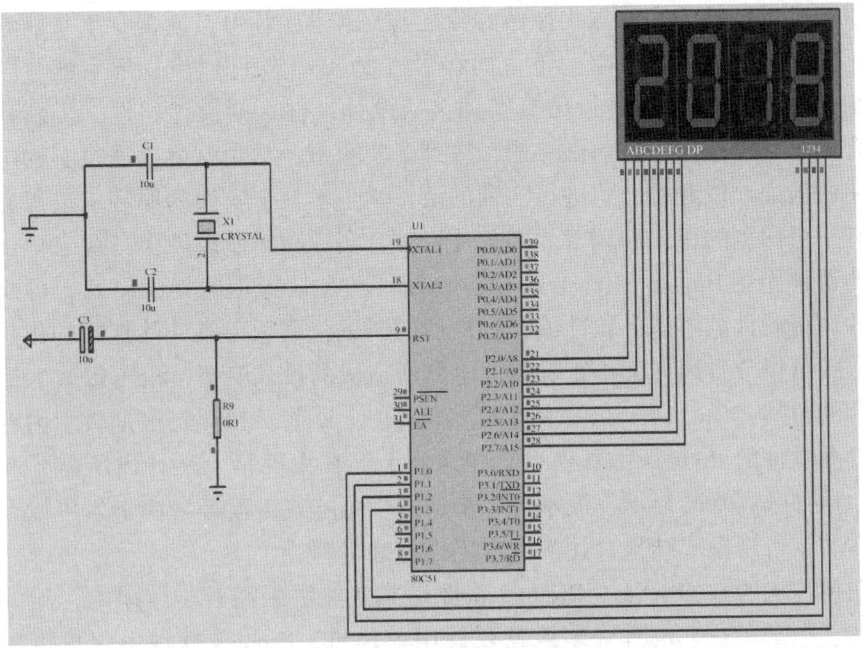

图 2-4　仿真效果

① 可以对单片机进行完整的仿真，具有 RS-232 动态仿真、I2C 调试器、SPI 调试器、键盘和 LCD 系统仿真的功能。

② 可以对模拟电路、数字电路等各种外围电路进行仿真，有各种虚拟仪器，如示波器、逻辑分析仪、信号发生器等。

③ 支持各种单片机类型及各个厂家的单片机和 DSP 芯片。

④ 支持大量的存储器芯片。

总之，该软件是一款集单片机和 SPLCE 分析于一身的仿真软件，功能极其强大，是其他任何一款软件都不能比拟的。

在基于 Proteus 仿真软件的实验教学模式中，教师只需布置任务，硬件电路设计和软件设计都由学生自主完成，这样可以给学生很大的自主发挥的余地，有利于对学生创新能力的培养。例如，在做数码管显示这个实验时，教师可以让学生根据所掌握的程度选择用一个数码管或多个数码管，选择用共阳级数码管或共阴级数码管，自主选择静态显示模式或动态显示模式，或者学生可以选择由浅入深做多种尝试，这样学生的动手能力和创新能力会得到很大的发挥，因为是他自己设计的电路，在编制程序时他的思路会更加清晰，因为软件设计是建立在硬件设计基础之上的，是相辅相成的。

以前基于硬件的实验方式在做实验之前要求学生预习，通常学生只能看看指导书，实验的过程只能想象一下。而在引入 Proteus 软件以后，学生就可以自主在电脑上用 Proteus 软件进行仿真实训，从设计硬件，到设计软件，再到软硬件的联合调试都可以亲手提前做一遍，等到了实验室，学生就可以通过实物电路进行电路的验证。以此种方式进行实训的话，学生对整个实训的原理、过程和现象就能有一个深刻的认识和理解。在单片机综合实训和毕业设计中，要求学生根据自己的课题先在 Proteus 软件上进行仿真设计，在运行正确无误以后，再购买电子器件进行硬件的搭建、软件编程和最后的调试，最后完成一件真实的作品。以此种方式可以节省因方案不正确修改电路所造成的投入浪费，也可以大大缩短开发设计的时间，学习和工作效率将大大提高。上课前，教师先根据教学内容准备好硬件和软件的 Proteus 仿真模型，在课堂上，在大屏幕上运行出所需要产生的结果，比如数码管的显示、流水灯、交通灯、矩阵式键盘等，使学生可以看到实实在在的运行现象或结果，让学生产生一种好奇感。

在单片机的教学中引入 Proteus 软件是非常能够提高教学效果的，另外在毕业设计、电子竞赛中也有许多课题要使用单片机，Proteus 软件不仅可以用于单片机的教学，同样可以用于数字电路、模拟电路、电路分析、嵌入式系统等课程的教学。

在单片机的动态显示过程中，我们将各个数码管的位选端(每个数码管是由 8 个发光二极管组成的，而发光二极管相连的那一端组成的公共端即为位选端)分别接在单片机的 P2 口，在每个瞬时，只允许选通一个数码管，每个数码管段选端(8 个发光二极管不相连的那一端)接在单片机的 P0 口的对应引脚。通过单片机的 P0 和 P2 两个输出口就可实现单片机的动态显示了。

如果数码管是共阴极连接方式，如图 2-5 所示，数码管的发光二极管的位选端为阴极，则数码管可以显示 0、1、2……F 这 16 个字符。由于 51 单片机的位选端接在了单片机的 P2 口，段选端接在了单片机的 P0 口，要想使与 P2 口相连的数码管显示数字 1，由于数码管为共阴极连接方式，故与段选端相连的 P0 口应在对应的引脚上使 b、c 两段发光二极管发光，其他段的发光二极管不发光，P0 口应输出 0x06(即二进制数 00000110)，然后应使位选端相连的 P2 口对应引脚输出低电平 0。反之，数码管如果是共阳极连接方式，如图 2-6 所示，显示的字码的方式应和共阴极连接方式相反，如要在对应的数码管上显示数字 1，则 P0 口应输出 0xf9(即二进制数 11111001)。而想让某个数码管能显示字码，就必须给相连的单片机的 P2 口的对应引脚输出高电平 1。

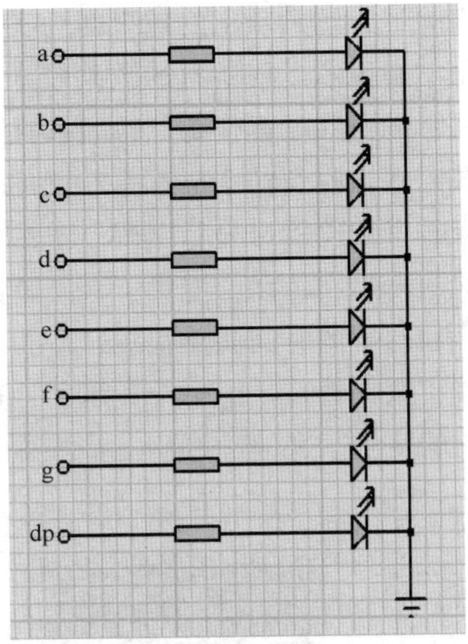

图 2-5　数码管共阴极连接方式图

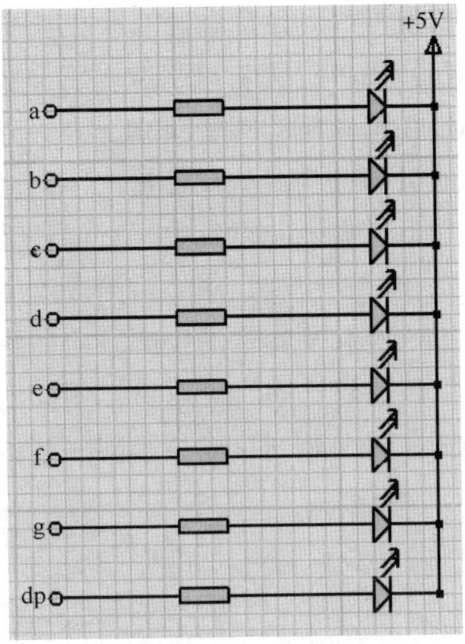

图 2-6　数码管共阳极连接方式图

在任意瞬时，单片机只选通一个数码管，即位选通，而各个数码管的段选端是可以同时向各个数码管送数的，但是只有位选通的数码管能显示字码。显示字码的时间也非常短暂，即延迟一定时间后，位选通的数码管关闭，选通下一个数码管的位选端，使其能显示字码，同理其他数码管也是按照此原理，依次可显示字码。由于人的视觉有暂留效应和发光管的余辉效应(当电子束停止轰击荧光屏时，光点仍能保持一段时间)，再加上延时足够短，使人感觉好像各位数码管同时都在显示。还有一点需要注意，用于动态显示的限流电阻阻值应略小于静态显示的限流电阻阻值，这是由于动态显示的亮度比静态显示要小一些。

6 个共阳极数码管采取动态显示方式与单片机相连接，数码管动态显示原理如图 2-7 所示。P0 口为段选端，P2.0、P2.1、P2.2、P2.3、P2.4、P2.5 分别与三极管基极相连作为位选端。要求编写控制程序，实现 6 个数码管能够分别显示“2”“3” “8”“d” “f”“5”。

分析：要使与 P2.0 口相连的数码管显示数字“2”，由于数码管为共阳极连接，需要使 a、b、d、e、g 这几段发光二极管发光，其他二极管不发光，也就是与 a、b、c、d、e、f、g、dp 这 8 段发光二极管相连的单片机的 P0 口输出 0xa4 (即二进制数 10100100)。然后将其 P2.0 口的位选端开通，单片机的 P2.0 口应输出一个高电平，则第一个数码管可显示数码了。程序的编写是在 Keil C51 环境下进行的，程序编写完后，采用 Proteus 仿真软件进行仿真，它内含了成千上万个仿真模型库。然后通过真实的实验线路再次验证，达到预定的效果即为实验成功。在使用单片机来控制数码管显示时，采用动态显示是将所有的数码管的段选端都接在单片机的对应引脚上，另外每个数码管的公共端都作为位选端接在单片机其他引脚上。当单片机输出字码时，每个数码管接收到的字码都是相同的，单片机只不过靠控制每位数码管的位选端来确定哪个数码管可显示字码。单片机在动态扫描时，控制程序先后给段选端和位选端送段码和位码，但由于人眼睛的视觉暂留效应和发光管的余辉效应，再加上打开数码管的时间间隔很短，使我们看上去像是数码管同时可以显示不同的字码，其实数码管是一个一个显示的，这和数码管在同 ·时刻只能显示同一字码有着木质的区别。

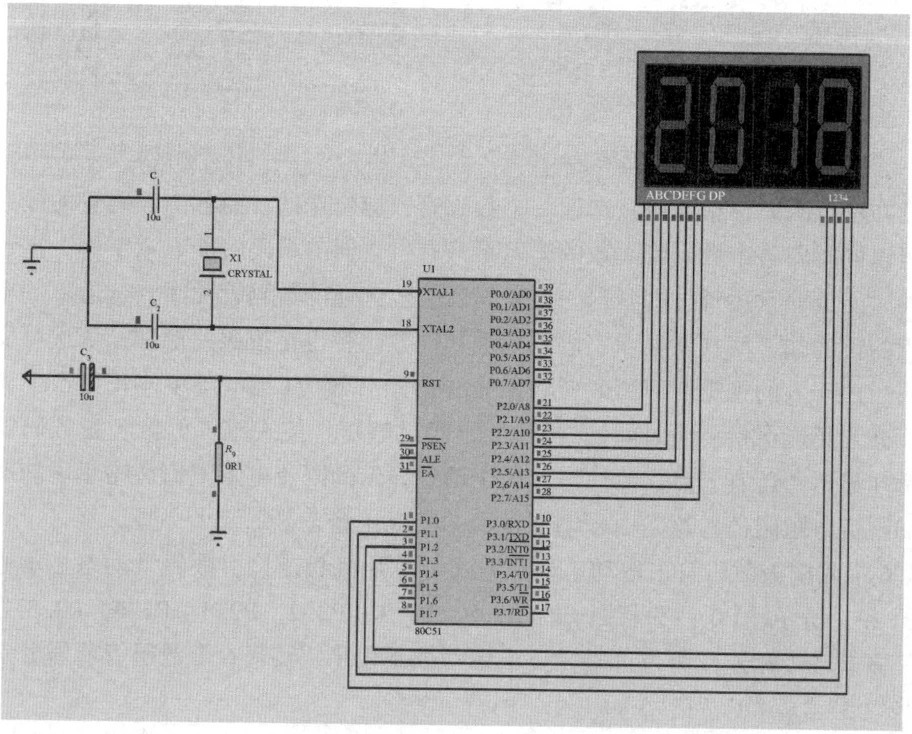

图 2-7　数码管动态显示原理图

以上通过一个简单的四位数码管电子钟项目为例介绍了模块化编程的具体应用。如图 2-4 所示为电子时钟的仿真图，它由四位数码管作显示，80C51 作为控制芯片，通过三个按键操作调整时间。可以看出，程序由主程序(main)、时钟模块(time)和按键控制模块(key)三个部分组成，主程序完成定时器 0 和 1 的初始化函数调用及数码管位显示位置的分配，调用按键程序。时钟模块的任务是进行定时器 0 和定时器 1 的初始化任务及数码管的动态扫描显示。按键控制模块的任务是实现时间的调整。整个程序条理清楚，各个模块分工协作，程序完整、可读性强、易于修改。时钟模块和按键模块独立成体系放置于单独文件夹中，便于别的单片机程序引用。

模块化编程技术是单片机最好的编程技术，它使程序结构清晰合理，便于多人协同合作进行程序任务的编写。模块化工作进行得越多，我们的编程技术领域就越广泛、越成熟；因此，单片机的模块化编程技术是值得广泛推广和应用的。

2.4　LED 显示器

显示器是智能仪器中常用的信息输出设备，它可以把 CPU 的响应、运算结果等用字符或图形的方式输出。常用的显示器有 LED、LCD、CRT 三种。

2.4.1　LED 显示器接口

LED 显示器是一种简单而常用的输出设备，在智能仪器中应用最为广泛，常用来指示状态或显示数据。

(1)LED 显示器的结构

LED 显示器由若干个发光二极管组成。发光二极管导通时便会发亮，控制不同组合的二极管导通，就可以显示出不同的字符。常用的为 7 段 LED 显示器的结构。将发光二极管的阳极连在一起的称为共阳极显示器，将发光二极管的阴极连在一起的称为共阴极显示器。其中 a、b、c、d、e、f、g 分别对应 7 个段，dp 对应小数点，这 8 条线又称为段选线。

当为各发光二极管加上不同的电平，使有的段亮而有的段不亮时，就可以显示出数字及一些特定的字符了。以共阴极显示器为例，当显示数字“0”时，只要使 a、b、c、d、e、f 段亮，g 段不亮，即 a、b、c、d、e、f 段的阳极上加高电平“1”，g 段的阳极上加低电平“0”，公共阴极接低电平“0”，7 段显示器就会显示数字“0”。这样，a、b、c、d、e、f、g 就可以写成“1111110”，这称为数字“0”的段码。同样地，当输入不同的段码时，显示器会显示不同的字符。表 2-1 列出 7 段 LED 显示器(共阴极)显示的数字、字符和对应的段码关系。

表 2-1　数字、字符和对应的段码关系(共阴极)

表示字符	dp	g	f	e	d	c	b	a	段码(H)
0	0	0	1	1	1	1	1	1	3F
1	0	0	0	0	0	1	1	0	06
2	0	1	0	1	1	0	1	1	5B
3	0	1	0	0	1	1	1	1	4F
4	0	1	1	0	0	1	1	0	66
5	0	1	1	0	1	1	0	1	6D
6	0	1	1	1	1	1	0	1	7D
7	0	0	0	0	0	1	1	1	07
8	0	1	1	1	1	1	1	1	7F
9	0	1	1	0	1	1	1	1	6F
A	0	1	1	1	0	1	1	1	77
B	0	1	1	1	1	1	0	0	7C
C	0	0	1	1	1	0	0	1	39
D	0	1	0	1	1	1	1	0	5E
E	0	1	1	1	1	0	0	1	79
F	0	1	1	1	0	0	0	1	71

共阳极 LED 显示器的段码与共阴极 LED 显示器的段码是逻辑非的关系，所以对表 2-1 中的共阴极 LED 显示器的段码求反，即可得到共阳极显示器的段码。

(2)LED 显示器的显示方式

LED 显示器的显示方式有静态显示和动态显示两种。下面以共阴极显示器为例说明。

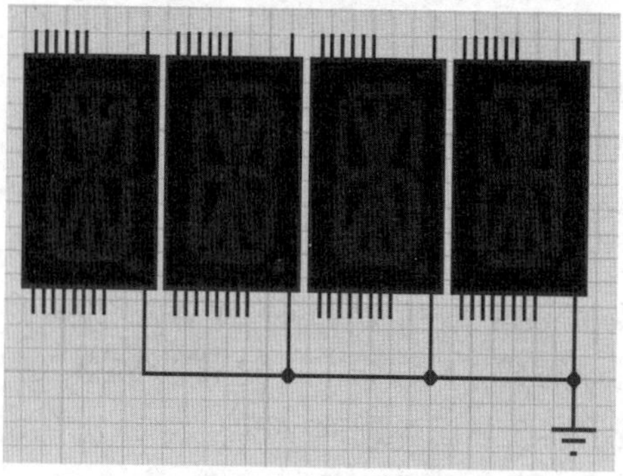

图 2-8　4 位静态 LED 显示电路

1)静态显示方式

所谓静态显示方式，是将共阴极 LED 显示器的阴极接地，将其 8 位段选线与一个 8 位并行口相连。8 位并行口输出一次电信号后保持不变，使相应的发光二极管恒定地导通或截止，显示内容也会保持不变。如图 2-8 所示为 4 位静态 LED 显示电路。

由于每一位 LED 均由一个 8 位并行口控制，故在同一时间里每一位显示的字符可以各不相同。这种显示方式占用机时少，显示可靠；缺点是每一位 LED 显示器都需要一个 8 位的并行口，当显示位数较多时，使用的元件多，且线路比较复杂，因而成本比较高。当显示位数较少时，常采用静态显示方式。一般采用扩展芯片进行显示控制。8255 扩展 3 位 7 段共阴极 LED 显示器的接口电路，在软件程序中将相应的字形数据(段码)写入 8255 的 PA、PB、PC 口，显示器就能够稳定地显示三位字符。

还有一种利用单片机串行通信接口设计的静态显示电路如图 2-9 所示。74LS164 是 8 位并行输出串行移位寄存器，可实现串行输入、并行输出。此处的功能是将单片机串行通信接口输出的串行数据译码并在其并口线上输出，Q0～Q7 并行输出端分别接 LED 显示器的 g～a 各段对应的引脚上，从而驱动 LED 数码管显示。

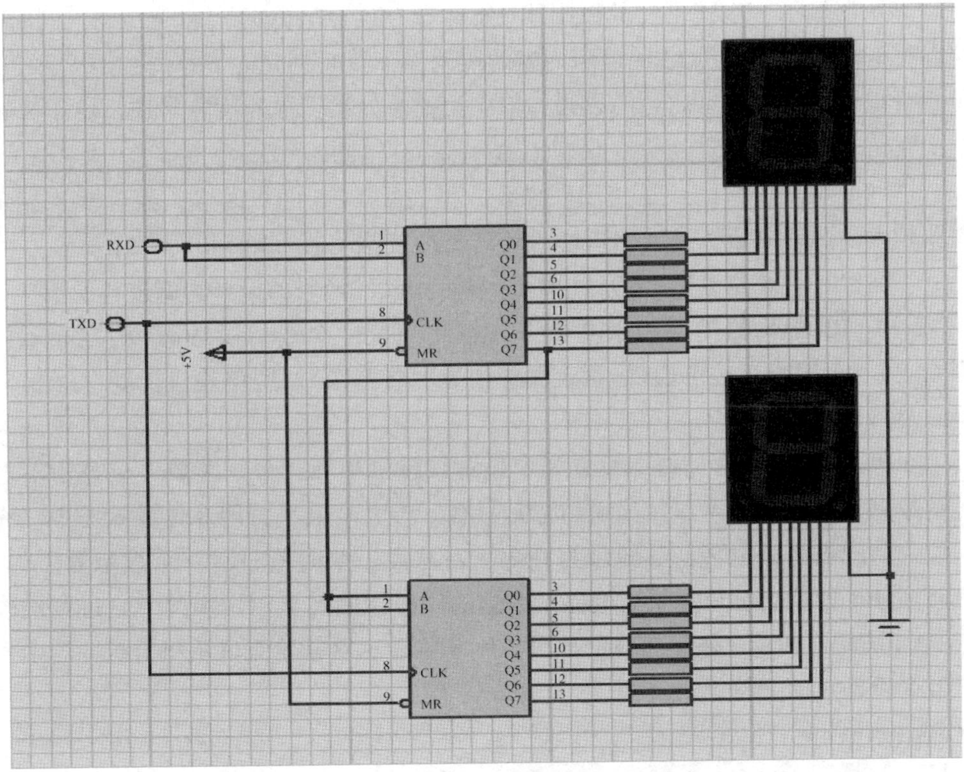

图 2-9　串行通信接口扩展的静态显示电路示意图

单片机通过 TXD 端向 74LS164 发送脉冲信号，通过 RXD 端接收所要显示字形的段码，这个段码是串行输出的。经过 74LS164 译码后并行输出，送到 LED 显示器显示。当发送多个段码时，由于 74LS164 的移位功能，后一个段码会把前一个段码通过 Q7 进位到下一个 74LS164 中，从而实现多位显示。每一位显示器均需要一个 74LS164。

2）动态显示方式

动态显示方式是用扫描的方式，一位一位地轮流点亮 LED 显示器。在实际电路中，将多位 LED 显示器的 8 位段选线连在一起，只用一个 8 位并行口控制显示内容，而每一位 LED 显示器的共阴极分别由各自的控制线控制是否可以进行显示，如果有 N 个 LED 显示器，就需要 N 条控制线。8 位 LED 动态显示电路，称 8 位并行口输出为段选码，而控制每个 LED 显示器是否显示的代码称为位选码。

在这种显示方式中，显示器分时工作。进行扫描时，某一时刻只允许一位 LED 显示器显示，也就是使其控制线（分别与 D0 ~ D7 相对应）信号为 0，同时 8 位并行 I/O 口输出该位 LED 显示内容的段码。下一时刻允许下一位 LED 显示，8 位并行口再输出其显示内容的段码，依次类推。如果扫描速度非常快，由于人视觉的暂留现象，会感觉到所有的 LED 显示器都在“同时”显示。

这种显示方法的优点是使用硬件少，但占用 CPU 的机时多，而且动态显示需要较大的驱动电流，在输出口之后还需要加接驱动器，如 7407、75451 等。

下面以一个 8 位动态 LED（共阴极）显示用软件译码的设计为例进行说明。

8 位 LED 显示器需要两个 8 位并行输出口，一个输出段选码（确定显示内容），另一个输出 8 位位选码（确定哪一个显示器工作）。用单片机扩展一片 8155 可满足接口要求。

在单片机 RAM 存储器中设置 8 个显示缓冲器单元，分别存放 8 位显示器的显示数据。8155 的 PA 口扫描输出总是只有一位为高电平，即 8 位显示器中仅有一位公共阴极为低电平，其他位为高电平，从而一个时刻只有一个显示器工作；8155 的 PB 口输出工作显示器的显示数据的段码，使其显示出字符。通过依次改变 PA 口输出，PB 口输出对应的段码，则 8 位显示器就轮流显示出由缓冲器中显示数据所确定的字符。

（3）LED 阵列与 MCS-51 的接口

7 段 LED 显示器应用很广，结构也比较简单，能够显示的字符较少。采用阵列式 LED（或称点阵式 LED）显示器能够很好地显示各种字符。目前常用的阵列

图 2-10　阵列式 LED

式 LED 显示器有 5×4（5 行 4 列）、7×5、9×7 等几种，行列数目越多，分辨率就越高，显示效果就越好。用多个阵列式 LED 显示器可以组成大屏幕 LED 显示屏，用来显示汉字、图形和表格，而且能产生各种动画效果，已经成为新闻媒介和广告宣传的有力工具，其应用也越来越广泛。图 2-10 是阵列式 LED 的实物图。

7×5 阵列式 LED 显示器的电路如图 2-11 所示。该电路采用计数器步进选列。显示数据的字符及计数器的输出信号分别从字符 ROM 的 A0～A7 和 A8～A11 端输入，以确定数据代码所在 ROM 单元中的地址。假设数据是 5，会从图中表示的字符 ROM 中读出 5 的代码，并发送给阵列 LED。计数器通过译码器送出列信号 C0～C4，当计数器从 0 起计数到 4 时，第 0～4 列的行代码通过 R0～R6 依次被读出。

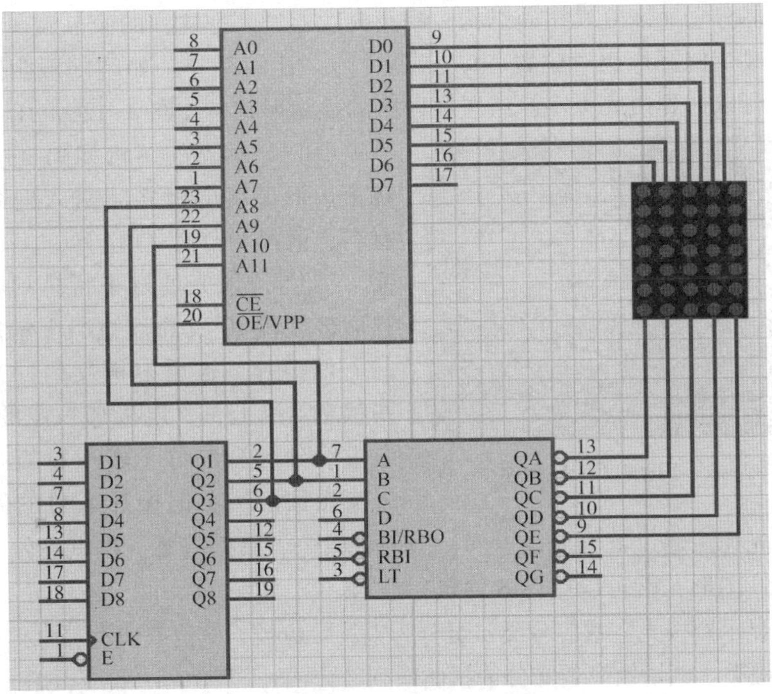

图 2-11　阵列式 LED 显示器电路

从 ROM 中读出的第 0 列代码是 1001111，计数器加 1 后读出的第一列代码为 1001001……按此序列，便可产生字母表中的各种字符。

2.4.2　LCD 显示器接口

LCD 显示器是一种被动式显示器，它功耗极低、抗干扰能力强，在低功耗的智能仪器系统中被大量使用。

(1) LCD 显示器的显示原理

LCD 显示器中最主要的物质就是液晶，它是一种规则性排列的有机化合物，是一种介于固体和液体之间的物质，其本身不发光，只是调节光的亮度。目前，智能仪器中常用的 LCD 显示器都是利用液晶的扭曲-向列效应原理制成的单色液晶显示器。扭曲-向列效应是一种电场效应，夹在两片导电玻璃电极之间的液晶经过一定的处理，其内部的分子呈 90°扭曲，当线性的偏振光透过其偏振面时便会旋转 90°。当在玻璃电极上加上电压后，在电场的作用下，液晶的扭曲结构消失，分子排列变得有秩序，其旋光作用也消失，偏振光便可以直接通过。当去掉电场后液晶分子又恢复其扭曲结构，阻止光线通过。把这样的液晶置于两个偏振片之间，改变偏振片相对位置(正交或平行)，让液晶分子如闸门般阻隔或让光线穿透就可以得到白底黑字，或黑底白字的显示形式，如图 2-12 所示。

图 2-12　12864LCD 显示器

LCD 显示器的结构如图 2-13 所示。在上、下玻璃电极之间封入向列型液晶材料，液晶分子平行排列，上、下扭曲 90°，外部入射光通过平行排列的液晶材料后被旋转 90°，再通过与上偏振片垂直的下偏振片，被反射板反射回来，呈透明状态；当上、下电极加一定的电压后，电极部分的液晶分子转成垂直排列，失去旋光性，从上偏振片入射的偏振光不被旋转，光无法通过下偏振片返回，因而呈黑色。根据需要，将电极做成各种文字、数字、图形，就可以获得各种状态显示。

LCD 显示器按光电效应分类，可分为电场效应类、电流效应类、电热写入效应类和热效应类。电场效应类又分为扭曲向列效应(TN)类、宾主效应(GH)类和超扭曲效应(STN)类等。目前在智能仪器系统中，普遍采用的是 TN 型和 STN 型液晶器

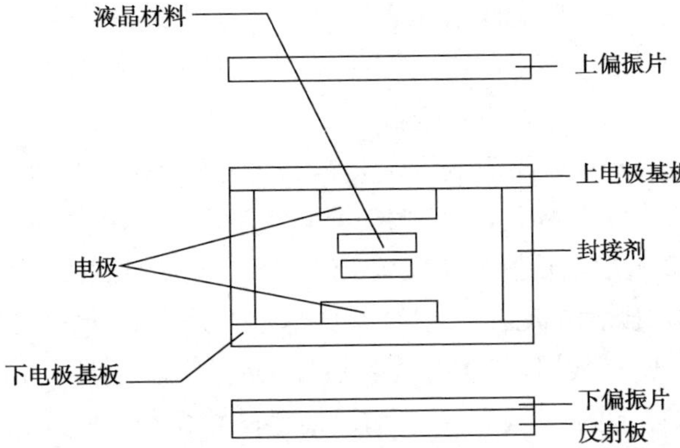

图 2-13　LCD 显示器的结构

件。另外，从显示内容上，可分为字段式、点阵字符式和点阵图形式三种。

LCD 的主要参数有响应时间(毫秒级)、余辉(毫秒级)、阈值电压(3~20V)、功耗(5~100mW/cm^2)，以及分辨率等。

(2)LCD 显示器的显示方式

LCD 显示器也称为 7 段显示结构，因此也有 7 个段选端，需要接段驱动器。而其与 LED 显示器不同之处在于，显示时每个段要由频率为几十赫兹到数百赫兹 的节拍方波信号驱动，该方波信号加到 LCD 的公共电极和段驱动器的节拍信号输入端。从显示的清晰稳定角度要求，交流方波电压的频率在 30~100Hz 为宜，其频率的下限取决于人的视觉暂停特性，上限取决于 LCD 的高频特性。LCD 7 段显示器除了 a~g 这 7 个字段外还有一个公共极 COM。

LCD 显示器的驱动方式有两种，当显示容量较小时，一般采用静态驱动；显示容量较大时，采用多路扫描驱动，或称动态驱动。

LCD 表示某个液晶显示字段，其显示控制电极和公共电极分别与异或门的 C 端和 A 端相连。当异或门的 B 端为低电平时，此字段上两个电极的电压相位相同，两个电极的相对电压为零，该字段不显示；当异或门的 B 端为高电平时，此字段上两个电极的电压相位相反，两个电极的相对电压为两倍幅值方波电压，该字段呈黑色显示。

1)静态驱动接口方式

静态驱动是液晶显示器最基本的驱动方式，多用在字段式 LCD 上。静态驱动就是把所有段电极逐个驱动的方式，所有段电极和公共电极之间仅在要显示时才施加电压。

静态 LCD 驱动接口的功能是将要显示的数据通过译码器译为显示码，再变为低频的交变信号，送到 LCD 显示器。译码方式有硬件译码和软件译码两种，硬件译码采用译码器，软件译码由单片机通过查表的方法完成。

如图 2-14 所示为采用硬件译码器的 LCD 驱动接口。LCD 显示器采用 4N07。4N07 的工作电压为 3~6V，阈值电压为 1.5V，工作频率为 50~200Hz，采用静态工作方式，译码驱动器采用 MC14543。MC14543 是带锁存器的 CMOS 型译码驱动器，可以将输入的 BCD 码数据转换为 7 段显示码输出。驱动方式由 PH 端控制，在驱动 LCD 时，PH 端输入显示方波信号。LD 是内部锁存器选通端，LD 为高电平时，允许 A~D 端输入 BCD 码数据；LD 为低电平时，锁存输入数据。BI 端是消隐控制，BI 为高电平时消隐，即输出段 a~g 端输出信号的相位与 PH 端相同。图中，每块 MC14543 各驱动一位 LCD，BCD 码输入段 A~D 接到单片机的 P1.0~ P1.3，锁存器选通端 LD 分别接到 P1.4~P1.7，由 P1.4~P1.7 分别控制 4 块 MC14543 的输入。BCD 码 MC14543 的相位端 PH 接到单片机的 P3.7，由 P3.7 提供一个显示用的低频方波信号。这个方波信号同时也提供给 LCD 显示器的公共端 COM。

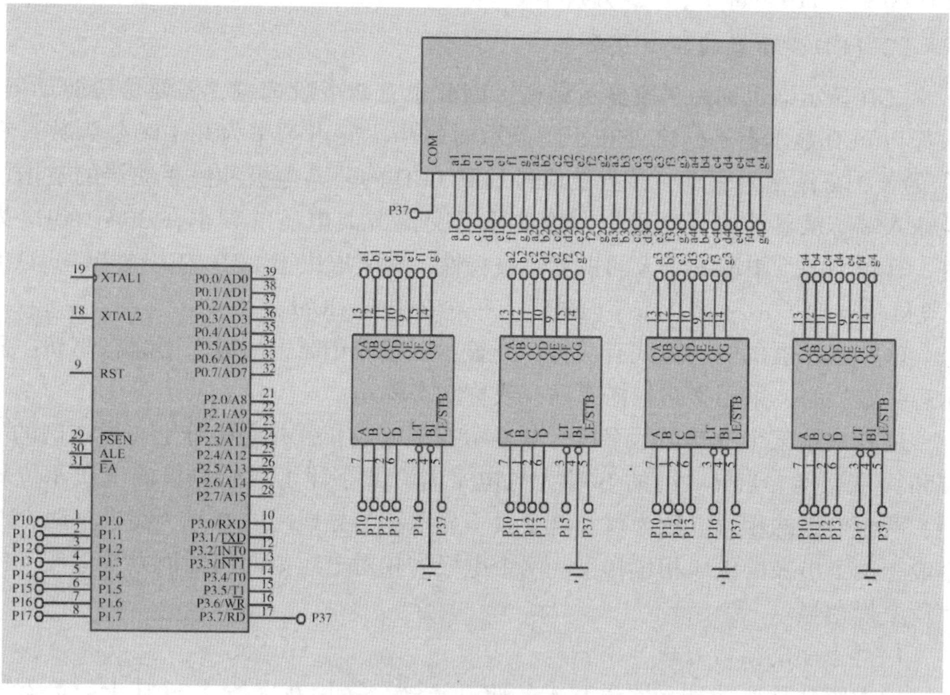

图 2-14　采用硬件译码器的 LCD 驱动接口示意图

假设显示内容保存在显示缓冲区 D1SB 中，执行以下程序即可显示出显示缓冲区中的内容。

```
#include <reg52.h>

sbit P3_7=P3^7;
sbit P1_4=P1^4;
sbit P1_5=P1^5;
sbit P1_6=P1^6;
sbit P1_7=P1^7;
void disp(char * DATA)          //数码管显示子程序
{
    char i;
    char A;
    P1=0;                       //将四个译码器全部锁存,防止数据意外输入
    for(i=0;i<4;i++)            //将数据分别存入四个译码器
    {
        A=DATA[i];              //读取第 i 个数据存入 A 中,共 4 个数据
        switch(i)               //进行数据计数判断,并存入对应的译码器
        {
            case 0:
                P1_4=1;
                P1=A&0x0F;
                P1_4=0;
            case 2:
                P1_5=1;
                P1=A&0x0F;
                P1_5=0;
            case 3:
                P1_6=1;
                P1=A&0x0F;
                P1_6=0;
            case 4:
                P1_7=1;
                P1=A&0x0F;
```

```
                P1_7=0;
            }
        }
    }
    void main(void)                          //主函数
    {
        char DATA[]={1,2,3,4};               //定义一个数组存储待显示的数据
        TH1=0xFA;                            //配置定时器并开启中断
        EA=1;
        TR1=1;
        ET1=1;

        disp(&DATA);                         //调用显示子程序
    }
    void Time_Interrupt(void)interrupt 1     //定时中断函数
    {
        P3_7=~P3_7;                          //翻转 P3.7 的电平，创造方波
        TH1=0xFA;                            //置定时器计数初值
    }
```

在上述程序中，显示缓冲区的最高位对应 LCD 显示器的最左端。显示方波信号由定时器中断产生，在中断服务子程序中改变 P3.7 端的输出电平。定时时间约为 10ms，显示方波的频率为 50Hz。当需要改变显示内容时，先将要显示的内容写入显示缓冲区，再调用显示子程序。

2)动态驱动接口方式

当显示像素众多时，如点阵型 LCD，为节省驱动电路，多采用动态驱动方式，也就是将全部段电极分为数组，然后将它们分时驱动。

LCD 的动态驱动接口通常采用专门的集成电路芯片来实现。MC145000 和 MC145001 是较为常用的 LCD 专用驱动芯片。MC145000 是主驱动器，MC145001 是从驱动器。主、从驱动器都采用串行数据输入方式，一片主驱动器可驱动多片从驱动器。主驱动器可以驱动 48 个显示字段或点阵，每增加一片从驱动器可以增加驱动 44 个显示字段或点阵。驱动方式采用 1/4 占空系数的 1/3 偏压法。图 2-15所示为采用 MC145000 和 MC145001 组成的 LCD 动态驱动接口。

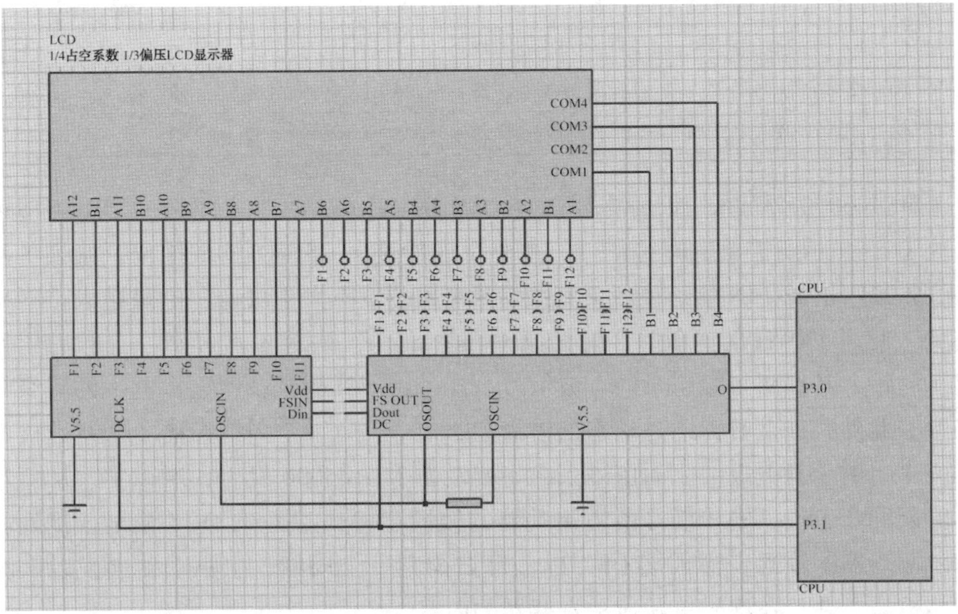

图 2-15　动态 LCD 驱动接口示意图

MC145000 的 B1～B4 端是 LCD 背电极驱动端，接 LCD 的背电极，即公共电极 COM1～ COM4。MC145000 的 F1～F12 和 MC145001 的 F1～F11 端是正面电极驱动端，接 LCD 的字段控制端。对于 7 段字符 LCD，B1 接 a 和 f 的背电极，B2 接 b 和 g 的背电极，B3 接 c 和 e 的背电极，B4 接 d 和 dp 的背电极。F1 接 d、e、c、f 和 g 的正面电极，F2 接 a、b、c 和 dp 的正面电极。Din 端是串行数据输入端。DCLK 是移位时钟输入端。在 Din 端数据有效期间，DCLK 端的一个负跳变可以把数据移入移位寄存器的最高序号位，即 MC145000 的第 48 位或 MC145001 的第 44 位，并且使移位寄存器原来的数据向低序号移动一位。MC145000 的最低位移入 MC145001 的最高位。串行数据由单片机的 P3.0 送出。首先送出 MC145001 的第一位数据，最后送出 MC145000 的第 48 位数据。数据“1”使对应的字段显示，“0”为不显示。MC145000 内部显示寄存器各位与显示矩阵的对应关系见表2-2。MC145001 与 MC145000 的区别只是少了 F12 端对应的一列，其他对应关系都一样。

表 2-2　MC145000 显示寄存器与显示矩阵的对应关系

引脚	F1	F2	F3	F4	F5	F6	F7	F8	F9	F10	F11	F12
B1	4	8	12	16	20	24	28	32	36	40	44	48
B2	3	7	11	15	19	23	27	31	35	39	43	47

续表

引脚	F1	F2	F3	F4	F5	F6	F7	F8	F9	F10	F11	F12
B3	2	6	10	14	18	22	26	30	34	38	42	46
B4	1	5	9	13	17	21	25	29	33	37	41	15

MC145000 带有系统时钟电路，在 OSC IN 和 OSC OUT 之间接一个电阻即可产生 LCD 显示所需要的时钟信号。这个时钟信号由 OSC OUT 端输出，接到各片 MC145001 的 OSC IN 端。时钟频率由谐振电路的电阻大小决定，电阻越大，频率越低。使用 470kΩ 的电阻时，时钟频率约为 50Hz。时钟信号经 256 分频后用作显示时钟，其作用与静态时的方波信号一样，用于控制驱动器输出电平的等级和极性。此外，这个时钟还是动态扫描的定时信号，每一个周期扫描 4 个背电极中的一个。由于背电极的驱动信号只在主驱动器 MC145000 发生，所以主、从驱动器必须同步工作。同步信号由主驱动器的帧同步输出端 OSC OUT 输出，接到所有从驱动器的帧同步输入端 OSC IN，每扫描完一个周期，主驱动器即发一次帧同步信号，并且在这时更新显示寄存器的内容。

显示子程序如下：

```
#include <reg52.h>
#include <intrins.h>


sbit P3_0=P3^0;
sbit P3_1=P3^1;


void display(char * DATA)   //显示子程序
{
  char i;                   //定义循环计数变量,记录待处理数据数量,共12个数据
  char j;                   //定义循环计数变量,记录待处理数据位数,共8位
  char C;                   //定义变量用于后续获取数据最高位
  for(i=12;i>0;i--)  //进行待处理数据数量计数,共12个数据
  {
   char  * R0=DATA;//获取数据地址
   char A= * R0;      //将数据传递给A
   for(j=8;j>0;j--)
```

```
    {
        P3_0=0;                                      //置时钟端为低电平
        C= A>>7;                                     //A 的最高位送入 C
        P3_0=C;                                      //P3.0 输出 C 的数据
        P3_1=1;                                      //置时钟端为高电平
    }
    P3_1=0;                                          //置时钟端为低电平
    }
}
void main(void)                                      //主函数
{
    char DATA[]={1,2,3,4,5,6,7,8,9,10,11,12};//获取缓冲区数据输入给 DATA
    display(&DATA);                                  //调用显示子程序
}
```

习　题

一、选择题

1. 8051 与 8751 的区别是(　　)。

A. 内部数据存储单元数目的不同　　B. 内部数据存储器的类型不同

C. 内部程序存储器的类型不同　　D. 内部的寄存器的数目不同

2. 在家用电器中使用单片机应属于微型计算机的(　　)。

A. 辅助设计应用　　B. 测量、控制应用

C. 数值计算应用　　D. 数据处理应用

3. PC 的值是(　　)。

A. 当前正在执行指令的前一条指令的地址　　B. 当前正在执行指令的地址

C. 当前正在执行指令的下一条指令的地址　　D. 控制器中指令寄存器的地址

4. 8051 型单片机内部有(　　)的 ROM。

A. 4KB　　B. 6KB　　C. 256B　　D. 8KB

5. MCS-51 上电复位后，SP 的内容应是(　　)。

A. 00H　　B. 07H　　C. 60H　　D. 70H

6. 采用 8031 单片机必须扩展(　　)。

A. 数据存储器　　B. 程序存储器　　C. I/O 接口　　D. 显示接口

7. 开发微型计算机系统所使用的在线仿真器简称什么？（　　）

A. ISP　　B. USP　　C. ICE　　D. SPI

8. 89S51 比 89C51 多出了哪个功能？（　　）

A. 存储器加倍　　B. 具有 WDT 功能

C. 多了一个 8 位输入/输出端口　　D. 多了一个串行通信接口

9. 在 Keil μ Vision3 里开发的 8051 程序的第一步是什么？（　　）

A. 打开新的项目文件　B. 调试与仿真　　C. 生成程序　　D. 产生执行文件

10. 下列哪个不是 Keil C 的数据类型？（　　）

A. void　　B. string　　C. char　　D. float

11. 在 8051 的输入/输出端口里，哪个输入/输出端口执行在输出功能时没有内部上拉电阻？（　　）

A. P0　　B. P1　　C. P2　　D. P3

12. 点亮一般的 LED 所耗用的电流约为多少？（　　）

A. 1～5μA　　B. 10～20μA　　C. 1～5mA　　D. 10～20mA

13. 一般地，蜂鸣器属于哪种负载？（　　）

A. 电阻性负载　　B. 电感性负载　　C. 不导电负载　　D. 电容性负载

14. 下列哪种开关具有自动复位功能？（　　）

A. 拨码开关　　B. 闸刀开关　　C. 摇头开关　　D. 按钮开关

15. CMOS 的输入引脚若空接，将会如何？（　　）

A. 视为高电平　　B. 视为低电平　　C. 高阻抗状态　　D. 不允许

二、简答题

1. C 语言的优点是什么？C 语言程序的主要结构特点是什么？

2. 什么是时钟周期？什么是机器周期？什么是指令周期？当振荡频率为 12MHz 时，一个机器周期为多少微秒？

3. 定时器工作在方式 2 时有何特点？适用于什么应用场合？

4. 89C51 单片机串行通信接口控制寄存器有几个？每个寄存器的含义是什么？

5. 定义变量 a，b，c，其中 a 为内部 RAM 的可位寻址区的字符变量，b 为外部数据存储区浮点型变量，c 为指向 int 型 xdata 区的指针。

第3章　智能仪器仪表的A/D、D/A转换

3.1　A/D转换及其应用

3.1.1　FPGA的设计灵活性

系统中的FPGA芯片内部电路结构清晰简单，FPGA芯片内部电路的设计是在开发环境QuartusⅡ下完成的，控制逻辑单元的设计采用VHDL硬件描述语言，可以利用VHDL语言很强的行为描述能力，从而实现复杂的数字控制算法。存储器ROM单元的设计采用基于FPGA的IP核设计方法，这样可以简化设计过程，很容易获得任意字长包括任意多个字的只读存储器，并将显示数据以初始化文件的方式融合到存储器ROM单元的创建过程中。另外，设计完成后，FPGA是纯硬件电路，工作时没有CPU程序运行，从而可以提高系统的可靠性和稳定性。

以16×16 LED点阵为例，论述了基于FPGA的LED点阵显示控制方法。对于本领域的技术人员而言，很容易将这种控制方法用于更大的LED点阵。本书介绍的基于FPGA的LED点阵显示控制方法，充分利用了FPGA运行速度快、I/O引脚多、设计灵活的特点，具有较好的实际应用价值。

3.1.2　A/D转换概念/原理

数据采集分为数字量采集和模拟量采集。其中，数字量采集只需采集二进制的数字信号即可；而模拟量采集则需要首先将待采集的模拟信号转换成数字信号，再进行采集以及后续分析处理。在模拟量采集的过程中，A/D转换是一个重要的环节。一个完整的模拟量采集系统应该包括：信号调理电路、采样/保持放大器、A/D转换器、通道控制电路和采集电路等。A/D转换电路图如图3-1所示。

A/D转换器或ADC(模拟信号数字信号转换器)，是任何模拟信号实现数字

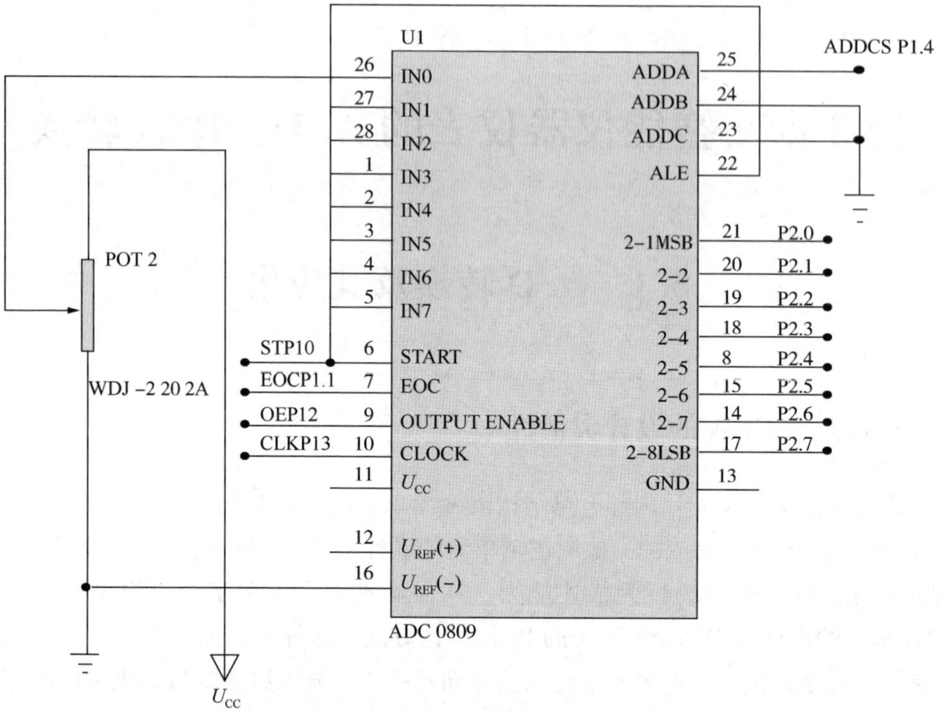

图 3-1 A/D 转换电路图

化处理的第一步，也是最重要的一步，因此 A/D 转换器是数字化硬件电路中最关键的一个集成模块。

传统的 A/D 转换器是并行的，由于输入/输出的引脚很多，因而这一类芯片的体积都较大，接口设计较复杂，近几年推出的串行 A/D 转换器，由于引脚大大减少，使得器件本身的体积亦明显减小。串行 A/D 的接口电路简单，功耗小，它的问世使得很多信号在现场获取成为现实，这样不仅降低了采集系统的成本，而且改善了信号获取的质量。

A/D 转换就是模数转换，就是把模拟信号转换成数字信号。D/A 转换是把数字量转变成模拟量的过程。A/D 转换器用来通过一定的电路将模拟量转变为数字量。模拟量可以是电压、电流等电信号，也可以是压力、温度、湿度、位移、声音等非电信号。但在 A/D 转换前，输入 A/D 转换器的信号必须经各种传感器把各种物理量转换成电压信号。

A/D 转换器的功能是将输入的模拟信号转换成数字信号的形式输出。其中，输入的模拟信号一般为电压或者电流。对于需要采集其他模拟量的场合，例如速度、气压和温度等，应首先使用相应的传感器将这些模拟信号转换成电压或者电流的模拟信号，再选择合适的 A/D 转换器。

3.1.3　A/D 转换器的分类及特点

(1) A/D 转换器的几种分类

作为数据采集的必要通道(输入部分)，A/D 转换器在智能仪器系统中占据了重要的地位。因为大多数的模拟量，如温度、湿度、位移、振动等物理化学量输入计算机系统的过程都需要先将这些量转换为计算机所能够识别的数字量。同时在智能化、集成化传感器模块的设计中，A/D 转换也是重要的环节之一。A/D 转换器是智能仪器仪表中常用的器件，根据不同的要求和分类方法，有很多不同的 A/D 转换器。这里只简要地介绍常用 A/D 转换器的基本工作原理，并介绍几种智能仪器仪表适用的 A/D 转换器芯片及其应用技术。

按照分辨率分为 8 位、9 位、10 位……24 位，通常有通用型、精密型、低功耗型、高速型等。

按供电分类，有单电源与双电源等；按模拟输入通道分类，有单通道与 2、4、8 等各种多通道。

按转换方式分类，大家较为熟悉的有逐次逼近积分型、逐次比较型、并行比较型等。

1) 逐次逼近积分型(如 TLC7135)

逐次逼近积分型 A/D 转换器工作原理是将输入电压信号转换成时间信号(脉冲宽度信号)或频率(脉冲频率)，然后由定时/计数器获得数字值。其优点是用简单电路就能获得高分辨率，但缺点是由于转换精度依赖于积分时间，因此转换速率极低。

2) 逐次比较型(如 TLC0831)

逐次比较型 A/D 转换器由一个比较器和 D/A 转换器通过逐次比较逻辑构成，从 MSB 开始，顺序地对每一位输入电压与内置 D/A 转换器输出进行比较，经 n 次比较而输出数字值。其电路规模属于中等。

3) 并行比较型(如 TLC5510)

并行比较型 A/D 转换器采用多个比较器，仅作一次比较而实行转换，又称 Flash(快速)型。由于转换速率极高，n 位的转换需要 2^n-1 个比较器，因此电路规模也极大，价格也高，只适用于视频 A/D 转换器等速度特别高的领域。

(2) 根据工作方式、转换速率、转换精度等进行分类

按工作原理的不同，A/D 转换器有积分型和比较型两大类。

积分型 A/D 转换器又称为间接型转换器，这是因为这类转换器是先将输入的模拟信号转换成某种中间量(时间间隔或频率)，再将此中间量变换为相应的数字量。积分型 A/D 转换器种类较多，如单积分型、双积分型、四重积分型、电荷平衡型和脉冲宽度调制型。

目前应用最广泛的是双积分型 A/D 转换器，国内外此类产品主要是低速 A/D转换类型，如 MC4433、ICL7106/7107、ICL7126、ICL7116/7117、5G14433、DG7126 和 CH7106/7107 等。单积分型 A/D 转换器是积分型 A/D 转换器的早期产品，属于电压/频率转换器，其结构比较简单，精度低，稳定性差。

双积分型 A/D 转换器是一种电压/时间转换的 A/D 转换器。它先把模拟输入电压按比例变换为时间间隔，再把时间间隔转换为数字量。这种 A/D 转换器的优点是对对称频率(如工频)抗干扰能力强，其精度与内部元器件的固有误差无关，所以相对来说转换器的精度比较高，它的主要缺点是转换速率较慢。双积分型 A/D 转换器的基本原理如图 3-2 所示。

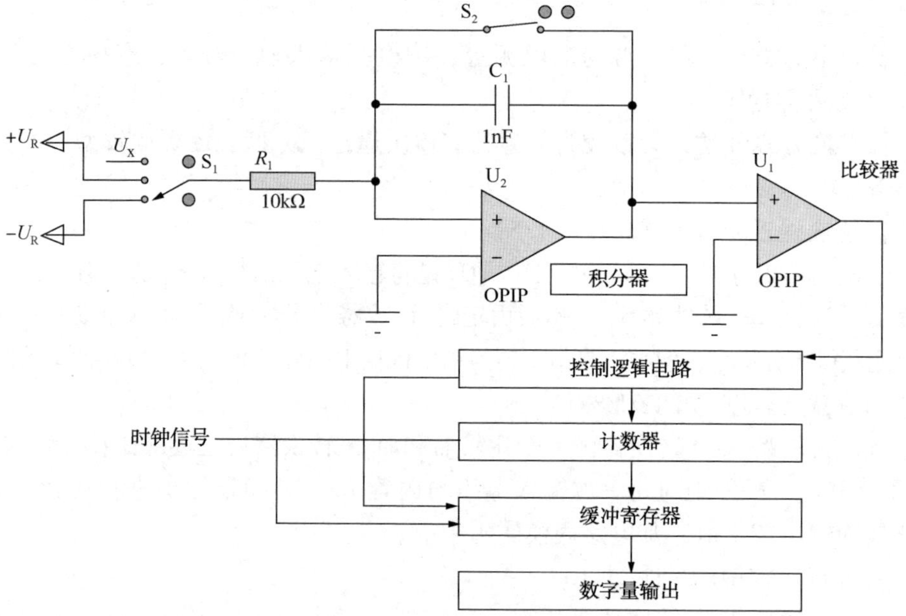

图 3-2　双积分型 A/D 转换器原理图

转换启动时，控制逻辑电路使积分器与计数器的输出为 0，然后将开关 S_1 指向模拟输入 U_X(开关 S_2 断开)，使积分器对模拟输入信号 U_X进行积分，同时计数器开始计数，当计数满额时，积分器的输出为 U_0，然后计数器仍被清“0”。此时，将开关 S_1 指向基准电压 U_R(或$-U_R$，使其和 U_X 的极性相反)。由于 U_R 或

$-U_R$的极性和 U_X 的极性相反，所以积分器就进行反方向积分，直至输出为 0。此时，电压比较器的输出经过控制逻辑电路使计数器停止计数，其积分波形如图 3-3所示。图中 T_X 是输入信号积分时间，T_R 是基准电压积分时间。计数器中计数脉冲的个数与输入模拟电压 U_X 成正比，这些脉冲通过缓冲寄存器输出，即是被转换的对应 U_X 的数字量输出。

比较型 A/D 转换器又称直接型转换器。这是因为这种转换器是将输入模拟量(模拟电压)与基准电压直接进行比较，再转换成相应的数字量的。

比较型 A/D 转换器按内部工作时有无反馈可分为反馈比较型 A/D 转换器和无反馈比较型 A/D 转换器。

(1)反馈比较型 A/D 转换器

对于反馈比较型 A/D 转换器来说，根据控制逻辑电路的不同，又可分为逐次近似型和跟踪比较型。

1)逐次近似型 A/D 转换器

逐次近似型 A/D 转换器是目前应用最为广泛的一种中高速 A/D 转换器，其最大的特点是转换速率较快，而且有着良好的经济性和精度。

2)跟踪比较型 A/D 转换器

跟踪比较型 A/D 转换器的原理如图 3-4 所示，它由高速电压比较器、D/A 转换器和可逆计数器等单元组成。

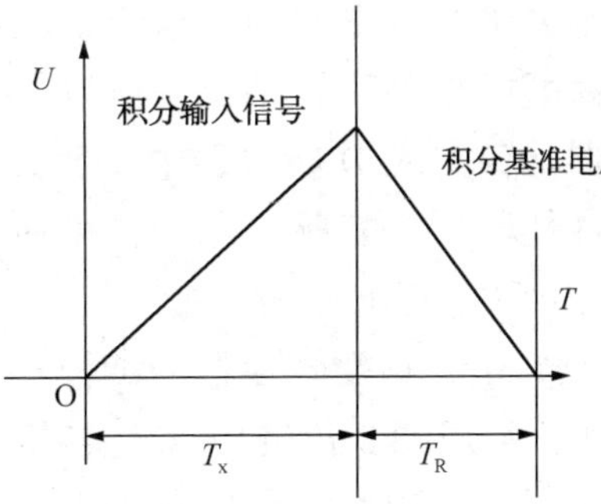

图 3-3　积分波形

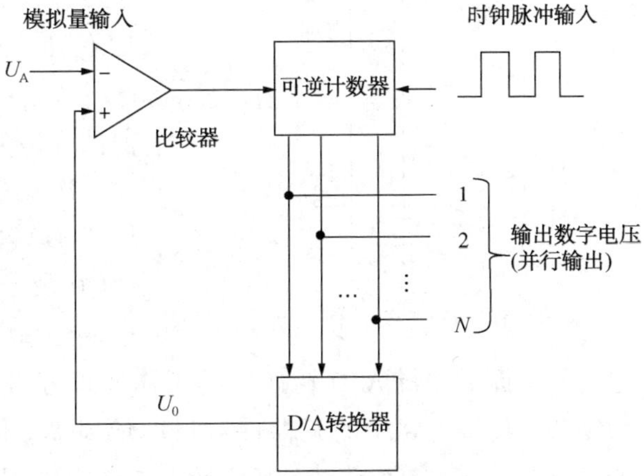

图 3-4　跟踪比较型 A/D 转换器原理图

可逆计数器的功能是在时钟脉冲输入时实现二进制计数。跟踪比较型 A/D 转换器的基本转换原理是将模拟信号 U_A 与 D/A 转换器的输出模拟量 U_0 进行比较。D/A 转换器将计数器的输出数字量不断地变换成模拟量 U_0，并输入电压比较器的同相输入端。当 $U_A=U_0$ 时，计数器的输出就是对应于输入模拟量 U_A 的数字量。

(2) 无反馈比较型 A/D 转换器

无反馈比较型 A/D 转换器是迄今为止能获得最快转换速度的 A/D 转换器，特别是其中的并行比较型 A/D 转换器。因此，高速 A/D 转换器一般都属于无反馈比较型 A/D 转换器。这类 A/D 转换器又分为并行比较型、串行比较型和串并行比较型。这里只针对并行比较型、串行比较型进行介绍。

1) 并行比较型 A/D 转换器

并行比较型 A/D 转换器是将输入模拟电压予以量化，并将所得到的所有 2^n 个量化电平与各基准电压进行并行比较，这些基准电压可由一个总的基准电压源 U_R 经电阻串分压后得到。

再将比较结果进行编码，从而给出相应的数字量输出。图 3-5 所示为并行比较型 A/D 转换器的原理图。

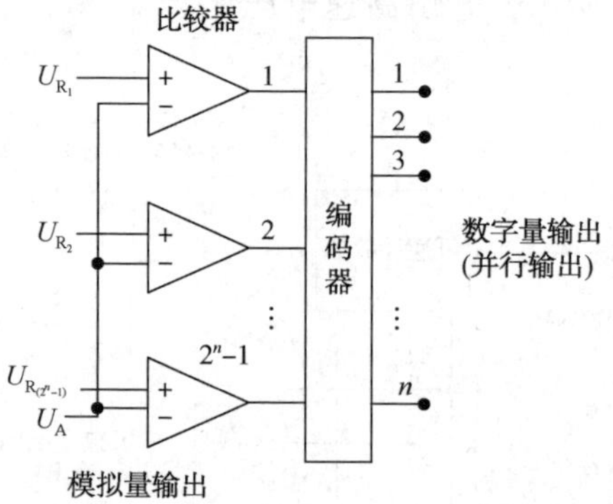

图 3-5　并行比较型 A/D 转换器原理图

图 3-5 中所示的 A/D 转换器具有 n 位输出数字信号，那么电路中应该有 2^n-1 个电压比较器和 2^n-1 个参考电压。输入模拟量 U_A 同时与各个电压比较器的参考电压 U_{R_1}，U_{R_2}，U_{R_3}，…，$U_{R_{(2^n-1)}}$ 进行比较。与前面介绍的逐次比较型不同的是这里仅经过一次比较就可以得到比较结果，所以并行 A/D 转换器是各类 A/D 转换器中速度最快的(数十纳秒以内)。实际应用中，可通过单个基准电压和电阻分压来配置。

从上面对并行 A/D 转换器的工作原理分析可以知道，这类转换器的结构较为复杂，使得电路中的元器件数目增加很多。例如，常用的 8 位输出 A/D 转换器需要 $2^8-1=255$ 个精密分压电阻和 255 个电压比较器。所以并行 A/D 转换器的成本和价格均较高，一般将输出位数限制在 4 位以下。在高速转换场合并有多位转换要求时，可将多个并行转换器加以级联组合。

2) 串行比较型 A/D 转换器

串行比较型 A/D 转换器是用一些电阻阵列将参考电压 U_R 分成 2^n 挡，并将每个电阻均连接到开关解码阵列中。其工作原理如图 3-6 所示，以 3 位($n=3$)为例简介如下。

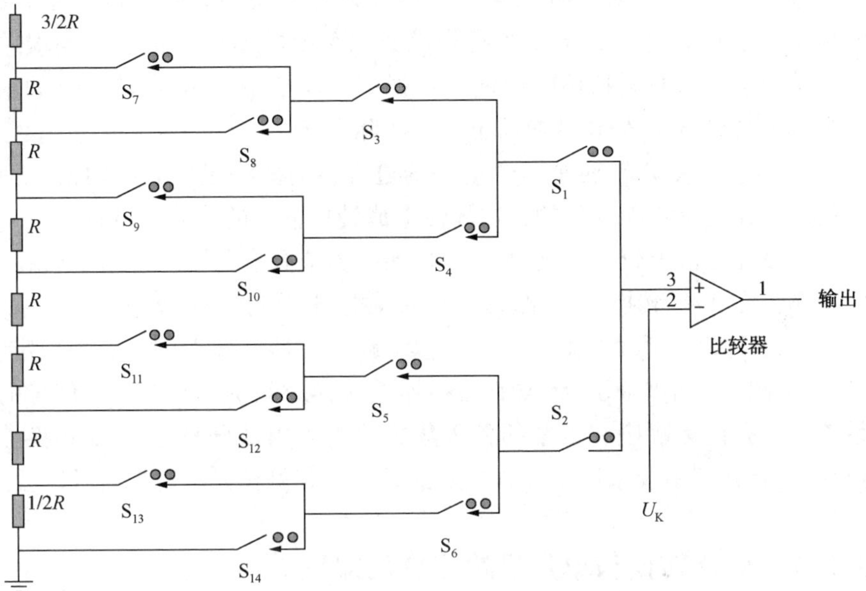

图 3-6　串行比较型 A/D 转换器原理图

当图 3-6 所示的比较器输出不为零时，通过寄存器的输出 A、$\overline{A}$、B、$\overline{B}$、C、$\overline{C}$ 控制模拟开关 $S_1 \sim S_{14}$，以此决定哪一挡电阻所得的分压与模拟输入电压 U_X 进行比较。当比较器输出为 0 时表示相应的一挡电阻分压与 U_X 相等，这时寄存器输出代码就表示对应于该模拟输入电压 U_X 的数字输出量。由于本方案中只有一个比较器，所以这种转换器尽管形式上与并行型相似，但它实质上还是属于串行型。对于 8 位 A/D 转换器需要有 256 个电阻组成的阵列。采用 PMOS 工艺时，由于 PMOS 模拟开关和 P 型扩散电阻在工艺上极易共容，所以较早地用 PMOS 技术实现了这种结构的 A/D 转换器。这种转换器的集成度可以做得很高，但速率稍慢些，如已制成的 8 位 PMOS256R 串行 A/D 转换器，其转换时间约为 40μs。

3) A/D 转换器的选择原则

A/D 转换器的模拟信号采集是一个要求比较高的工作，需要考虑多方面的问题。这里介绍需要重点注意的几个问题。

① 采样速度。采样速度决定了数据采集系统的实时性。采样速度由模拟信号带宽、数据通道数和每个周期的采样数来决定。采集速度越高，对模拟信号复原得越好，即实时性越好。根据奈奎斯特采样定理可知，数据采集系统对源信号无损再现的必要条件是，采样频率至少为被采样信号最高频率的两倍。

② A/D 转换精度。对于复杂系统，一般计算系统中各环节的方根误差和。信号源阻抗、信号带宽、A/D 转换器分辨率和系统的通过率都会影响误差的计算。正常情况下，A/D 转换前向通道的总误差应小于等于 A/D 转换器的量化误差，否则选取高分辨率 A/D 转换器也没有实际意义。

③ 孔径误差。A/D 转换是一个动态的过程，需要一定的转换时间。而输入的模拟量总是在连续不断变化的，这样便造成转换输出的不确定性误差，即孔径误差。为了使孔径误差较小，则要求 A/D 转换器应具有与之相适应的转换速度。否则，就应该在 A/D 转换器前加入采样/保持电路以满足系统要求。

④ 系统通过率。系统的通过率由模拟多路选择器、输入放大器的稳定时间、采样/保持电路的采集时间以及 A/D 转换器的转换时间确定。在模拟信号的数据采集系统中，有正常顺序和重叠两种采集方式，采用低分辨率 A/D 转换器、减少模拟/数字转换环节及采用重叠方式采集时，可获得较大带宽的通过速度。

3.1.4 A/D 转换与单片机的接口及编程

(1) MCS-51 与 ADC0809(逐次比较型)的接口

逐次比较型 8 路模拟输入、8 路输出的 A/D 转换器引脚如图 3-7 所示。

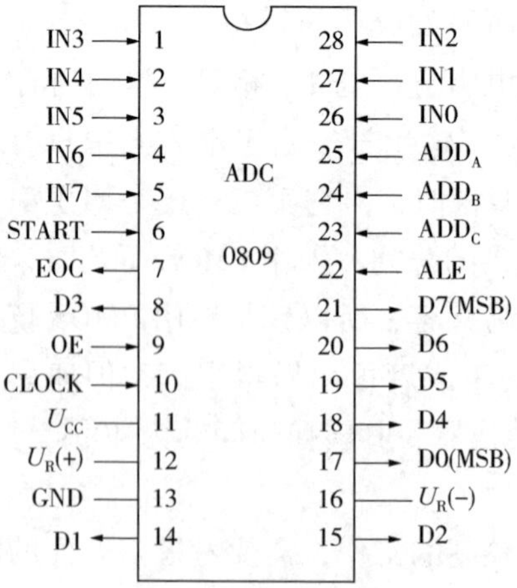

图 3-7　ADC0809 引脚图

共 28 脚，双列直插式封装。主要引脚功能如下：

① IN0～IN7：8 路模拟信号输入端。

② D0～D7：8 路数字量输出端。

③ C、B、A：控制 8 路模拟通道的切换，C、B、A = 000～111，分别对应 IN0～IN7 通道。

④ OE、START、CLOCK：控制信号端，OE 为输出允许端，START 为启动信号输入端，CLOCK 为时钟信号输入端。

⑤ $U_R(+)$和 $U_R(-)$：参考电压输入端。

(2) ADC0809 结构及转换原理结构

如图 3-8 所示，ADC0809 完成 1 次转换需 100μs 左右，可对 0~5V 信号进行转换。

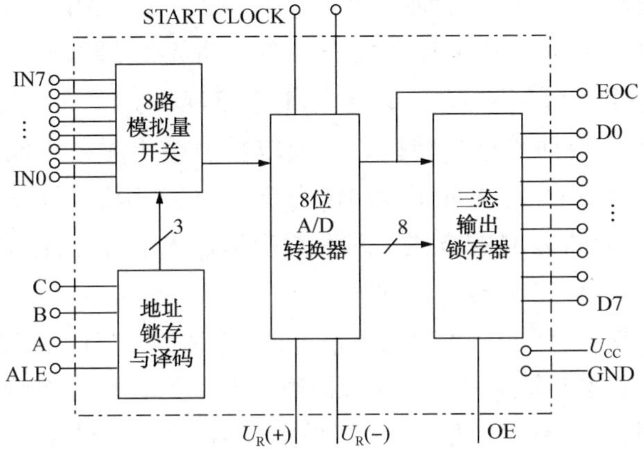

图 3-8　ADC0809 结构图

(3) MCS-51 与 ADC0809 的接口单片机控制 ADC

首先用指令选择 ADC0809 的一个模拟输入通道，当地址 0x7FF8 被赋值为 0 时，单片机的 WR * 信号有效，产生一个启动信号给 ADC0809 的 START 脚，对选中通道转换。转换结束后，ADC0809 发出转换结束 EOC 信号，该信号可供查询，也可作为向单片机发出的中断请求信号；当执行指令 A = * DPTR 时，单片机发出 RD * 信号，加到 OE 端高电平，把转换完毕的数字量读到 A 中。

单片机可采用查询或中断控制两种工作方式实现控制。

查询方式下的 0809 与 8031 单片机的接口如图 3-9 所示。

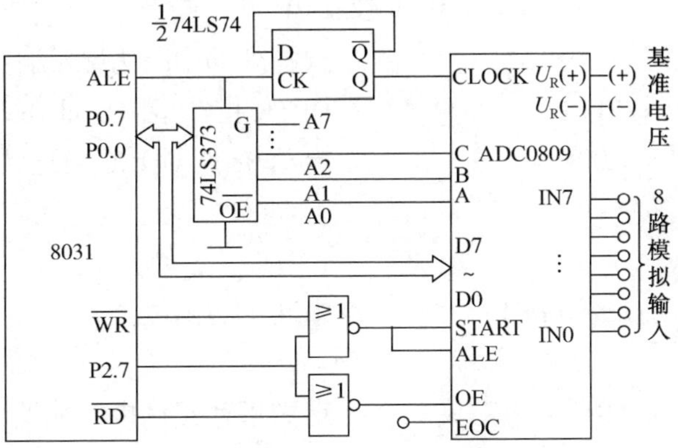

图 3-9　0809 与 8031 单片机的接口图

ALE 信号经 D 触发器二分频作为时钟信号，如时钟频率为 6MHz，则 ALE 脚的输出频率为 1MHz，二分频后为 500kHz，符合 0809 对时钟频率的要求。

0809 具有三态输出锁存器，8 位数据输出引脚可直接与数据总线相连。

地址译码引脚 C、B、A 分别与地址总线 A2、A1、A0 相连，以选通 IN0～IN7 中的一个。P2.7(A15)作为片选信号，在启动 A/D 转换时，由 WR＊和 P2.7 控制 ADC 的地址锁存和转换启动，由于 ALE 和 START 连在一起，因此 0809 在锁存通道地址的同时，启动并进行转换。在读取转换结果时，用低电平的读信号和 P2.7 脚经 1 级或非门后，产生的正脉冲作为 OE 信号，用以打开三态输出锁存器。

下面程序采用软件延时的方式，对 8 路模拟输入信号轮流采样一次，并依次把结果转储到数据存储区的转换程序。

中断方式：只需将图中的 EOC 脚经一非门连接到 8031 的 INT1＊脚即可。转换结束时，EOC 发出一个脉冲向单片机提出中断申请，单片机响应中断请求，由外部中断 1 的中断服务程序读取 A/D 结果，并启动 0809 的下一次转换，外部中断 1 采用跳沿触发。

程序如下：

```
#include <reg52.h>
#include <intrins.h>

void main(void)                    //主函数
{
    short *DPTR;                   //定义指针变量指向地址
    IT1=1;                         //外部中断 1 初始化编程
    EA=1;                          //CPU 开中断
    EX1=1;                         //选择外部中断为跳沿触发模式
    DPTR=0x7FF8;                   //DPTR 指针指向地址 0x7FF8
    *DPTR=0x00;                    //启动 0809 对 IN0 通道转换

}
void AD(void) interrupt 1          //中断 1 的函数

    short *DPTR;                   //定义指针变量指向地址
    short *RAM;                    //定义指针变量指向地址
```

```
    short A;
    DPTR=0x7FF8;
    RAM=0x30;
    A=*DPTR;                    //AD 结果送内部 RAM 单元 0x30
    *RAM=A;
    A=0x00;                     //启动 0809 对 IN0 的转换
    *DPTR=A;
}
```

3.1.5　A/D 转换的应用实例及分析

(1)MAX197 的特性及引脚功能

MAX197 是美国 MAXIM 公司生产的 8 通道 12 位电压型 A/D 转换器。MAX197 具有 5MHz 的带宽，100kSPS 的高速数据吞吐量。MAX197 的芯片工作电压仅为+5V，能够和典型的单片机系统很好地兼容。MAX197 提供了多种测量量程，可以接收高于电源电压的模拟电压信号，也可以接收低于系统地电压的模拟电压信号，使用灵活方便。MAX197 的主要特性如下：

① +5V 供电。

② 12 位 A/D 转换分辨率，1/2LSB 线性度。

③ 12 位并行输出，引脚兼容 TTL/CMOS 电平。

④ 8 路模拟输入通道。

⑤ 4 种软件可编程输入量程：0～+5V、0～+10V、-5～+5V、-10～+10V。6μs 典型转换时间，高达 100kSPS 的采样速率；内部集成 4.096V 参考电压，也可以采用外部参考电压；可选择内部工作时钟或者外部工作时钟，可选择使用内部采集控制或者外部采集控制。

(2)MAX197 的接口、控制字及时序

A/D 转换器 MAX197 与单片机或者其他微处理器的接口十分方便，其典型的接线图如图 3-10 所示。

在实际的测控领域，有很多场合需要使用 A/D 转换和数据采集。这里介绍如何使用 51 系列单片机，结合 8 通道 A/D 转换器 MAX197 来实现模拟电压的采集控制。

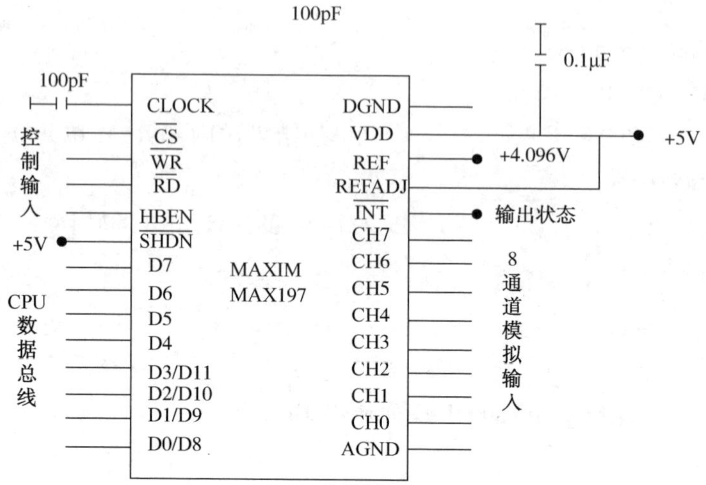

图 3-10　MAX197 与 CPU 的接口电路

电路图采用 Atmel 公司的 AT89C51 单片机来执行控制。整个系统的电路原理图如图 3-11 所示。

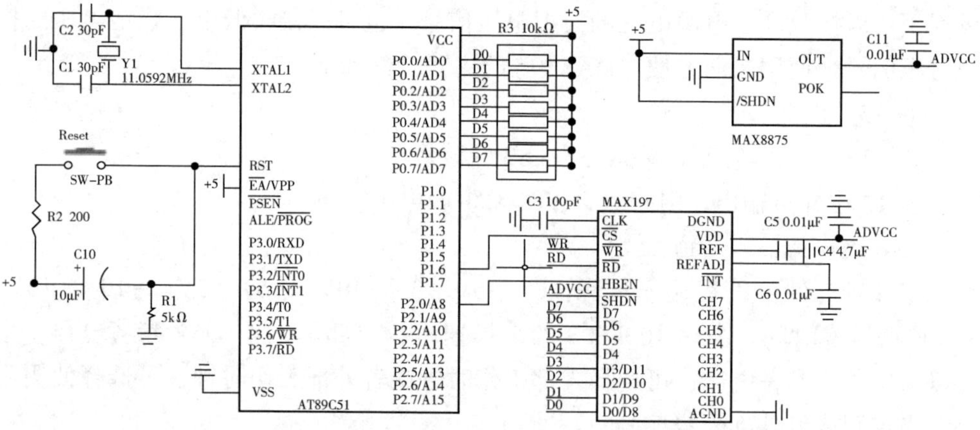

图 3-11　系统的电路原理图

采用 KeilC51 软件进行程序设计，具体操作步骤如图 3-12、图 3-13 所示。

在 KeiluVision3 集成开发环境中，使用 C51 语言进行程序设计。当程序编译通过的时候，便可以利用 KeiluVision3 集成开发环境提供的信号仿真功能，来对程序进行仿真分析。

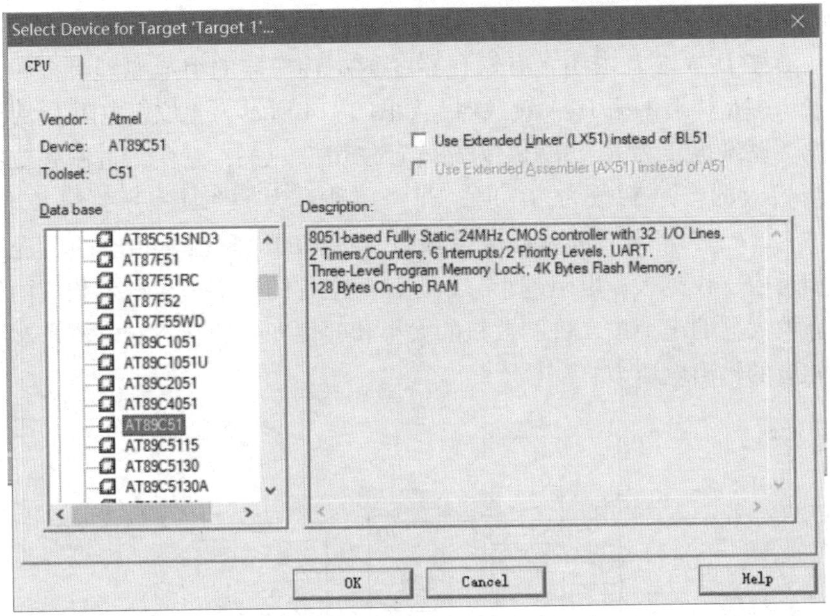

图 3-12　操作步骤图 1

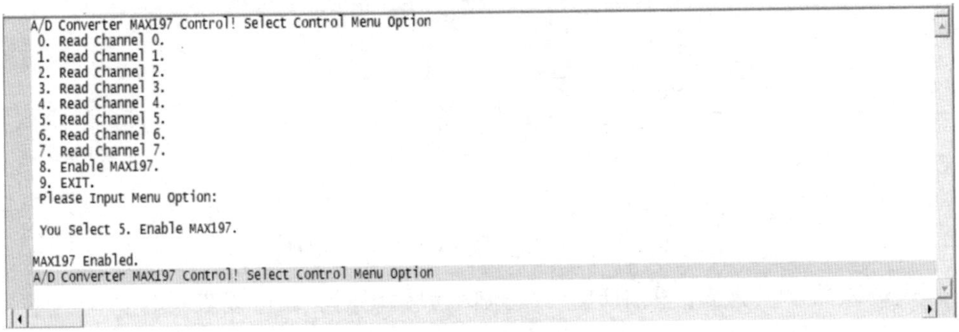

图 3-13　操作步骤图 2

3.2　D/A 转换及其应用

3.2.1　D/A 转换概念/原理

D/A 转换器的基本功能是将数字量转换为与其大小成正比的模拟量。为完成这种转换功能，D/A 转换器要有如下几个组成部分：基准电压(电流)、模拟二进制数的位切换开关、产生二进制权电流(电压)的精密电阻网络和提供电流(电压)相加输出的运算放大器。这些部分目前基本都已集成于一块芯片上。为了便于接口，有些 D/A 芯片内还含有锁存器。D/A 转换器的组成原理有多种，采用最多的是 $R-2R$ 梯形网络 D/A 转换器，如图 3-14 所示为 4 位权电阻 D/A 转换器的原理图。基准电压为 E，$S_1 \sim S_4$ 为晶体管位切换开关，它受二进制各位状态的控制。当相应的二进制位为“0”时，开关接地；为“1”时，开关接基准电压。2^0R，2^1R，2^2R，2^3R 为二进制权电阻网络，它们的电阻值与相应的二进制数每位的权相对应，权越大，电阻越小，以保证一定权的数字信号产生相应的模拟电流。运算放大器的虚地按二进制数权的大小和各位开关的状态对电流求和，然后转换成相应的输出电压 U。

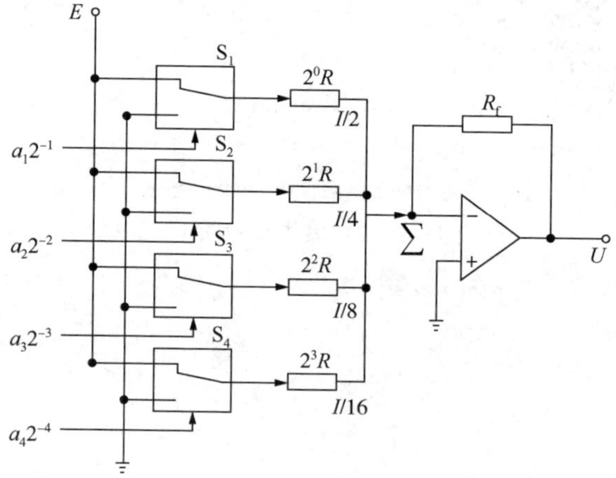

图 3-14　4 位权电阻 D/A 转换器的原理图

设输入数字量为 D，采用定点二进制小数编码时，D 可以表示为：

$$D = a_1 2^{-1} + a_2 2^{-2} + \cdots + a_n 2^{-n} = \sum_{i=1}^{n} a_i \times 2^{-i}$$

式中，a_i 可以是 0 或 1，根据 D 的数值而定；n 为正整数。当 a_i 为“1”时，开关接标准电源 E，相应支路产生的电流 $I_i = \frac{E}{R} = 2^{-i}I$，当 a_i 为“0”时，开关接地，相应支路中没有电流。

$$I_i = I \times a_i \times 2^{-i}$$

$$I = 2 \times \frac{E}{R}$$

运算放大器输出的模拟电压为：

$$U=-\sum_{i=1}^{n} I_i \times R_f=-I \times R_f \times (a_1 2^{-1}+a_2 2^{-2}+\cdots+a_n 2^{-n})$$

$$=-2E \times \frac{R_f}{R}(a_1 2^{-1}+a_2 2^{-2}+\cdots+a_n 2^{-n})$$

可见，由于 D/A 转换器的输出电压正比于输入的数字量，从而实现了数字到模拟的转换，但是这种权电网络中的电阻值各不相同，当位数越多时，电阻差异就越大，这是很大的缺点。

单片机集成的 D/A 转换器多采用电流相加型的 $R-2R$ 双电阻网络。图 3-15 为 4 位 $R-2R$ 双电阻网络电流相加型 D/A 转换器原理图。

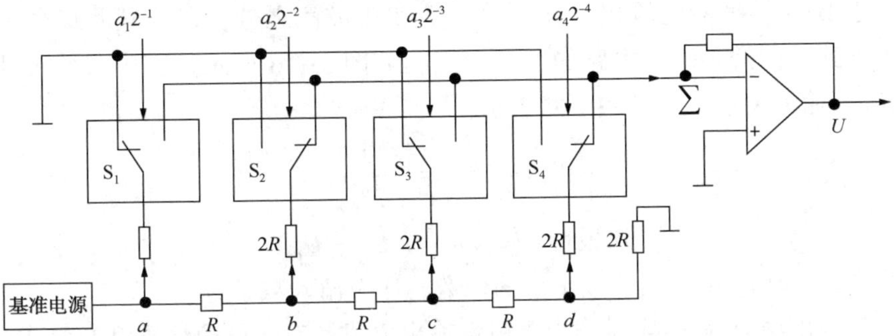

图 3-15　4 位 $R-2R$ 双电阻网络电流相加型 D/A 转换器原理图

图 3-15 中晶体管位切换开关 $S_1 \sim S_4$ 在运算放大器电流求和点虚地与地之间进行切换，切换时开关端点的电压几乎没有变化，切换的是电流，从而提高了开关速度。位切换开关 $S_1 \sim S_4$ 受相应的二进制代码控制，码位为“1”时，开关接运算放大器虚地，码位为“0”时，开关接地，所以 $2R$ 支路上端的电位相同。因此，各 $2R$ 支路下端 a、b、c、d 诸点的电压是按 1/2 系数进行分配的，相应各支路的电流也按 1/2 系数进行分配，这种网络的特点是，任何一个节点的 3 个分支的等效电阻都是 $2R$。因此，从任何一个分支流入节点的电流都为 $I=\frac{U_R}{3R}$，并且电流 I 将在节点处被平分为相等的两个部分，经另外两个分支流出。由于基准电源提供给各支路的基准电流几乎是恒定的，故流经各切换开关 $2R$ 支路的电流分别为 $\frac{I_{REF}}{2}$、$\frac{I_{REF}}{2^2}$、$\frac{I_{REF}}{2^3}$、$\frac{I_{REF}}{2^3}$、$\frac{I_{REF}}{2^4}$。当所有晶体管开关都接运算放大器虚地时，满度输出为：

$$U_{FS}=-\left(\frac{1}{2}+\frac{1}{4}+\frac{1}{8}+\frac{1}{16}\right)I_{REF}R=-\frac{15}{16}I_{REF}R$$

可见，满度输出电流比基准电流少 1/16，这是图 3-15 中右端 $2R$ 端电阻常接地造成的。但是，没有 $2R$ 端电阻会引起译码误差。

当增加电阻网络位数时，只增加低位量化的次数。所以对 n 位 D/A 转换器而言，其输出电压为：

$$U = -I_{REF} \times R(a_1 2^{-1} + a_2 2^{-2} + \cdots + a_n 2^{-n})$$

D/A 转换器的数字量输入端有 3 种情况：不含数据锁存器，含单个数据锁存器，含双数据锁存器。如果 D/A 转换器的输入端无数据锁存器，则为了维持D/A转换输出的稳定，在与 CPU 接口时，要另加上数据锁存器，而在应用多个 D/A 转换器进行转换的场合，使用具有双数据锁存器的 D/A 转换器芯片是较为方便的。

对于 D/A 转换器的输出，又有单极性和双极性之分，以及某些场合下的偏置输出方式。前两种输出电路的连接示意图如图 3-16 所示。其中，单极性和双极性输出/输入关系式分别用下式表示：

$$单极性：U_{OUT} = -\frac{D}{2^n}U_{REF}$$

$$双极性：U_{OUT} = -2U_1 - U_{REF}$$

式中，n 为 D/A 转换器数字量的位数，D 为输入数字量。

电压输出型 D/A 转换器均为单极性输出方式。对于电流输出型 D/A 转换器，需要外接一个运算放大器作为电流-电压变换电路，此时输出也为单极性输出。从图 3-16 中可以看到，输出电压的极性是由参考电压 U_{REF} 的极性决定的，当运算放大器为反相放大器时，输出电压的极性与参考电压的极性相反。

双极性输出方式是在单极性输出的基础上加一个运算放大器所构成的。单极性输出的最低有效位 $1LSB = \frac{U_{REF}}{2^8}$，双极性输出的最低有效位 $1LSB = \frac{U_{REF}}{2^7}$。可见，双极性输出比单极性输出在灵敏度上要低一半。

D/A 转换器的主要技术指标如下：

① 分辨率。其含义与 A/D 转换器相同。

② 稳定时间。稳定时间是指转换器中代码有满度值的变化时，其输出达到稳定(一般稳定到与±1/2 最低位值相当的模拟量范围内)所需的时间，一般为几十纳秒到几微秒。

③ 输出电平。不同型号 D/A 转换器的输出电平相差较大。一般为 5~10V，也有一些高压输出型的为 24~30V。还有一些电流输出型，低的为 20mA，高的可达 3A。

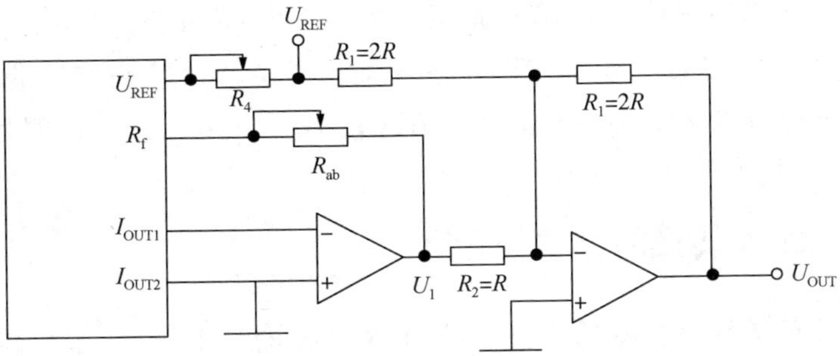

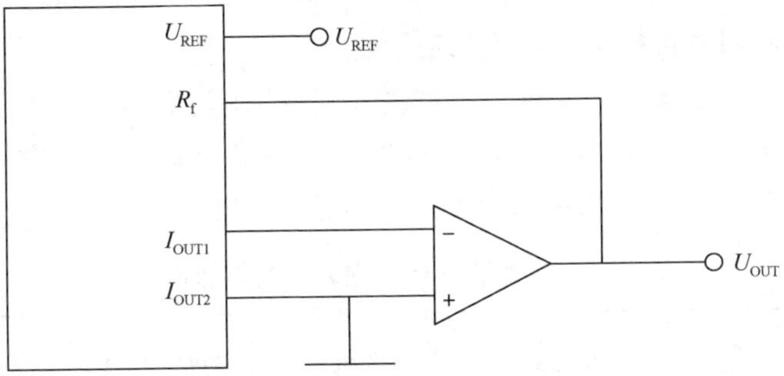

图 3-16　双极性输出（上）与单极性输出（下）

④ 输入编码。如二进制码、BCD 码、双极性时的符号-数值码、补码、偏移二进制码等。必要时可在 D/A 转换前用微处理器进行代码转换。

大多数 D/A 转换器都要进行调零和增益校准，这是十分重要而细致的工作。D/A 转换器一般要先调零，然后校准增益，这样零点调节和增益调整之间就不会相互影响。对于一般的单片转换器，则要外接调零电路和增益校准电路。在进行调零和增益校准时，通常要使用精度和灵敏度较高的仪器。

调整步骤：

为准确校准双极性转换器，必须了解单极性 D/A 转换器如何转换成双极性转换器。这一过程一般是用单极性转换器再加上独立的极性变换电路实现的。偏移二进制码或 2 的补码的双极性转换器也是由单极性转换器改变而来的，如量程为 0~+10V 的 8 位 D/A 转换器的输出放大器应偏移-5V。因此，与 00000000 输入状态相对应的输出是-5V，与 11111111 输入状态相对应的输出是+5V（减去一个最低位值）。这样的转换器应该在-5V（2 的补码为 10000000）时进行调零。调零首先在“开关均关闭”的状态下进行，再在“开关均导通”的状态下进行增益校准。

D/A 转换器的调整：

① 调零。设置一定代码，使开关均关闭，然后调节调零电路，直至输出信

号为零或落入适当的读数(±1/10 个最低位值范围内)为止。

② 增益校准。设置一定的代码，使开关均导通，然后调节校准电路，直至输出信号读数与满度值减去一个最低位值之差小于 1/10 个最低位值为止。

3.2.2 D/A 转换的分类与介绍

D/A 芯片种类繁多，有通用廉价的 D/A 转换器(AD7524、DAC0832)、高速和高精度的 D/A 转换器(AD5602、AD7541)、高分辨率的 D/A 转换器(DAC1210、DAC1136)等，使用者可根据实际应用需要选用。

D/A 芯片的主要参数有分辨率、精度、建立时间(转换时间)等，与 A/D 芯片类似。选用 D/A 芯片时，分辨率是首先要考虑的指标，因为它影响仪表的控制精度。几种常用的 D/A 芯片的特点和性能见表 3-1。

表 3-1 几种常用 D/A 芯片的特点和性能

芯片型号	位数	建立时间(转换时间)/ns	非线性误差/%	工作电压/V	基准电压/V	功耗/mW	与 TTL 兼容
DAC0832	8	1000	0.2~0.05	+5~+15	−10~+10	20	是
AD7524	8	500	0.1	+5~+15	−10~+10	20	是
AD5602	10	500	0.2~0.05	+5~+15	−25~+25	20	是
AD7520	10	250	0.05~0.025	V_{CC}：+5~+16 V_{EE}：−10~−16		正电源 8~10 负电源 12~14	是
AD7541	12	500	0.2~0.05	+5~+15	−25~+25	20	是
DAC1210	12	1000	0.05	+5~+15	−10~+10	20	是

各种类型的 D/A 芯片，其功能管脚基本相同，都包括数字量输入端和模拟量输出端及基准电压端等。

D/A 转换器的数字量输入端可以分为没有数据锁存器的、有单数据锁存器的、有双数据锁存器的以及可以接收串行数字输入的。大部分芯片属于前几种。第一种与微机接口时要加数据锁存器，没有第二种方便。第三种可用于多个 D/A 转换器同时转换的场合，经过对个别引脚的处理也可以作为第二种芯片使用。第四种接收数据较慢，但适用于远距离现场控制的场合。

D/A 转换器的模拟量输出有两种方式，即电压输出和电流输出，如图 3-17 所示。

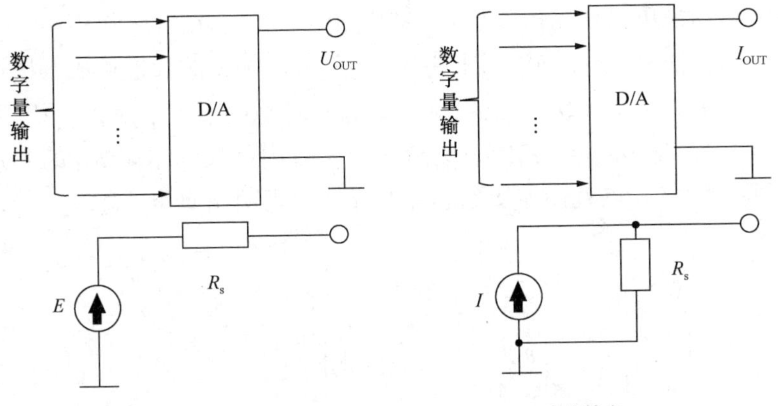

(a)电压输出　　(b)电流输出

图 3-17　电压输出和电流输出

电压输出的 D/A 芯片相当于一个电压源，其内阻 R_s 很小，选用这种芯片时，与它匹配的负载电阻应较大。电流输出的芯片相当于电流源，其内阻 R_s 较大，选用这种芯片时，负载电阻不可太大。

在实际应用中，常选用电流输出的 D/A 芯片来实现电压输出，如图 3-18 所示。图 3-18(a)是同相电压输出，输出电压 $U_{OUT}=iR\left(1+\frac{R_1}{R_2}\right)$；图 3-18(b)是反相电压输出，输出电压 $U_{OUT}=-iR$。

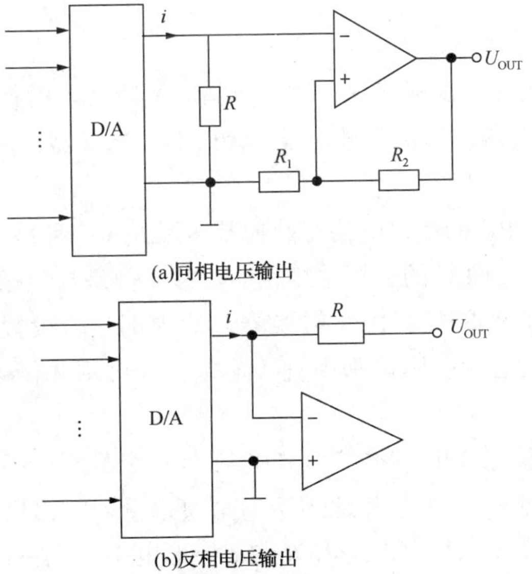

(a)同相电压输出

(b)反相电压输出

图 3-18　电压输出

上述电路均是单极性输出，如 0～+5V、0～+10V。在实际使用中，有时还需要双极性输出，如±5V、±10V。图 3-19 所示为将 D/A 芯片连接成双极性电压输出的电路。图中 $R_3=R_4=2R_2$，输出电压 U_{OUT} 与基准电压 U_{REF} 及第一级运放 A_1 输出电压 U_1 的关系是 $U_{OUT}=-(2U_1+U_{REF})$。对于有内部反馈电阻 R_{FB} 的芯片，有时 R_1 可以不要，即将 b 点直接连接到芯片的反馈电阻引出脚 R_{FB} 端。

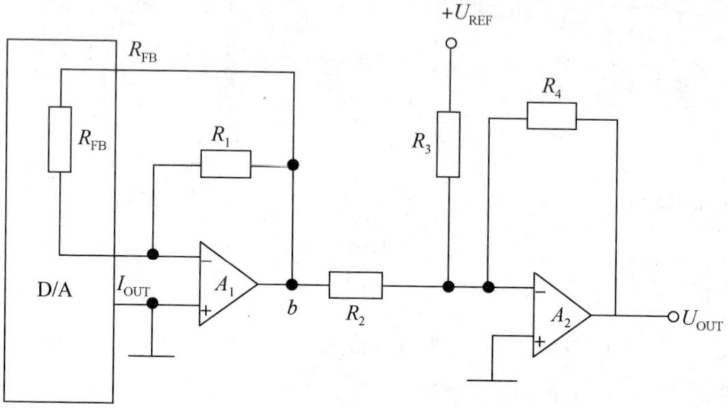

图 3-19　双极性电压输出电路图

3.2.3　D/A 转换与单片机的接口及编程

(1)几个 D/A 芯片及接口电路

在智能仪器设计中，必须解决好 CPU 与 D/A 转换器的接口电路问题。常用的接口元件有 D 触发器、单稳态触发器、译码器、选择器、多路模拟开关、锁存器、三态缓冲器等。

D/A 转换器与 CPU 的接口电路有两种基本形式，一种是通过 I/O 接口(输入输出接口或锁存器)与 CPU 的数据总线相连，另一种是与数据总线直接连接。采用哪一种接口电路主要取决于 D/A 转换器芯片内部是否设置了数据锁存器。对于内部已有锁存器的芯片，则可采用直接连接，也可用并行接口或锁存器连接，应用较灵活。

8 位 D/A 转换器与 CPU 的接口 DAC0832 是一个具有两级数据缓冲器的 8 位 D/A 芯片(20 个引脚)。这种芯片适用于多个模拟量同时输出的系统，它可以与各种微处理器直接接口。其内部还有 $R-2R$ 梯形电阻解码网络，可实现 D/A 转换。DAC0832 型 D/A 转换器的功能框图如图 3-20 所示。

DAC0832 的主要特性为：输入电平与 TTL 兼容，基准电压 U_{REF} 工作范围为 -10~+10V，电流稳定时间为 1μs，功耗为 20mW，电源电压 U_{CC} 的范围为+5~+15V。

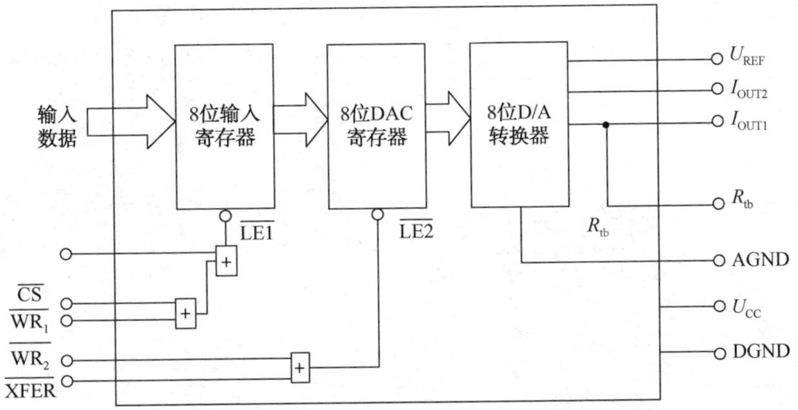

图 3-20 DAC0832 型 D/A 转换器的功能框图

DAC0832 在与微处理器接口时，既可以采用双缓冲方式(两级输入锁存方式)，也可以采用单缓冲方式(只用一级输入锁存，另一级始终直通)，或者接成全直通的形式，再外加锁存智能仪器与微机接口，因此这种 D/A 转换器使用非常灵活方便。如图 3-21 所示为其与单片机连接成单缓冲方式的接口电路。它主要应用于只有一路模拟量输出，或有几路模拟量输出但不需要同步的场合。在这种接口方式下，二级寄存器的控制信号并接，即将 $\overline{WR_1}$ 与 $\overline{WR_2}$ 同时与 AT89S52 单片机的 $\overline{WR}$ 端口相接，$\overline{CS}$ 和 $\overline{XFER}$ 相连接到 P2.0，使 DAC0832 作为单片机的一个外部 I/O 装置口，地址为#FEFFH。在此条件下，单片机对它进行一次写操作，输入数据便在控制信号的作用下直接写入 DAC0832 内部的 DAC 寄存器中，并由 D/A 转换成输出电压。其相应的程序段如下：

```
#include <reg51.h>
void main(void)
{
    short *DAC0832=0xFEFF;      //定义指针变量指向 DAC0832 的地址 0xFEFF
    short DATA;                 //定义欲输出的数据变量
    short A;                    //定义输出结果的变量
```

```
    while(1)
    {
      DATA=0;          //DATA 等于接收处理后的数据,此处用 DATA=0 代替
      A=DATA;                  //A 接收 DATA 的数据
      *DAC0832=A;              //A 的数据发送到 DAC0832 的地址 0xFEFF
    }
}
```

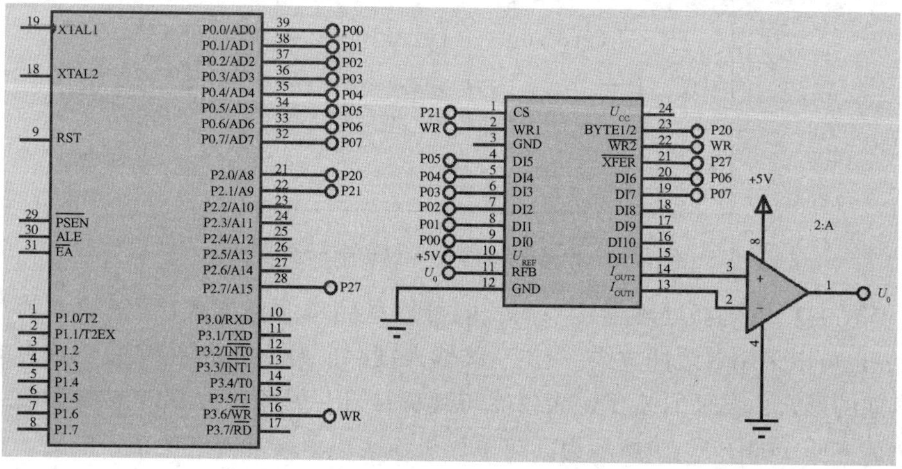

图 3-21　DAC0832 与单片机的接口电路

(2)12 位 D/A 转换器与微机的接口

与 A/D 转换器一样，在数据输出中为了提高精度也会用到 10、12、16 位等高精度的 D/A 转换器。下面以 DAC1208 系列为例，说明 12 位 D/A 转换器的原理及接口技术。

DAC1208 系列是与 12 位微处理器相兼容的双缓冲乘法 D/A 转换器，包括 DAC1208、DAC1209、DAC1210 等各种型号的产品。DAC1208 系列带有两级缓冲器，第一级缓冲器由高 8 位输入寄存器和低 4 位输入寄存器构成，第二级缓冲器即为 12 位 DAC 寄存器。此外，还有一个 12 位的 D/A 转换器。

DAC1208 控制信号与 DAC0832 极其相似，所不同的是增加了一个字节控制信号端 $BYTE_1/\overline{BYTRE_2}$，当此控制信号端的输入为高电平时，12 位数字量同时送入输入寄存器；而当此端输入为低电平时，只将 12 位数字中的低 4 位送到对

应的 4 位输入寄存器中。其他控制信号$\overline{CS}$、$\overline{WR_2}$及$\overline{XFER}$与 DAC0832 的用法类似。DAC1208 与单片机的接口电路如图 3-22 所示。

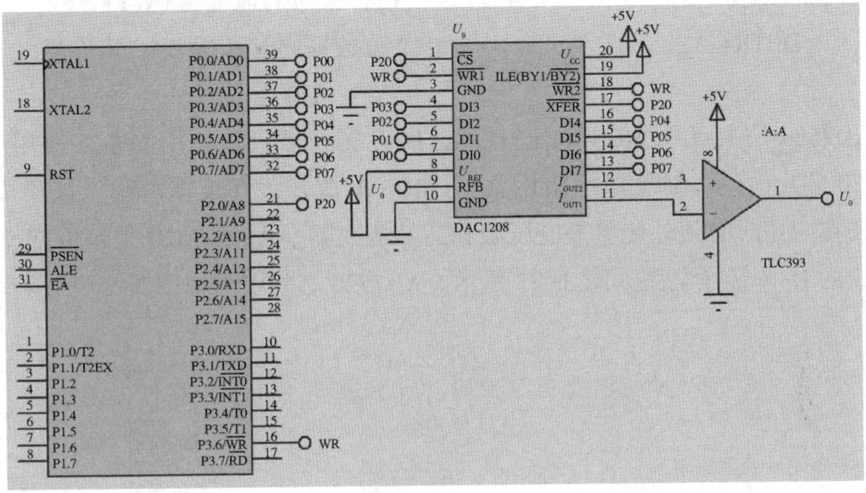

图 3-22　DAC1208 与单片机的接口电路

该单片机 DAC1208 的接口地址为#0FDFFH。对这 12 位数据的分时传送顺序是这样的：先将高 8 位和低 4 位的数据分别送入 DAC1208 的两个输入寄存器中，再将 12 位数据同时送入 DAC 寄存器。

假设有一个 12 位的待转换的数据存放单元分别是 DATA 和 DATA+1，存放顺序为：DATA 存放高 8 位数据，DATA+1 的低半字节存放低 4 位数据。把这个数据送往 D/A 转换器的程序段为：

```
#include <reg51.h>
void main(void)
{
    char High_Data = 100;         //定义高 8 位数据,存储在变量 High_Data
    char Low_Data = 15;           //定义低 4 位数据,存储在变量 Low_Data
    char A;
    short * DPTR = 0xFDFF;        //定义指针,指向地址 0xFDFF
    A = High_Data;                //将高 8 位数据赋值给 A
    * DPTR = A;                   //将高 8 位地址发送到地址 0xFDFF
    DPTR = 0xFDEE;                //改变指针指向的地址为 0xFDEE
```

```
    A=Low_Data;             //将低4位数据赋值给A
    *DPTR=A;                //将低4位数据发送到地址0xFDEE
    DPTR=0x7FFF;            //改变指针指向的地址为0x7FFF
    *DPTR=A;                //将12位数据同时送达DAC寄存器
}
```

AD7520是10位CMOS电流开关型D/A转换器，其结构简单，通用性好。AD7520芯片内只含倒T形电阻网络、CMOS电流开关和反馈电阻，该集成D/A转换器在应用时必须外接参考电压源和运算放大器。由AD7520采用内部反馈电阻组成的D/A转换电路如图3-23所示。AD7520芯片引脚如图3-24所示。

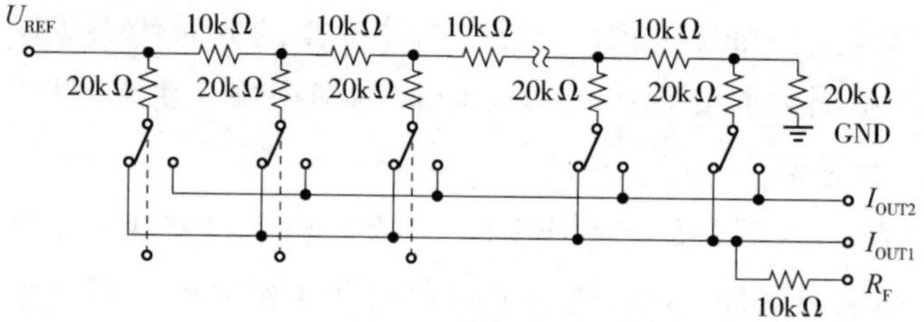

图3-23 内部电路图

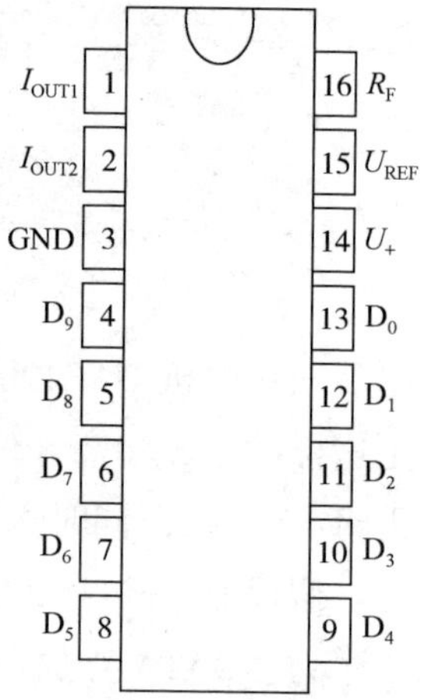

图3-24 引脚图

每个电子开关的实际电路如图3-25所示。它是由9个MOS管组成的CMOS模拟开关电路。图中T_1~T_3组成电平转移电路，使输入信号能与TTL电平兼容。T_4、T_5及T_6、T_7组成两个反相器，分别作模拟开关管T_8、T_9的驱动电路，T_2、T_3构成单刀双掷开关。

当$D_i=1$时，T_1输出低电平，T_4、T_5反相器输出高电平，而T_6、T_7反相器输出低电平从而使T_8截止，T_9导通，$2R$电阻经T_9截止运算放大器的反相输入端，权电流流入运算放大器。

当$D_i=0$时，T_1输出高电平，T_4、T_5反相器输出的低电平使T_9截止，T_6、T_7反相器输出的高电平使T_8导通，这样$2R$电阻经T_9接地。CMOS模拟开关导通电阻较大，通过工艺设计可控制其大小并计入电阻网络。该电路具有使用简便、功耗低、转换速度较快、温度系数小、通用性强等优点。

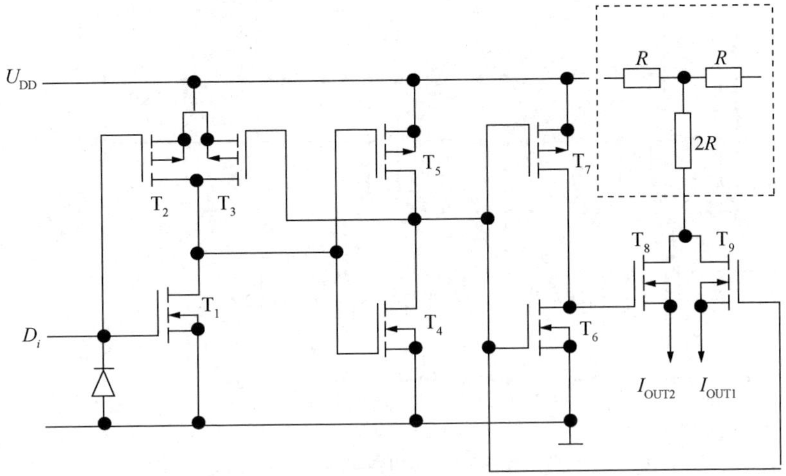

图 3-25　CMOS 模拟开关电路

3.2.4　D/A 转换的应用实例及分析

D/A 转换器在实际电路中应用很广，它不仅常作为接口电路用于微机系统，还可利用其电路结构特征和输入、输出电量之间的关系构成数控电流源、电压源、数字式可编程增益控制电路和波形产生电路等。

(1) 数字式可编程增益控制电路

数字式可编程增益控制电路如图 3-26 所示。电路中运算放大器接成普通的反相比例放大形式，AD7520 内部的反馈电阻 R 为运算放大器的输入电阻，而由数字量控制的倒 T 形电阻网络为其反馈电阻。当输入数字量变化时，倒 T 形电阻网络的等效电阻便随之改变。反相比例放大器在其输入电阻一定的情况下可得到不同的增益。

根据运算放大器虚地原理，可以得到：

$$\frac{U_1}{R} = \frac{-U_0}{2^{10}\cdot R}(D_0 2^0 + D_1 2^1 + \cdots + D_9 2^9)$$

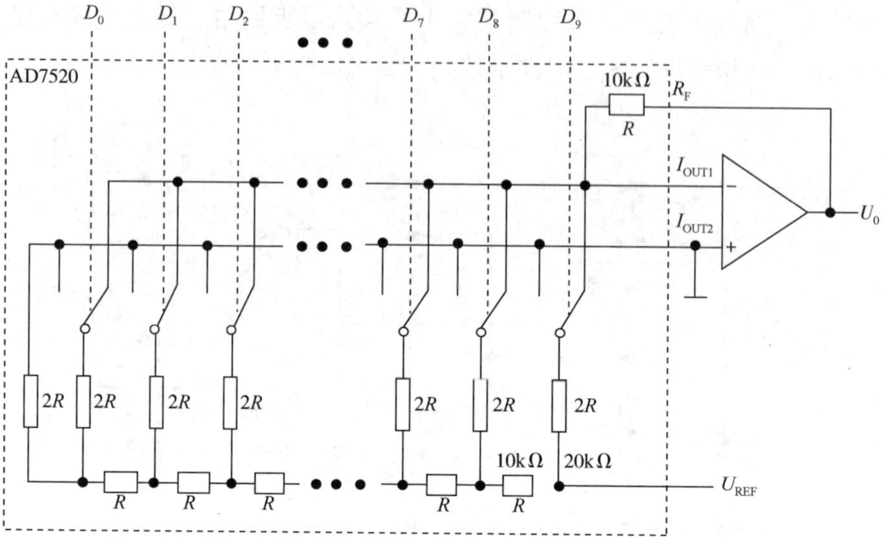

图 3-26　数字式可编程增益控制电路

所以：

$$A_V = \frac{U_0}{U_1} = \frac{-2^{10}}{D_0 2^0 + D_1 2^1 + \cdots + D_9 2^9}$$

如将 AD7520 芯片中的反馈电阻作为反相运算放大器的反馈电阻，数控 AD7520 的倒 T 形电阻网络连接成运算放大器的输入电阻，即可得到数字式可编程衰减器。

(2)波形产生电路

由 D/A 转换器 AD7520、10 位可逆计数器及加/减控制电路组成的波形产生电路如图 3-27 所示。加/减控制电路与 10 位二进制可逆计数器配合工作，当计数器加到全“1”时，加/减控制电路复位使计数器进入减法计数状态；而当减到全“0”时，加/减控制电路置零，使计数器再次处于加法计数状态，如此周而复始。

图 3-27 中 AD7520 组成的波形产生电路的电压为：

$$U_0 = \frac{U_{REF}}{2^n} \cdot \frac{R_f}{R}\left[\sum_{i=0}^{n-1}(D_i \cdot 2^i)\right]$$

可得 D/A 转换器(Ⅰ)的输出电压为：

$$U_{01} = -\frac{U_{REF}}{2^{10}} \cdot \sum_{i=0}^{9} D_i \cdot 2^i$$

可以看出，U_{01}是一个近似的三角波。

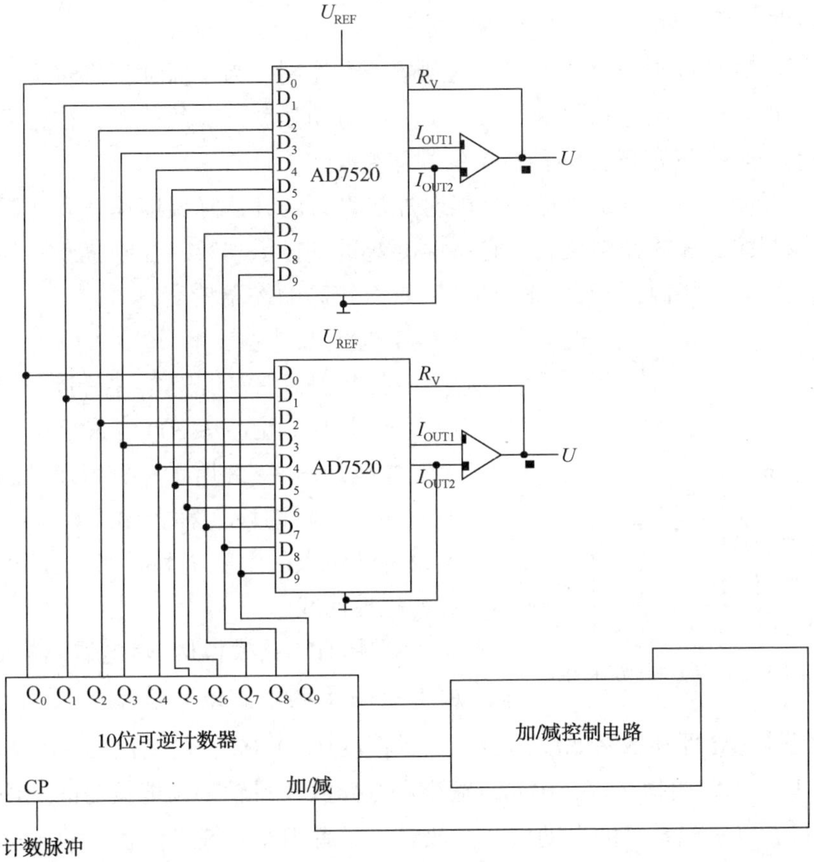

图 3-27 波形产生电路

将这个三角波作为 D/A 转换器(Ⅱ)的参考电压，由于两个 D/A 转换器数字量相同，于是可得第二级 D/A 转换器输出的模拟电压为：

$$U_{02} = U_{REF}\left(\frac{\sum_{i=0}^{9} D_i \cdot 2^i}{2^{10}}\right)^2$$

显然，U_{02}是一个抛物波。

3.3 应用实例——温度程序控制仪的设计

本节通过对智能仪表、现场总线智能仪表、无线智能仪表设计实例的介绍，分析设计中所用到的相关芯片和技术，探讨其硬件设计原理和软件设计方法。

(1)升、降温程序

升、降温是科研和生产中经常遇到的一类控制。为了保证生产过程正常安全地进行，提高产品质量和数量，减轻工人的劳动强度，节约能源，往往要求加热对象(例如电炉)的温度按某种指定的规律变化。

微机温度程控仪就是这样一种能对加热设备的升、降温度速率和保温时间实现严格控制的面板式控制仪表，它将温度变送、显示和数字控制集于一体，用软件实现程序升、降温，配合 PID 调节，具有较高的控温精度。

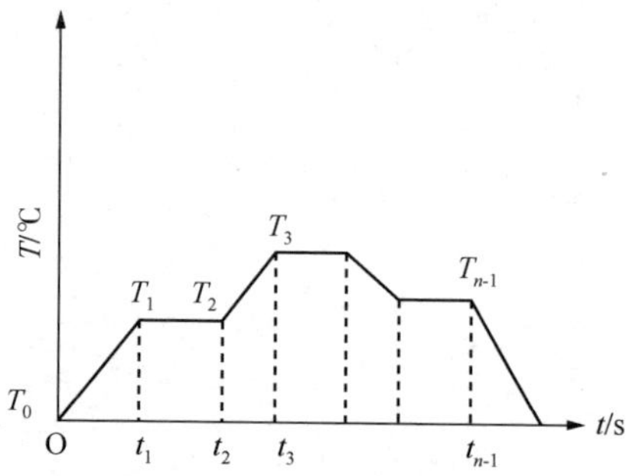

图 3-28　程序设定曲线

1)设计要求

对温度程控仪的测量、控制要求如下：

① 实现 n 段($n \leqslant 30$)可编程调节，程序设定曲线如图 3-28 所示，有恒速升温段、保温段和恒速降温段 3 种控温线段。操作者只需设定转折点的温度 T 和时间 t，即可获得所需的程控曲线。

② 具有 4 路模拟量(热电偶)输入，其中第 1 路用于调节。设有冷端温度自动补偿、热电偶线性化处理和数字滤波功能，测量精度达±0. 1%，测量范围为0~1100℃。

③ 具有 1 路模拟量(0~10mA)输出和 8 路开关量输出，能按时间顺序自动改变输出状态以实现系统的自动加料、放料，或者用作系统工作状态的显示。

④ 采用 PD 调节规律，且具有输出限幅和防积分饱和功能，以提高系统动态调节品质。

⑤ 采用 6 位 LED 显示，2 位用于显示参数类别，4 位用于显示数值。任何参数在显示 5s 后，会自动返回被调温度的显示。运行开始后，可显示瞬时温度和总时间值。

⑥ 具有超限报警功能。超限时，发光管以闪光形式报警。

⑦ 输入、输出通道和主机都用光电耦合器进行隔离的，使仪表具有较强的抗干扰能力和安全性。

⑧可在线设置或修改参数和状态，例如程序设定曲线转折点温度 T 和转折点时间 t 值、PID 参数、开关量状态、报警参数和重复次数等。并可通过总时间 t 值的修改，实现跳过或重复某一段程序的操作。

⑨ 具有 12 个功能键。其中 10 个是参数命令键，包括测量值键(PV)、T 设

定键(SV)、t 设定键(TIME1)、开关量状态键(VAS)、开关量动作时间键(TME2)、PID 参数设置键(PID)、偏差报警键(AL)、重复次数键(RT)、输出键(OUT)和启动键(START)；2 个参数修改键，即递增(△)键和递减(▽)键，参数增减速度由慢到快。此外还设置复位键(RESET)，手、自动切换开关，以及正、反作用切换开关。

⑩ 仪表具有掉电保护功能。

2) 系统组成和工作原理

加热炉控制系统框图如图 3-29 所示。控制对象为电炉，检测元件为热电偶，执行器为可控硅电压调整器(ZK-0)和可控硅器件。图中虚线框内是温度程控仪，它包括主机电路、过程输入输出通道、键盘、显示器等。

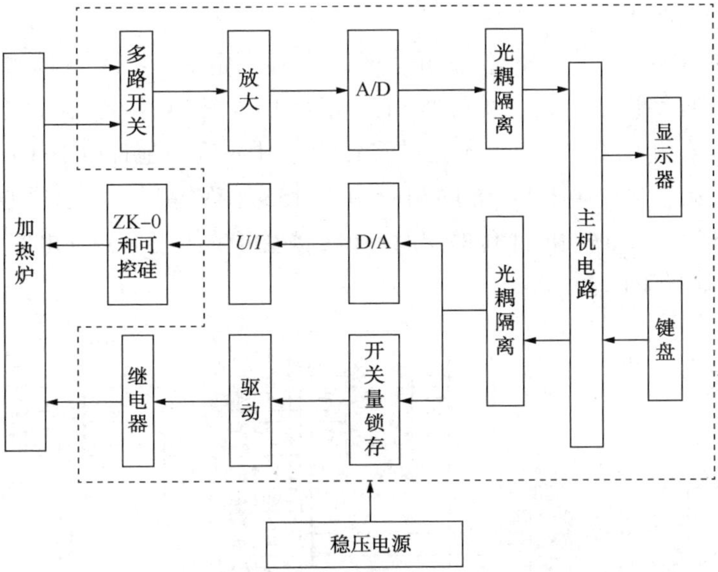

图 3-29　加热炉控制系统框图

控制系统工作过程如下：炉内温度由热电偶测量，其信号经多路开关送入放大器，毫伏信号经放大后由 A/D 电路转换成相应的数字量，再通过光电耦合器隔离，进入主机电路，由主机进行数据处理、判断分析，并对偏差按 PID 规律运算后输出数字控制量。数值信号经光耦隔离由 D/A 电路转换成模拟量，再通过 U/I 转换得到 0~10mA 的直流电流。该电流送入可控硅电压调整器(ZK-0)，触发可控硅，对炉温进行调节，使其按预定的升、降曲线规律变化。主机电路还输出开关量信号，以驱动继电器或发光二极管。

(2)硬件结构和电路设计

硬件结构包括开关、放大器、转换器、断电器、显示器、键盘、电脑主机等，下面分别就各部分电路设计作具体说明。

1)主机电路及键盘、显示器接口

按仪表设计要求，可选用指令功能丰富，中断能力强的 MCS-51 单片机作为主机电路的核心器件。由 80C31 单片机构成的主机电路如图 3-30 所示。

主机电路包括单片机及外接存储器、I/O 接口电路。程序存储器和数据存储器容量的大小与仪表数据处理和控制功能有关，设计时应留有余量。本仪表程序存储器容量 8KB(选用一片 2764)，数据存储器容量为 2KB(选用一片 6116)。并行 I/O 接口电路(本仪表为 8155)的选用与输入输出通道、键盘、显示器的结构和电路形式有关。

图 3-30 所示的主机电路采用全译码方式，由 3∶8 译码器的 A、B、C、Y_0……Y_7 选通存储器 6116、扩展器 8155 以及 D/A 转换器和锁存器Ⅰ、Ⅱ组成。低 8 位地址信号由 P0 口输出，锁存在 74LS373 中；高位地址(P2.0~P2.4)由 P2 口输出，直接连至 2764 和 6116 的相应端。8155 用作键盘、显示器的接口电路，其内部的 256B 的 RAM 和 14 位的定时/计数器也可供使用。A/D 电路的转换结果直接从 80C31 的 P1 口输入。

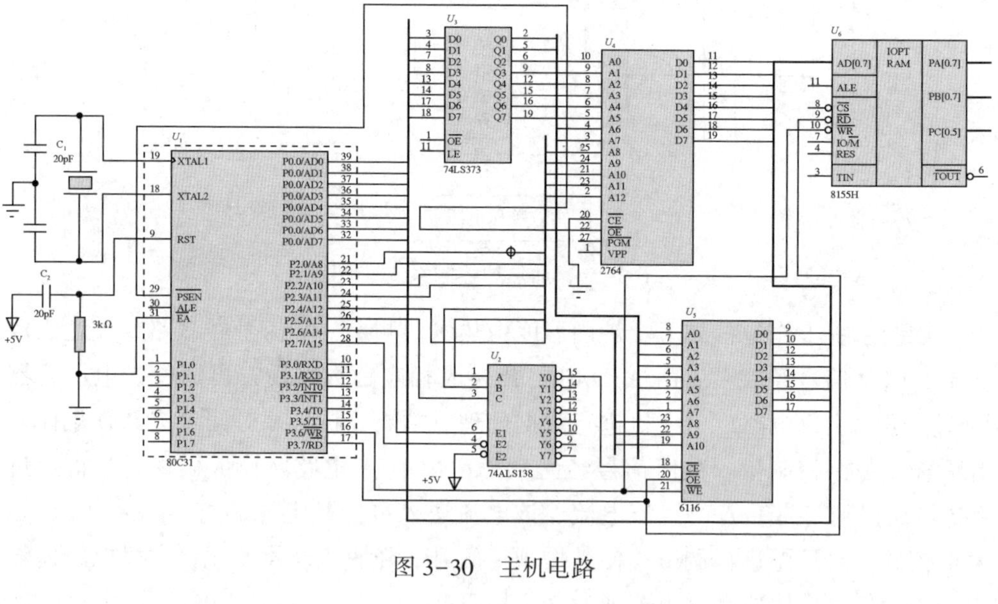

图 3-30　主机电路

掉电保护功能的实现有两种方案：一是选用 EEP ROM(2816 或 2817 等)，将重要数据置于其中；二是添加备用电池(见图 3-31)。稳压电源和备用电池分别通过二极管接于存储器(或单片机)的 U_{CC}端，当稳压电源电压大于备用电池电压时，备用电池不供电；当稳压电源掉电时，备用电池工作。

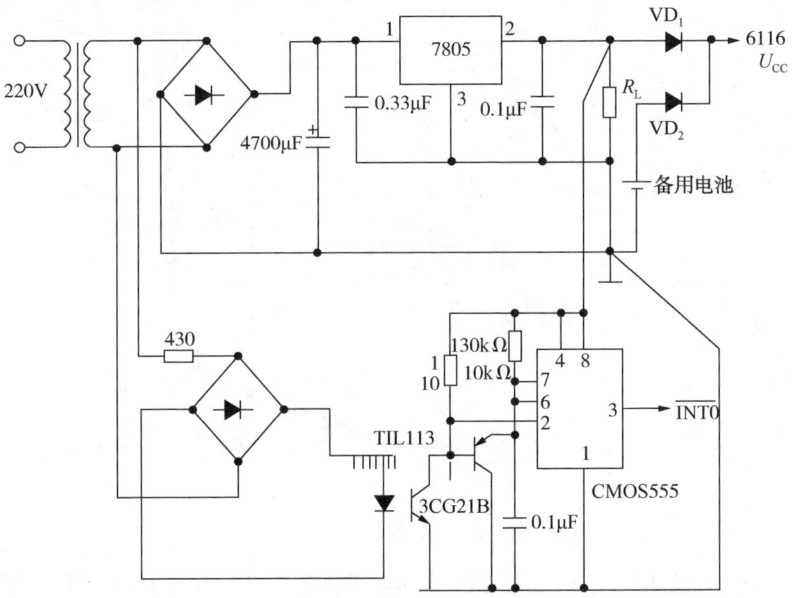

图 3-31　备用电池的连接和掉电检测电路

仪表内还应设置掉电检测电路(见图 3-31)，以便在检测到掉电时，将断点(PC 及各种寄存器)内容保护起来。图 3-31 中 CMOS555 接成单稳形式，掉电时 3 端输出低电平脉冲作为中断请求信号。

光电耦合器的作用是防止因干扰产生误动作，在掉电瞬间，稳压电源在大电容支持下，仍维持供电(约几十毫秒)，在这段时间内，主机执行中断服务程序，将断点和重要数据存入 RAM。

2)模拟量输入通道

模拟量输入通道包括多路开关、热电偶冷端温度补偿电路、线性放大器、A/D 转换器和隔离电路，如图 3-32 所示。

测量元件为镍铬-镍铝(K 型)热电偶，在 0~100℃测量范围内，其热电势为 0~45. 10mV，多路开关选用 CD4051(或 AD7501)，它将 5 路信号依次送入放大器，其中第 1~4 路为测量信号，第 5 路(TV)来自 D/A 电路的输出端，供自诊断用。多路开关的接通由主机电路控制，选择通道的地址信号锁存在 74LS273(Ⅰ)中。

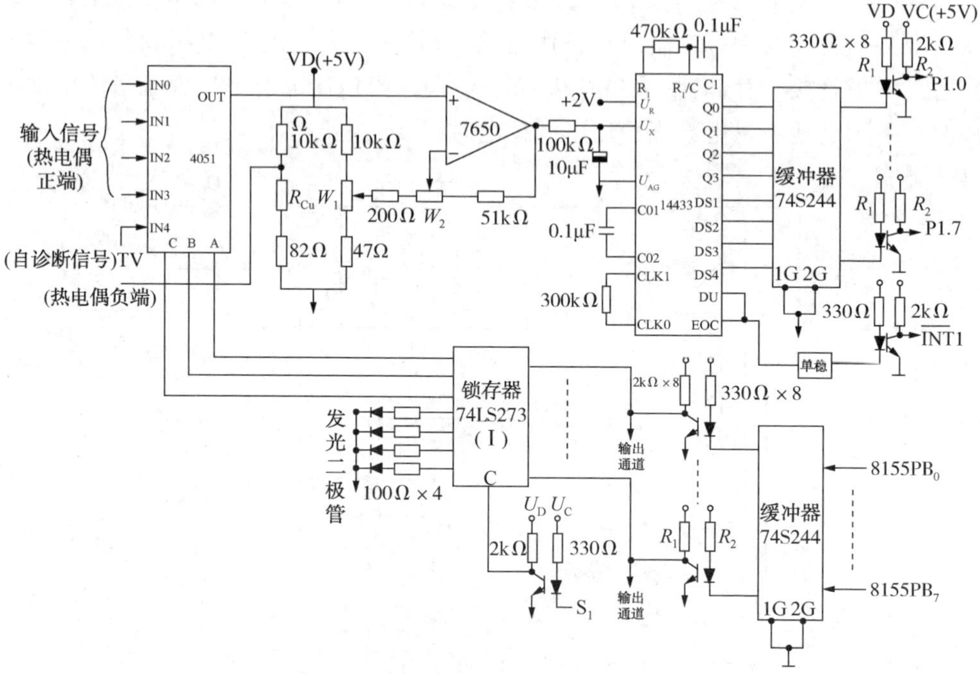

图 3-32 模拟量输入通道逻辑电路图

冷端温度补偿电路是一个桥路，桥路中铜电阻 R_{Cu} 起补偿作用，其阻值由桥臂电流(0.5mA)、电阻温度系数(α)和热电偶热电势的单位温度变化值(K)算得。算式为：

$$R_{Cu}=\frac{K}{0.5\alpha}$$

例如，镍铬-镍铝热电偶在20℃附近的平均 K 值为0.04mV/℃，铜电阻20℃时的 α 为0.00396/℃，可求得20℃时的 $R_{Cu}=20.2\Omega$。

运算放大器选用低漂移高增益的7650，采用同相输入方式，以提高输入阻抗。输出端加接阻容滤波电路，可滤去高频信号。7650的连接线路参见3.1.3小节。放大器的输出电压为0~2V(即A/D转换器的输入电压)，故放大倍数约为50倍。

按仪表设计要求，选用双积分型A/D转换器MC14433。该转换器输出7/2BCD码，相当于二进制11位，其分辨率为1/2000。A/D转换的结果(包括结束信号EOC)通过光耦隔离后输入80C31的P1口。图3-32中所示的缓冲器(74S244)是专为驱动光耦而设置的。

主机电路的输出信号经光耦合隔离(在译码信号 S1 控制下)锁存在 74LS273(Ⅰ)中，以选通多路开关和点亮 4 个发光二极管。发光管用来显示仪表的手动或自动工作状态和上、下限报警。

隔离电路采用逻辑型光电耦合器，该器件体积小、耐冲击、绝缘电压高、抗干扰能力强。光电器件选用 GO103(或 TIL117)，发光管在导通电流 $I_F = 10mA$ 时，正向压降 $U_F = 1.4V$，光敏管导通时的压降 $U_{CE} = 0.4V$，取其导通电流 $I_C = 3mA$，则 R_i 和 R_L 的计算如下：

$$R_i = (5 - 1.4)/10 = 360(\Omega)$$

$$R_L = (5 + 0.4)/3 = 1800(\Omega)$$

3)模拟量和开关量输出通道

模拟量输出电路由隔离电路、D/A 转换器、V 转换器组成。开关量输出通道由隔离电路、输出锁存器及驱动器组成，如图 3-33 所示。

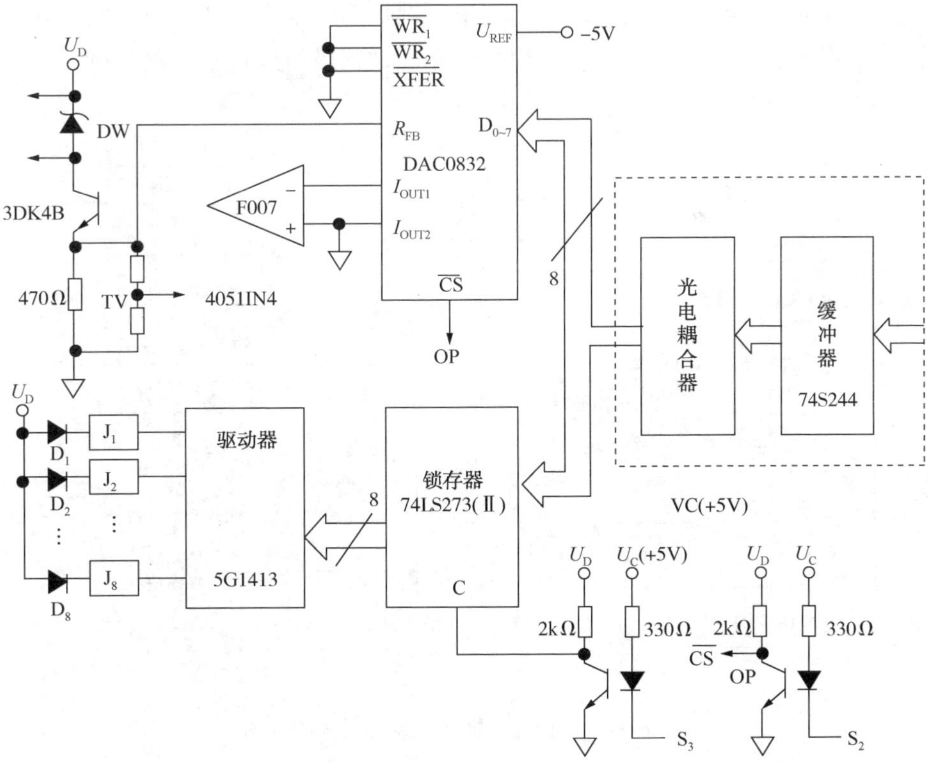

图 3-33　开关输出通道逻辑电路

D/A 转换器选用 8 位、双缓冲的 DAC0832，芯片将调节通道的输出转换为 0~5V 的模拟电压，再经 *U/I* 电路(3DK4B)输出 0~10mA 电流信号。

8 位开关量信号锁存在 74LS273(Ⅱ)中，通过 5G1413 驱动继电器 J_1~J_8 和发光二极管 D_1~D_8，继电器和发光二极管分别用来控制阀门和指示阀的启、闭状态。

图 3-33 虚线框中的隔离电路部分与输入通道共用，即主机电路的输出经光电耦合器分别连至 74LS273(Ⅱ)和 DAC0832 的输入端，信号传输到哪一个器件则由主机的输出信号 S_1、S_3 和 S_2(经光耦隔离)来控制。

4)软件结构和程序框图

温度程控仪的软件设计采用结构化和模块化设计方法。温控软件分为监控程序和中断服务程序两大部分，每一部分又由许多功能模块构成。

监控程序：

监控程序包括初始化模块、显示模块、键扫描与处理模块、自诊断模块和手动操作处理模块。监控程序以及自诊断程序、键扫描与处理程序的框图，分别如图3-34、图 3-35 所示。

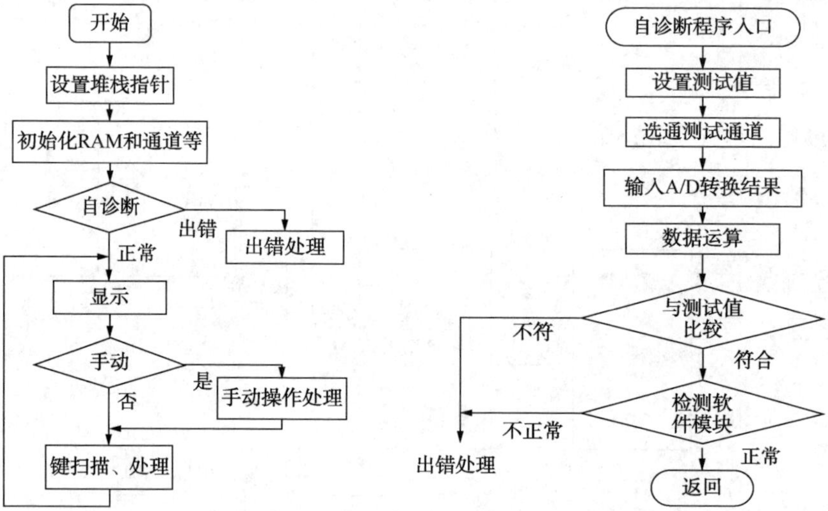

图 3-34　监控程序框图、自诊断程序框图

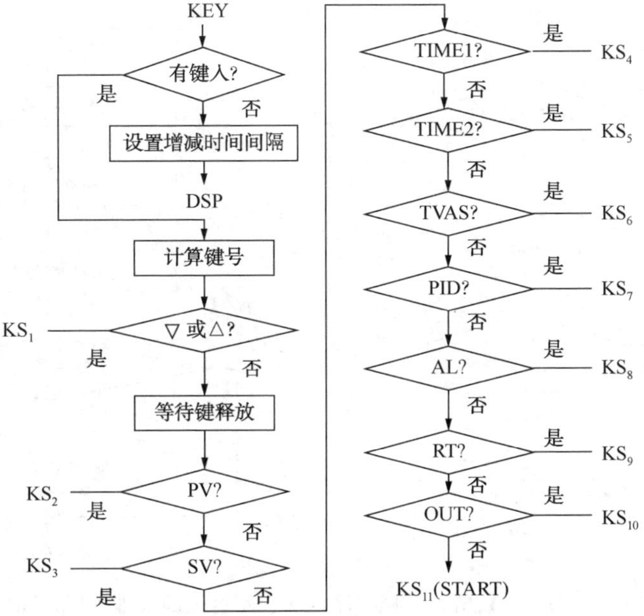

图 3-35　键扫描与处理程序框图

仪表上电复位后，程序从 0000H 开始执行，首先进入系统初始化模块，完成设置堆栈指针、初始化 RAM 单元和通道地址等任务。接着程序执行自诊断模块，检查仪表硬件电路(输入通道、主机、输出通道、显示器等)和软件部分运行是否正常。在该程序中，先设置一测试数据，由 D/A 电路转换成模拟量(TV)输出，再从多路开关 IN4 通道输入，经放大和 A/D 转换后送入主机电路，通过换算，判断该数据与原设置值之差是否在允许范围内，若超出这一范围，表示仪表异常，即予报警，以便及时做出处理。同时，自诊断程序还检测仪表各种软件模块的功能是否符合预定的要求。若诊断结果正常，程序便进入显示模块、键扫描与处理模块，判断手动操作状态并进入手动操作处理模块的循环流程中。

在键扫描与处理模块中，程序首先判断是否有命令键入，若有，随即计算键号，并按键号转入执行相应的键处理程序($KS_1 \sim KS_{11}$)。键处理程序完成参数设置、显示和启动程控仪控温的功能。按键中除“△”和“▽”键在按下时执行参数增、减命令外，其余各键均在按下又释放后才起作用。

图 3-36 所示为参数增、减键处理程序(KS_1)、测量值键处理程序(KS_2)的框图，其余的键处理程序与 KS_2 程序类似。

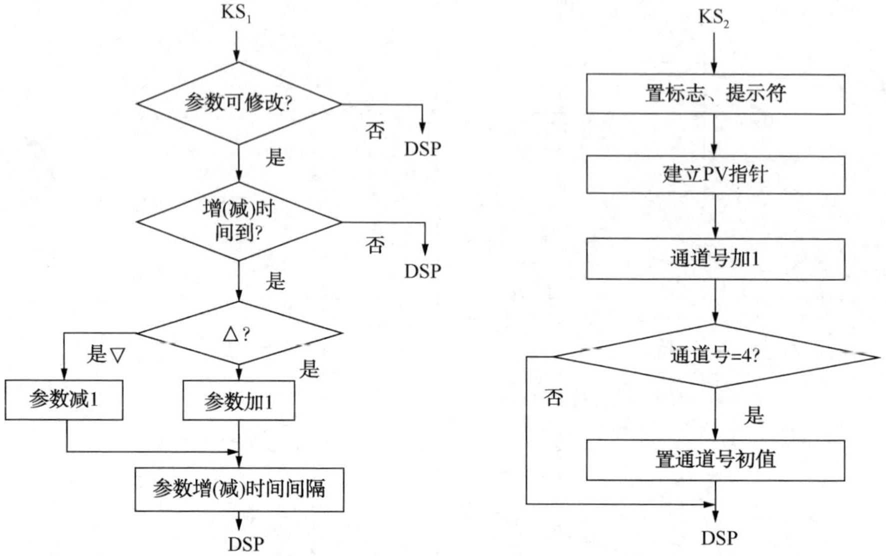

图 3-36　参数增减处理程序框图、测量值键处理程序框图

KS_1 程序的功能是在“△”或“▽”键按下时，参数自动递增或递减(速度由慢到快)，直至键释放。该程序先判断由上一次按键所指定的参数是否可修改(PV 值不可修改，SV、PID 等值可修改)，以及参数增、减时间是否已到，然后再根据按下的“△”或“▽”键确定参数加 1 或减 1，并且修改增、减时间间隔，以便逐渐加快参数的变化速度。

KS_2 和 KS_3 程序的作用是显示各通道的测量值和设置各段转折点的温度值。程序中的置标志、提示符和建立参数指针用于区分键命令、确定数据缓冲器，以便显示和设置与键命令相应的参数。通道号(或段号)加 1 及判断是否结束等步骤，则用来实现按一下键自动切至下一通道(或下一段)的功能，并可循环显示和设置参数。

KS_1程序首先判断参数是否置全，置全了才可转入下一步骤，否则不能启动，应重置参数。

程序在设置 8155 的初值、定时计数器(80C31 的 T1 和 T0)的初值和开启中断之后，便完成了启动功能。

中断服务程序包括 A/D 转换中断程序、时钟中断程序和掉电中断程序。A/D 转换中断程序的任务是采入各路数据；时钟中断程序确定采样周期，并完成数据处理、运算和输出等一系列功能。

时钟中断信号由 CTC 发出，每 0.5s 一次(若硬件定时不足 0.5s，可采用前文所述软、硬件结合的定时方法)。主机响应后，即执行中断服务程序。服务程序由数字滤波、标度变换和线性化处理、判通道、计算运行时间与偏差、超限报警、判断正反作用和手动操作、PID 运算以及输出处理等模块组成，其框图如图 3-37 所示。数字滤波模块的功能是滤除输入数据中的随机干扰分量，采用 4 点递推平均滤波方法。由于热电偶 mV 信号和温度之间呈非线性关系，因此在标度变换(工程量变换)时必须考虑采样数据的线性化处理。有多种处理方法可供使用，现采用折线近似的方法，把 K 型热电偶 0~1100℃ 范围内的热电特性分成 7 段折线进行处理，这 7 段分别为 0~200℃、200~350℃、350~500℃、500~650℃、650~800℃、800~950℃ 和 950~1100℃，处理后的最大误差在仪表设计精度范围之内。

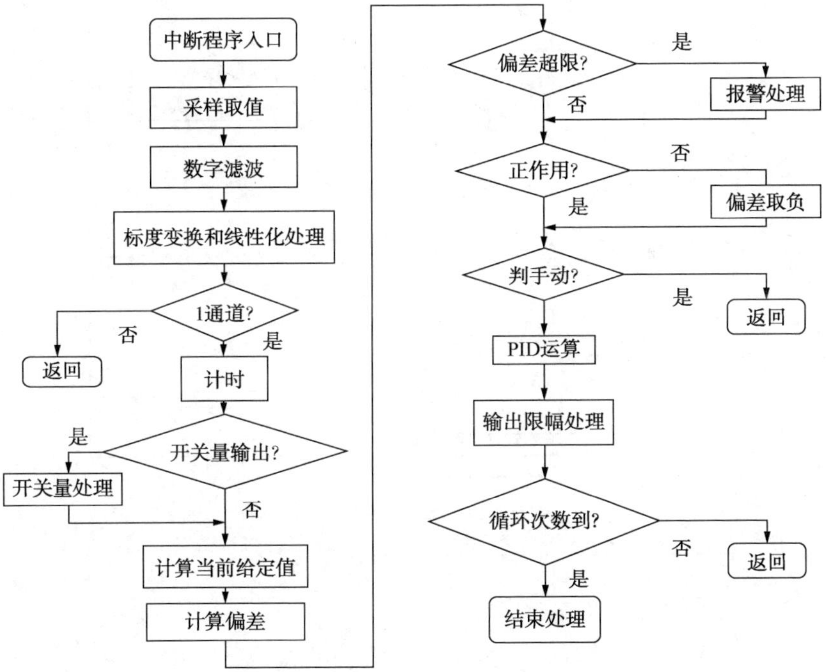

图 3-37　中断程序框图

标度变换公式为：

$$T_{PV}=T_{min}+(T_{max}-T_{min})\frac{N_{PV}-N_{min}}{N_{max}-N_{min}}$$

式中，N_{PV}、T_{PV}分别为某折线段 A/D 转换结果和相应的被测温度值；N_{min}、N_{max}分别为该线段 A/D 转换结果的初值和终值；T_{min}、T_{max}分别为该段温度的初值和终值。

图 3-38 所示为线性化处理程序框图，程序首先判断属于哪一段，然后将相应段的参数代入公式，便可求得该段被测温度值。为区分线性化处理的折线段和程控曲线段，框图中的折线段转折点的温度用 $T'_0 \sim T'_7$ 表示。

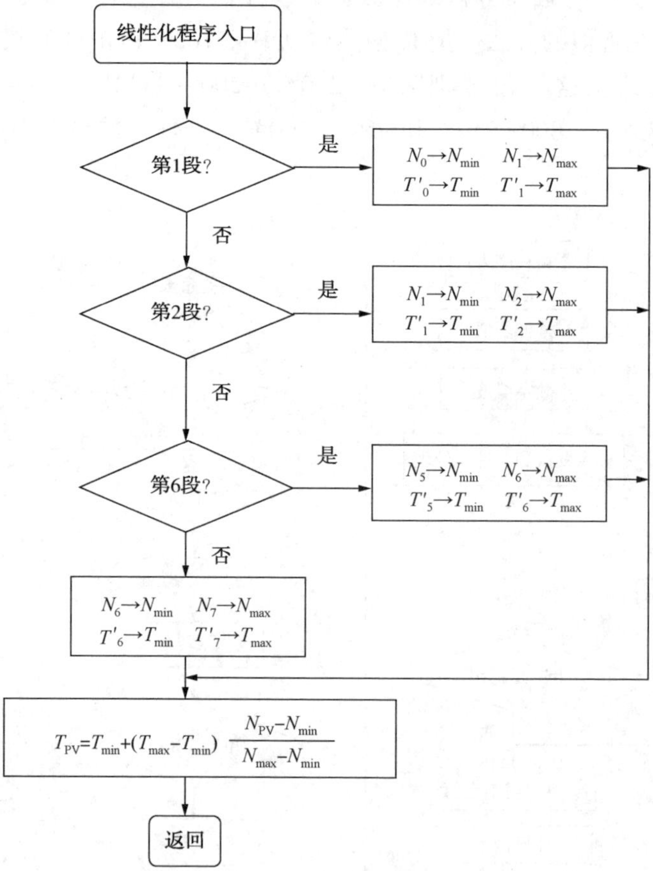

图 3-38　线性化处理程序框图

仪表的第 1 通道是调节通道，其他通道不进行控制，故在求得第 2~4 通道的测量值后，即返回主程序。计时模块的作用是求取运行总时间，以便确定程序运行至哪一程控曲线段，何时输出开关量信号。

由于给定值随程控曲线而变，故需随时计算当前的给定温度值，计算公式如下：

$$T_{SV} = T_i + (T_{i+1} - T_i)\frac{t - t_i}{t_{i+1} - t_i}$$

式中，T_{SV}、t 分别为当前的给定温度值和时间；T_i、T_{i+1} 分别为当前程控曲线段的给定温度初值和终值；t_i、t_{i+1} 分别为该段的给定时间初值和终值。

仪表控制算法采用不完全微分型 PID 控制算法，其传递函数为：

$$\frac{U(S)}{E(S)} = \left(\frac{T_D s + 1}{\frac{T_D}{K_D}s + 1}\right)\left(1 + \frac{1}{T_I s}\right)K_P$$

差分化后可得到输出增量算式为：

$$\Delta u(n) = K_P[u_D(n) - u_D(n-1)] + K_P\frac{T}{T_I}u_D(n)$$

其中：

$$u_D(n) = u_D(n-1) + \frac{T_D}{\frac{T_D}{K_D} + T}[e(n) - e(n-1)] + \frac{T_D}{\frac{T_D}{K_D} + T}[e(n) - u_D(n-1)]$$

式中，$U(S)$ 为输出；$E(S)$ 为输入；K_P 为比例项系数；K_D 为微分项系数；T_D 为时间微分；T_I 为时间积分；Δu 为电压输出增量；n 为温度数据序号；u_D 为输出增量微分；e 为温度数据微分。

程控仪的输出值(包括积分项)还可以进行限幅处理，以防积分饱和，故可获得较好的调节品质。

习　题

一、选择题

1. 欲将数字信号变换为模拟信号应采用(　　)。

A. DAC　　B. PLA　　C. EPROM　　D. ROM

2. D/A 转换器的分辨率取决于(　　)。

A. 输入的二进制数字信号的位数，位数越多分辨率越高

B. 输入的模拟电压的大小，输入的模拟电压越高，分辨率越高

C. 参考电压 U_R 的大小，U_R 越大，分辨率越高

D. 输入的模拟电压的幅值大小，幅值越大，分辨率越高

3. 为使采样输出信号不失真地代表输入模拟信号，采样频率 f_s 和输入模拟信号的最高频

率 f_{Imax} 的关系是(　　)。

A. $f_s \geqslant 2f_{\mathrm{Imax}}$　　B. $f_s \leqslant f_{\mathrm{Imax}}$　　C. $f_s \geqslant f_{\mathrm{Imax}}$　　D. $f_s \leqslant 2f_{\mathrm{Imax}}$

4. 数字系统与逻辑功能部件的主要区别是有没有(　　)。

A. 译码器　　B. 存储器　　C. 加法器　　D. 控制器

5. 权电阻求和网络的主要缺点是(　　)。

A. 使用电阻的阻值种类多，变换精度差

B. 使用的电阻个数多

C. 转换速度慢

D. 基准电压不稳定

6. 就实质而言，D/A 转换器类似于(　　)。

A. 编码器　　B. 译码器　　C. 整流器　　D. 稳压器

7. 8 位 D/A 转换器当输入数字量只有最低位为 1 时，输出电压为 0.02V，若输入数字量只有最高位为 1 时，则输出电压为(　　)V。

A. 0.039　　B. 2.56　　C. 1.27　　D. 都不是

8. D/A 转换器的主要参数有(　　)、转换精度和转换速度。

A. 分辨率　　B. 输入电阻　　C. 输出电阻　　D. 参考电压

9. 就逐次逼近型和双积分型两种 A/D 转换器而言，(　　)抗干扰能力强，(　　)转换速度快。

A. 逐次逼近型　　B. 双积分型

10. A/D 转换器两个最重要的指标是(　　)。

A. 分辨率和转换速度　　B. 分辨率和精度

C. 分辨率和线性度　　D. 转换速度和线性度

11. 习题图 1 所示 R-$2R$ 网络型 D/A 转换器的转换公式为(　　)。

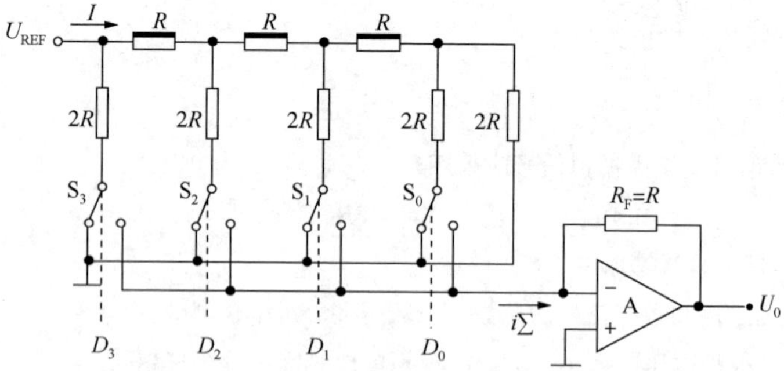

习题图 1

A. $U_0 = -\dfrac{U_{\mathrm{REF}}}{2^3}\sum_{i=0}^{3} D_i \times 2^i$　　B. $U_0 = -\dfrac{2}{3}\dfrac{U_{\mathrm{REF}}}{2^4}\sum_{i=0}^{3} D_i \times 2^i$

C. $U_0 = -\frac{U_{REF}}{2^4}\sum_{i=0}^{3} D_i \times 2^i$　　　　D. $U_0 = \frac{U_{REF}}{2^4}\sum_{i=0}^{3} D_i \times 2^i$

12. 对 30V 直流电压进行 12 位 A/D 转换，则电压的分辨率为(　　)。

A. 14. 6mV　　B. 7. 3mV　　C. 19. 5mV　　D. 39mV

13. 要对 5mV～5V 的模拟信号进行 A/D 转换，则应选(　　)的 A/D 转换芯片。

A. 14 位二进制　　B. 12 位二进制

C. 10 位二进制　　D. 8 位二进制

14. 5V 电压经过 10 位 A/D 转换后，其电压分辨率近似为(　　)。

A. 20mV　　B. 10mV　　C. 5mV　　D. 2. 5mV

15. 下列不属于直接型 A/D 转换器的是(　　)。

A. 并行比较型 A/D 转换器　　B. 双积分型 A/D 转换器

C. 计数器 A/D 转换器　　D. 逐次逼近型 A/D 转换器

二、简答题

1. 模拟量与数字量的概念和区别是什么？

2. D/A 转换器的主要技术指标有哪些(至少三个)？

3. 分辨率如何求？它取决于什么？

4. 某个 D/A 转换器，要求 10 位二进制数能代表 0～50V，试问此二进制数的最低位代表几伏？

5. 常见的数模转换器有哪几种？各自的特点是什么？

第 4 章　智能仪器的串行通信与人机交互

通信接口是智能仪器的重要组成部分，它是仪表与仪表之间或仪表与计算机之间进行信息交换和传输的联络装置。通信的基本方式包括并行通信和串行通信两种。并行通信是指数据的各位同时在多根数据线上发送或接收。串行通信是指将构成字符的每个二进制数据位，依照一定的顺序逐位进行传输的通信方式。虽然各种先进的通信技术在工业自动化系统和终端中得到了广泛应用，但由于发展的不平衡及用户需求的多样性和多层次性，传统的通信方式(如串行通信)仍然是许多仪表和装置的基本通信方式，在终端它们仍然是所有的通信方式中应用最多的。串行通信传输速度虽然慢，但它抗干扰能力强，传输距离远，同时，许多现场总线的物理层是基于 RS-485 等串行总线的，仪器、仪表一般都配置有串行通信接口，为使不同厂家生产的不同型号的仪器仪表都可用一条标准总线电缆连接起来，世界各国都按同一标准来设计智能仪器的接口电路。在这些标准中，应用较为广泛的串行通信接口标准有 RS-232C、RS-422、RS-485 等。本书主要对串行通信方式做介绍。

智能仪表通过人机联系部件与设备接收各种命令及数据，并且给出运算和处理结果。常用的人机联系部件有键盘、显示器、打印机等。这些部件同主机电路的连接是由人机接口电路来完成的。因此，人机接口技术是智能仪表与操作者进行联系并得到实际应用的关键之一。本章将介绍若干典型的人机接口电路，以及接口技术所涉及的程序设计问题。

4.1　串行通信

4.1.1　串行通信的特点

与并行通信相比，串行通信更适合远距离数据传输，通信线路费用比并行通信低得多。在短距离内，虽然并行接口的数据传输速率比串行接口高得多，但由于串行通信的通信时钟频率较并行通信容易提高，且接口简单，抗干扰能力强，因此很多高速外设如 USB 接口的数码相机、移动硬盘等，已使用串行通信方式与计算机通信。

串行通信按同步方式可分为异步通信方式和同步通信方式。同步通信是一种连续传输数据的通信方式，一次通信传送多个字符数据，称为一帧信息，同步通信数据传送格式如图 4-1 所示。同步通信的数据传输速率较高，通常可达 56000bps 或更高，其缺点是要求发送时钟和接收时钟保持严格同步。在异步通信中，数据通常是以字符或字节为单位组成数据帧进行传送的。收、发端各有一套彼此独立、互不同步的通信机构，由于收、发数据的帧格式相同，因此可以相互识别接收到的数据信息。异步通信协议规定每个数据以相同的位串形式传送，包括起始位、数据位、奇偶校验位和停止位，异步通信帧格式如图 4-2 所示。

同步字符	数据字符1	数据字符2	……	数据字符n	校验字符

图 4-1　同步通信数据传送格式

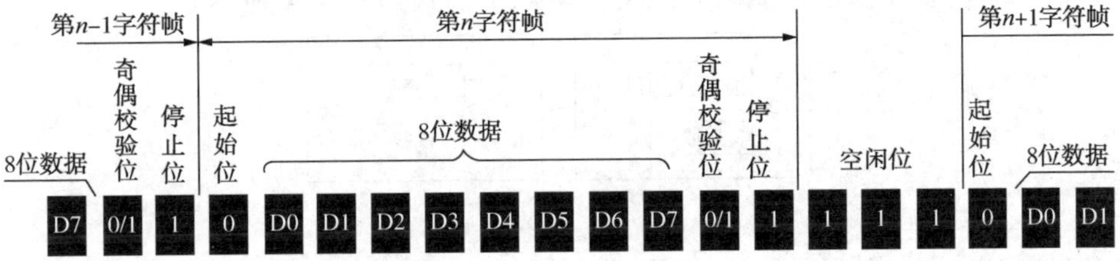

图 4-2　异步通信帧格式

① 起始位：在没有数据传输时，通信线处于逻辑“1”状态。当发送端要发送 1 个字符数据时，首先发送 1 个逻辑“0”信号，这个低电平便是帧格式的起始位。其作用是向接收端表示发送端开始发送一帧数据。接收端检测到这个低电平后，就准备接收数据信号。

② 数据位：在起始位之后，发送端发出(或接收端接收)的是数据位。数据的位数没有严格的限制，5~8 位均可，由低位到高位逐位传输。

③ 奇偶校验位：数据位发送完之后，可发送一位用来检验数据在传输过程中是否出错的奇偶校验位。奇偶校验是收发双方预先定好的有限差错检验方式之一，可以不用。

④ 停止位：表示传输一帧信息的结束，逻辑“1”有效。它可占 1 位、1.5 位或 2 位，为发送下一帧信息做好准备。

4.1.2 串行通信的传输模式

在串行通信中，按照数据流的方向可分为三种基本传输模式：单工、半双工和全双工。

(1)单工模式(Simplex)

单工模式是指任何时刻数据只能按照一个固定的方向流动，如图 4-3 所示，即 A 机总是发送数据，B 机总是接收数据。

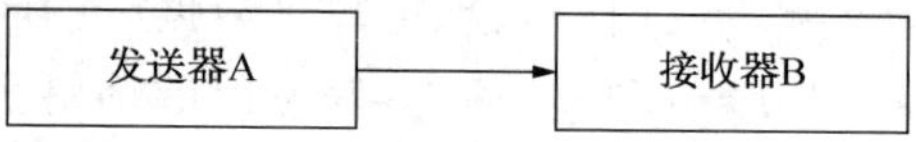

图 4-3　单工模式

(2)半双工模式(Half Duplex)

半双工模式是指通信双方均具有发送器和接收器，双方既可发送数据又可接收数据，但接收和发送不能同时进行。半双工模式如图 4-4 所示。

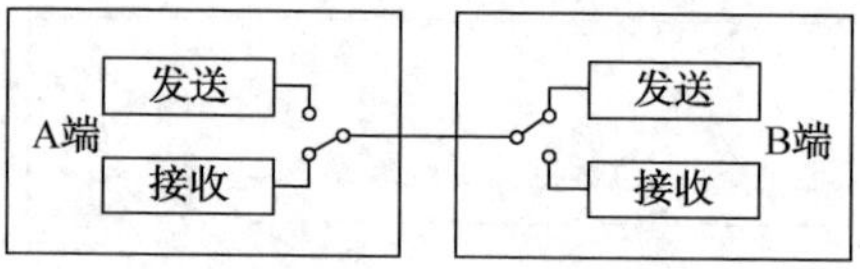

图 4-4　半双工模式

(3)全双工模式(Full Duplex)

全双工模式是指通信双方均具有发送器和接收器，并且将信道划分为发送信道和接收信道，两端数据允许同时收发，因此通信效率比前两种高。全双工模式如图 4-5 所示。

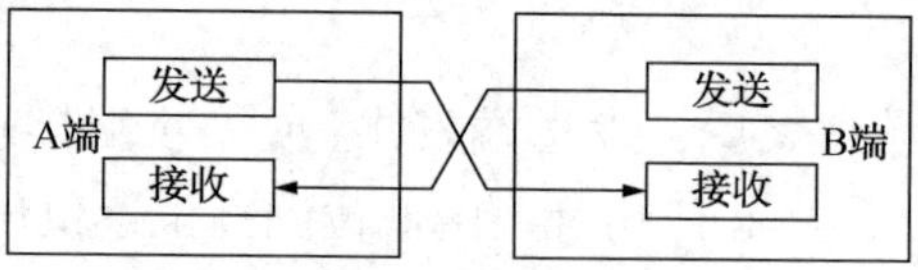

图 4-5　全双工模式

4.1.3 串行通信的校验方式

串行通信的目的不只是传输数据信息，更重要的是应确保其准确无误地传输，因此必须考虑在通信过程中对数据差错进行校验。常用的差错校验方法有奇偶校验、累加和校验以及循环冗余码校验等。

(1)奇偶校验

奇偶校验的特点是按字符校验，即在发送每个字符数据之后都附加一位奇偶校验位，当设置为奇校验时，数据中 1 的个数与校验位 1 的个数之和应为奇数；反之则为偶校验。收、发双方应具有一致的差错校验设置，当接收 1 帧字符时，对 1 的个数进行校验，若奇偶性(收、发双方)一致则说明传输正确。奇偶校验只能检测到奇数个位出错，而对于偶数个位同时出错的情况，则不能检测。这种方法对错误的检出概率大约只有 50%，也就是只有一半的错误能被检测出来。另外，每传输一个字节都要附加一位校验位，传输效率较低。

(2)累加和校验

累加和校验是指发送方将所发送的数据块求和，并将“校验和”附加到数据块末尾。接收方接收数据时也是先对数据块求和，将所得结果与发送方的“校验和”进行比较，若两者相同，则表示传输正确，若不同则表示传输出了差错。“校验和”的加法运算可用逻辑加，也可用算术加。这种校验方式的检错能力也比较有限，并且无法检验出字节或位序的错误。

(3)循环冗余码校验

循环冗余码校验(Cycle Redundancy Check，CRC)的基本原理是将数据块看成一个系数为 0 或 1 的多项式，然后用一个双方约定的数生成多项式去除它，将余数作为校验码附在数据块之后一起发送。接收端收到该数据块和校验码后，进行同样的运算来校验传送是否出错。目前 CRC 已广泛应用于数据存储和数据通信，并在国际上形成规范。

设有一个 k 位的待发送数据位串对应于多项式 $k(X)$，若选用的生成多项式 $G(X)$ 为 r 次(即 $r+1$ 位位串)，则对应的 CRC 码计算过程为：多项式 $G(X)$ 作除数，把原数据串后面添上 r 个 0 构成新的数据串，对应的多项式 $X^r k(X)$ 作为被除数，两者作模 2 除法(相当于“异或”运算)，最后得到的 r 位余数就是 $k(X)$ 的 CRC 码 $R(X)$。将这 r 位 CRC 码附加在所需写入的 k 位数据串的尾部构成一个 $k+r$ 位的序列 $M(X)=X^r k(X)+R(X)$。在校验时，用同样的生成多项式 $G(X)$ 直接去除，若除尽，说明数据传输正确，则把接收到的 $k+r$ 位的二进制序列去掉尾部 r 位，即得所需的 k 位数据信息；若不能除尽，说明有传输错误，则需要进行相应的纠错处理。例如：发送数据 1010；取生成多项式 $G(X)=X^3+X+1$；将要发送的数据左移 3 位，得到新的数据序列 1010000：$CRC30 = X^{32} + X^{26} + X^{23} + X^{22} + X^{16} + X^{12} + X^{11} + X^{10} + X^8 + X^7 + X^5 + X^4 + X^2 + X^1 + X^0$ 得到 CRC 码 011。生成多项式的最高阶和最低阶系数必须为 1。常用的几种生成多项式如下：

$CRC8 = X^8 + X^5 + X^4 + X^0$

$CRC16 = X^{16} + X^{15} + X^2 + X^0$

4.2 串行通信接口

4.2.1 RS-232C 串行通信接口

RS-232C 是在异步串行通信中应用最广的总线标准，它适用于数据传输速率在 0~20000bps 范围内的短距离或带调制解调器的通信场合。该标准定义了数据终端设备(Data Terminal Equipment，DTE)和数据通信设备(Data Communication Equipment，DCE)之间的接口信号特性，如图 4-6 所示。其中，DTE 可以是计算机，DCE 一般是指调制解调器(MODEM)。

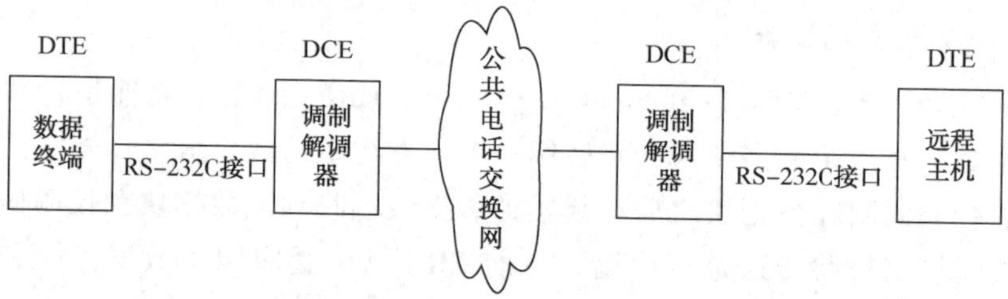

图 4-6　RS-232C 标准连接图

(1) 电气特性

RS-232C 通信标准的逻辑电平定义为负逻辑：逻辑“1”的电平在-5～-15V 范围内，逻辑“0”的电平在+5～+15V 范围内。由于 RS-232C 用正负电压来表示逻辑状态，与 TTL 以高低电平表示逻辑状态的规定不同，二者互不兼容，接口时必须进行电平转换。目前应用广泛的 RS-232C 与 TTL 的电平转换芯片是 MAXIM 公司生产的 MAX232 和 MAX233 芯片，如图 4-7 所示。它们是具有两路接收器和驱动器的 IC 芯片，其内部有一个电源电压变换器，可以将输入+5V 的电压变换成 RS-232C 输出电平所需的±12V 电压。采用这种芯片来实现电平的转换特别方便，只需单一的+5V 电源即可。二者区别在于，使用 MAX232 芯片时，需要外加 5 个 1μF 的电容，而使用 MAX233 时不需要外加电容，更加方便。

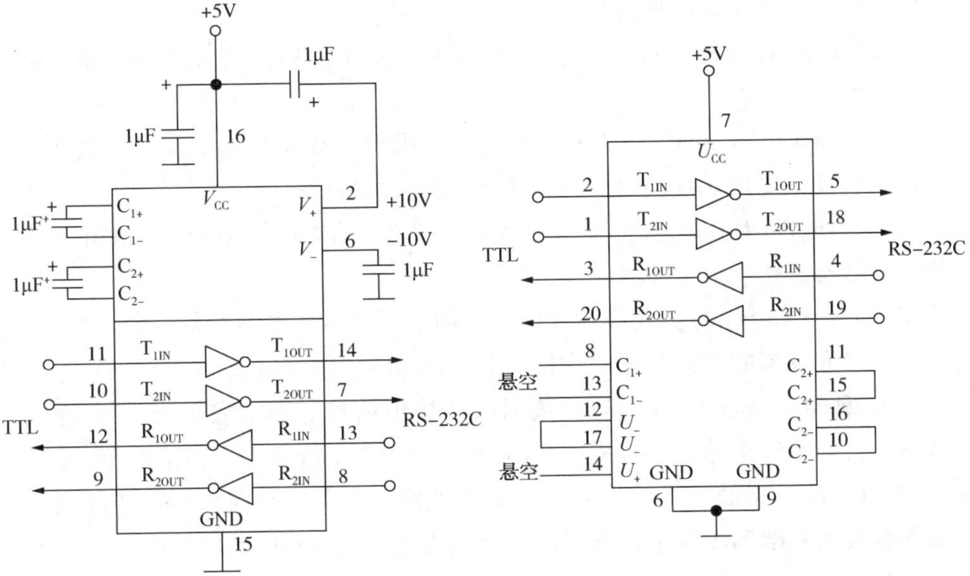

图 4-7　RS-232C 电平转换芯片

(2)端子定义

RS-232C 标准早期采用 25 针连接器，规定 DTE 配插头，DCE 配插座。在 25 针连接器中，有 20 个引脚与串行通信有关，在微型计算机中最常使用的是其中的 9 个通信信号。因此现在 RS-232C 标准大多采用 9 针 D 形接口连接器，如图 4-8 所示。这 9 个通信信号分为两类，一类为基本数据传送信号，包括 TXD、RXD 和 GND。另一类为调制解调器控制信号，其又分为两类，一类是从数据终端到 MODEM 的信号，包括 DTR 和 RTS；另一类是从 MODEM 到数据终端的控制信号，包括 DSR、CTS、DCD 和 RI。

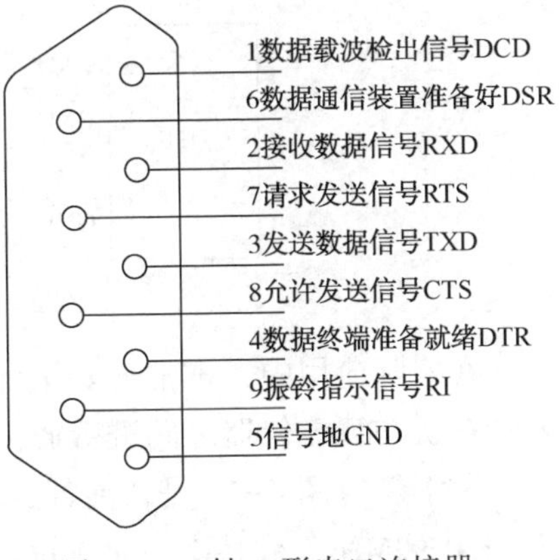

图 4-8　9 针 D 形串口连接器

TXD(Transmit Data)：发送数据信号。串行数据由该引脚发出送上通信线路到MODEM(DTE→DCE)，在不传输数据时该引脚为逻辑 1。

RXD(Receive Data)：接收数据信号。来自通信线路的数据由该引脚进入系统(DCE→DTE)。

GND：信号地。是其他引脚的参考电位信号。

DTR(Data Terminal Ready)：数据终端准备就绪。用于通知 MODEM 数据终端已准备好。

RTS(Request To Send)：请求发送信号。用于通知 MODEM 数据终端请求发送数据。当终端要发送数据时，使该信号有效。

DSR(Data Set Ready)：数据通信装置准备好。有效时，表明 MODEM 处于可以使用的状态。

CTS(Clear To Send)：允许发送信号。用于通知数据终端设备，MODEM 已准备好接收对方发来的数据，它经常作为对 RTS 信号的应答。

DCD(Data Carrier Detection)：数据载波检出信号。用来表示 DCE 已接通通信链路，告知 DTE 准备接收数据。当本地的 MODEM 收到由通信链路另一端(远地)的 MODEM 送来的载波信号时，通知终端准备接收，并且由 MODEM 将接收下来的载波信号解调成数字量数据后，沿接收数据线 RXD 送到终端。

RI(Ringing Indicator)：振铃指示信号。当 MODEM 收到交换台送来的振铃呼叫信号时，使该信号有效并通知终端已被呼叫。

在短距离通信中，数据终端设备往往不通过 MODEM 连接，而是直接连接，这种简化的连接方法称为零调制解调器连接，如图 4-9 所示。这种方法只适用于 15m 以内的串行通信。

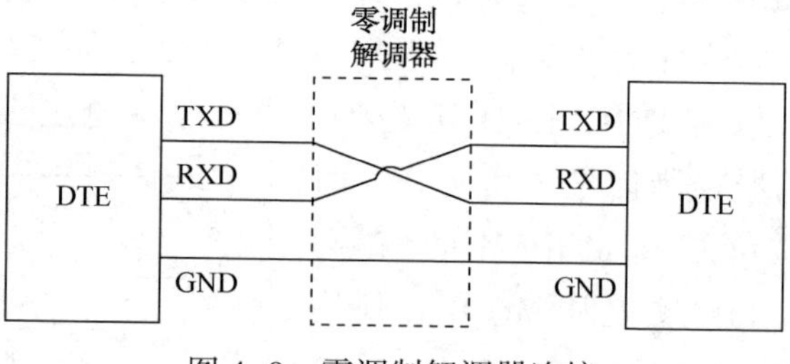

图 4-9 零调制解调器连接

在实际应用中，常常需要用计算机与智能仪器组成分布式测控系统，这就需要计算机与智能仪器之间进行通信接口设计。

【例 4-1】图 4-10 是智能仪器中的单片机与 PC 通信的电路图。单片机的晶振为 11.0592MHz，波特率为 9600bps。要求系统运行时，由串口调试助手以十六进制向单片机发送一数据，如果单片机接收到该数据将会送给 P1 口进行显示，同时原样返回给计算机。系统通过定时中断控制单片机发送波特率为 9600bps 的数据。

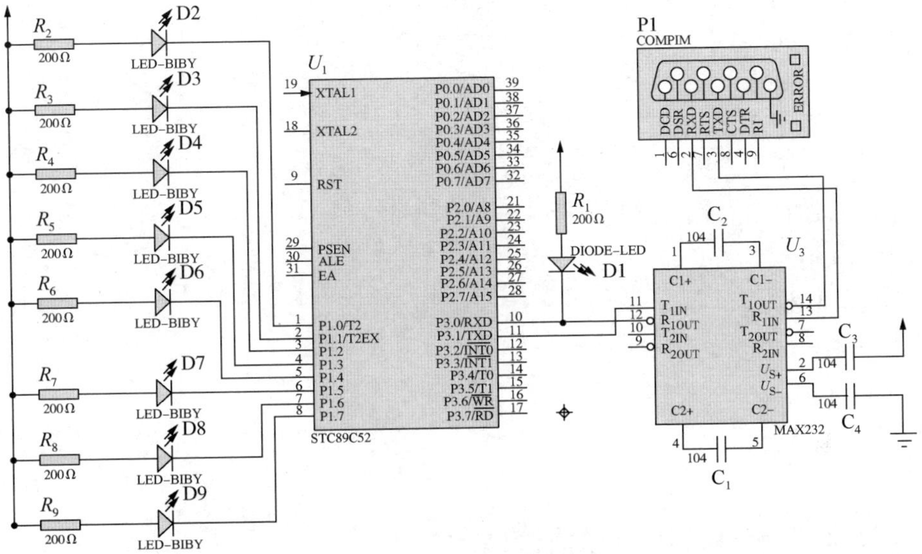

图 4-10　计算机与智能仪器的串行通信接口电路

程序清单如下：

```
#include<reg52. h>
unsigned char a， flag=0；
void main( )
{ TMOD=0x20；
  TH1=0xfd；
  TL1=0xfd；
TR1=1；
SCON=0x50；
EA=1；
ES=1；
while(1)
      {if(flag==1)
         { ES=0；
          flag=0；
          SBUF=a；
```

```
        while(! TI);
        TI=0;
        ES=1;
        }
      }
    }
void serial() interrupt 4
{ RI=0;
  a=SUBF;
P1=a;
flag=1;
}
```

4.2.2 RS-422串行通信接口

RS-232C 虽然应用广泛，但其存在以下不足：

① 数据传输速率低，一般低于 20kbps。

② 传输距离短，一般局限于 15m。即使采用较好的器件及优质同轴电缆，最大传输距离也不能超过 60m。

③ 信号传输电路为单端非对称接口电路，即一根信号线和一根地线。共模抑制性能较差，抗干扰能力弱。

为了弥补这些不足，美国能源信息署(EIA)公布了适应于远距离传输的RS-422 标准。它采用了平衡差分传输技术，即每路信号都使用一对以地为参考的正负信号线，从而使其抑制共模干扰的能力大大增强，并且系统的传输距离和速率都有明显的提高。RS-422 的传输距离与传输速率之间的关系如图 4-11 所示。可以看出，在最高传输速率 10Mbps 情况下，传输距离仅为 10m。

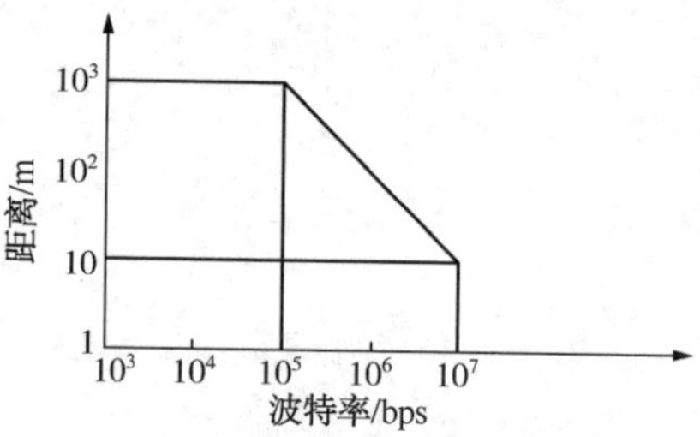

图 4-11 RS-422 的传输距离与传输速率之间的关系曲线

只有在传输速率不超过 100kbps 的条件下，传输距离才可以达到 1200m。当传输速率在 100kbps～10Mbps 范围内时，传输距离受限于传输线的欧姆阻抗、集肤效应等损耗导致的信号畸变。由于损耗与频率有关，因此传输速率与传输距离约为反比关系，可用下面的经验公式进行计算：速率(bps)×距离(m)≤100m · bps。

RS-422 与 TTL 电平转换最常用的是传输线驱动器 SN75174 和传输线接收器 SN75175，如图 4-12 所示。图 4-13 所示是 RS-422 的接口电路示意图，发送器将 TTL 电平转换成标准的 RS-422 电平，接收器 SN75175 将 RS-422 接口信号转换成 TTL 电平。

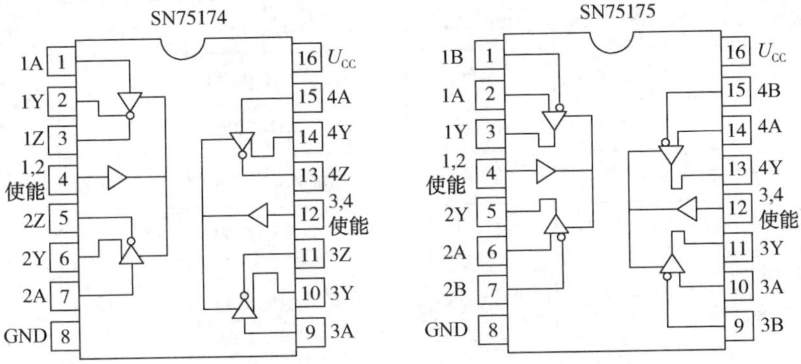

图 4-12　电平转换芯片 SN75174 和 SN75175

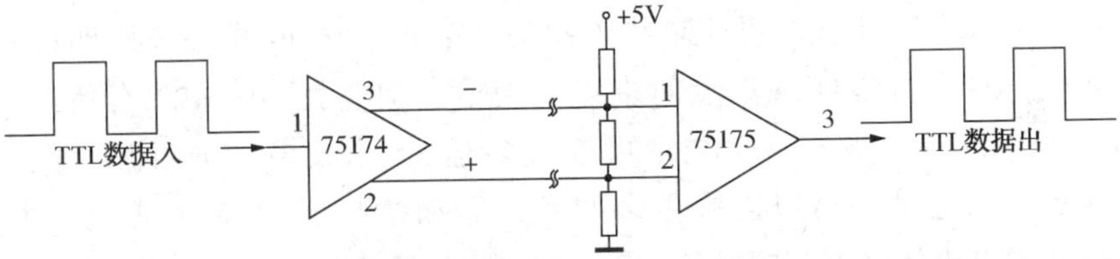

图 4-13　RS-422 接口电平转换电路

RS-422 标准允许在一对平衡总线上最多连接 10 个接收器，即一个主设备，其余为从设备，从设备之间不能通信，因此 RS-422 支持单点对多点的双向通信。RS-422 通信距离在 300m 以上时需要在一端接电阻，一般接在传输电缆的最远端，要求其阻值约等于传输电缆的特性阻抗。

4.2.3　RS-485 串行通信接口

RS-485 实际上是 RS-422 的变形，它的产生是为了满足多站互联时使用最少信号线的需求，同时适应构建数据传输网的需要。许多应用于现场的智能仪器都配有 RS-485 总线接口，这为构成分布式测控系统提供了方便。RS-485 的许多电气特性规定都与 RS-422 相仿，见表 4-1。RS-485 串行总线接口以差分平衡方式传输信号，具有很强的抗共模干扰的能力。逻辑 1 以两线间的电压差为+2~+6V 表示；逻辑 0 以两线间的电压差为-2~-6V 表示。接口信号电平比 RS-232C 低，不容易损坏接口电路芯片。

表 4-1　RS-422/485 的电气特性

项目	RS-422	RS-485	项 目	RS-422	RS-485
工作方式	差分	差分	驱动器负载阻抗/Ω	100	54
节点数	10	32/64/128/256	接收器输入电压范围/V	-10~+10	-7~+12
最大传输电缆长度/m	1200	1200	接收器输入门限/mV	±200	±200
最大驱动输出电压/V	-0.25~+6	-7~+12	接收器输入电阻/kΩ	4(最小)	≥12
驱动器输出信号电平(负载最小值)/V	±2.0	±1.5	驱动器共模电压/V	-3~+3	-1~+3
驱动器输出信号电平(空载最大值)/V	±6	±6	接收器共模电压/V	-7~+7	-7~+12

RS-485 标准可以采用两种总线连接方式：二线和四线。采用四线连接时与 RS-422 一样，只能实现单点对多点的通信，但它比 RS-422 有所改进，无论四线还是二线连接方式，总线上可连接多达 32 个设备。最近几年问世的一些 RS-485 接口芯片，可以连接更多的发送器和接收器(128 个或 256 个)。二线方式可实现真正的多点双向通信。RS-485 有应用于半双工和全双工两种通信模式的接口器件。半双工通信芯片有 SN75176、SN75276、MAX481、MAX483、MAX485 等；全双工通信芯片有 SN75179、SN75180、MAX488、MAX489、MAX490 等。

MAX483 是一种半双工通信芯片，其引脚含义见表 4-2。其输入/输出信号不能同时进行传输，发送和接收功能的转换是由芯片的$\overline{RE}$和 DE 端控制的，$\overline{RE}=0$时，允许接收；$\overline{RE}=1$ 时，接收端 RO 呈高阻态。DE=1 时，允许发送；DE=0 时，发送端 A 和 B 呈高阻态。在智能仪器系统中常把$\overline{RE}$和 DE 接在一起用系统的一个 I/O 接口线控制收发。图 4-14 为 MAX483 的引脚及双机通信原理图。

表 4-2　MAX483 引脚及功能

引脚号	引脚名称	功能
1	RO	接收器输出：如果 A-B>200mV，则 RO 为高电平；如果 B-A>200mV，则 RO 为低电平
2	$\overline{RE}$	接收器输出使能端。当$\overline{RE}$为低电平时，允许接收；当$\overline{RE}$为高电平时，RO 为高阻态
3	DE	驱动器输出使能端
4	DI	驱动器输入端
5	GND	地
6	A	非反相接收器输入端和非反相驱动器输出端
7	B	反相接收器输入端和反相驱动器输出端
8	U_{CC}	正电源：4.75V≤U_{CC}≤5.25V

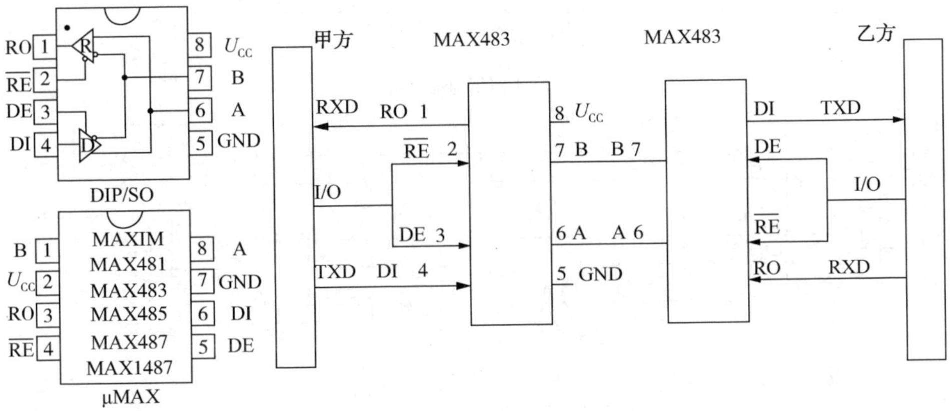

图 4-14　MAX483 引脚及双机通信原理图

RS-485 网络拓扑一般采用终端匹配的总线型结构，如图 4-15 所示。在差分平衡系统中，一般选择双绞线作为信号传输线。双绞线价格低廉，使用方便，两条线基本对称，外界干扰噪声主要以共模方式出现，对接收器的差动输入影响不大。信号在传输线上传送时，如果遇到阻抗不连续的情况，会出现反射现象。双绞线的特性阻抗一般在 110~130Ω，RS-485 通常在传输线的起始端和末端并接终端电阻，目的是进行阻抗匹配，减少信号的终端反射。

RS-485 总线在多点互联时，相距较远的不同点之间的地电位差可能很大，各点若直接联网，则很有可能导致接口芯片的损坏。解决这一问题的简单而有效的方法是将各点的串行通信接口电路与其他点进行电气隔离。可以采用分立元件实现隔离，也可以采用专门的带隔离收发器的集成芯片实现。图 4-16 所示电路为采用分立的高速光电耦合器件、带隔离的 DC/DC 电源变换器与 RS-485 收发器组合构成的隔离电路。MAXIM 公司生产的 MAX1480B 是具有光隔离的 RS-485 接口芯片。芯片内包括收发器、光电耦合器和隔离电源，由单一的+5V 电源供电，使用十分方便。

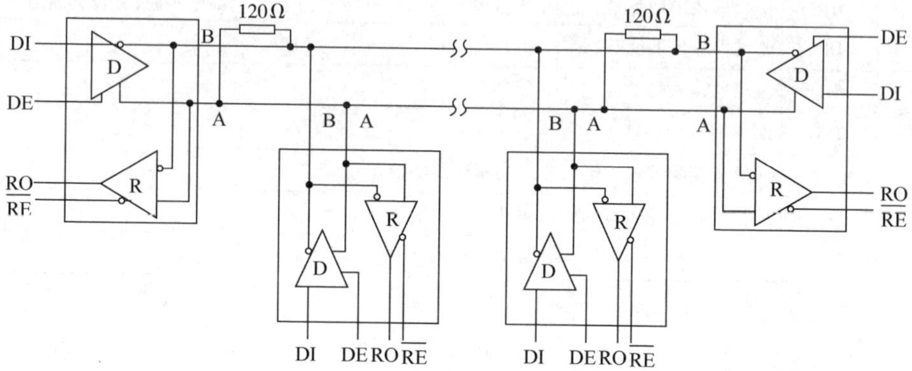

(a)半双工通信电路

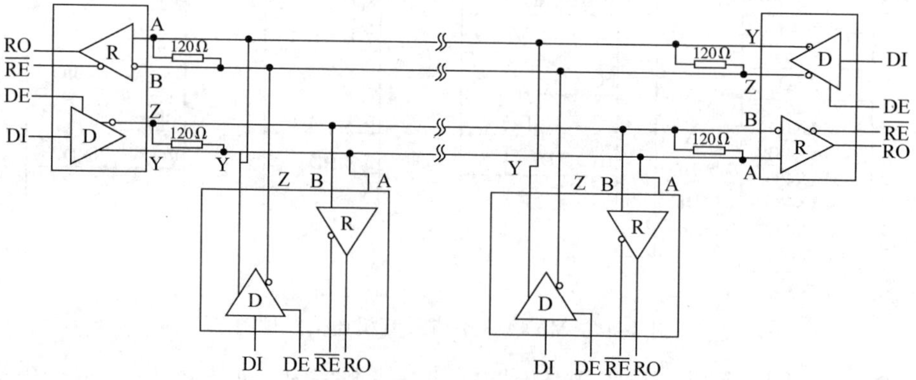

(b)全双工通信电路

图 4-15　RS-485 网络拓扑结构

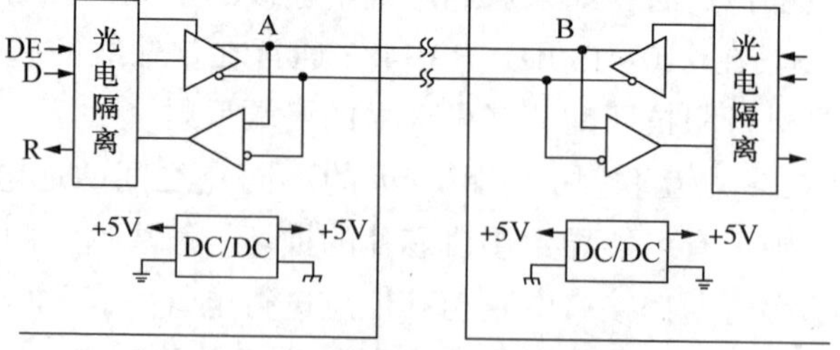

图 4-16　光电隔离的 RS-485 总线

【例 4-2】基于 RS-485 通信标准的双机通信。A、B 两机均采用 11.0592MHz 晶振。A 机将 P1 口按键数据读入，并以 2400bps 的速率发送给 B 机；B 机正确接收后输出到 P1 口，控制发光二极管的亮灭，电路如图 4-17 所示。

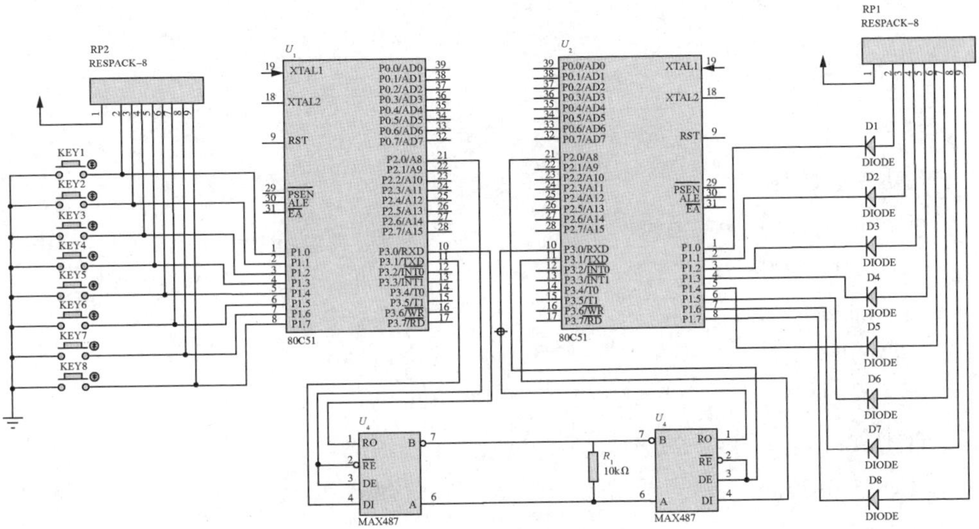

图 4-17　RS-485 双机通信

两机串行口工作方式均设置为方式 1，定时器 T1 的定时初值为 F4H，两机采用查询控制方式，程序如下。

A 机发送程序：

```
#include <reg52.h>
sbit P20=P2^0;
void main()
{ TMOD=0x20;                     //T1 定时方式 2
TL1=0x20;                        //波特率为 2400bps
TH1=0xF4;
SCON=0x40;                       //串行口工作方式 1
TR1=1;                           //启动 T1
P1=0xFF;
while(1)
  { ACC=P1;
  if(ACC! =0xFF)
```

```
        { P20=1;
        SBUF=ACC;                    //发送数据
        while(TI==0);                //等待发送完数据
        TI=0;
        }
    }
}
```

B 机接收程序:

```
#include <reg52.h>
sbit P20=P2^0;
void main()
{ TMOD=0x20;
TL=0xF4;
TH1=0xF4;
SCON=0x50;                           //允许接收
TR1=1;
P20=0;
while(1)
  {while(RI==0);                     //等待接收
  ACC=SBUF;                          //读取接收数据
  P1=ACC;
  RI=0;                              //请求接收中断标志
  }
}
```

4.3 智能仪器与人机交互

智能仪器通过人机交互设备实现用户与仪器交换信息的功能，一方面用户通过键盘等输入设备对智能仪器进行状态干预、参数设定等；另一方面仪器通过输出设备将测量结果以显示或打印的形式进行报告。这些交互设备同智能仪器主机电路的连接是由人机接口电路来完成的，因此人机接口技术是智能仪器设计中的关键技术之一。

键盘、显示器、打印机等是智能仪器实现人机交互、信息输出的重要设备。智能仪器通过输入设备接收各种命令和数据，测量结果通过输出设备显示出来。近年来，随着科学技术的进步，智能仪器朝着小型自动测试系统的方向发展，各种仪器之间有时需要传输大量的数据，这就要求仪器具有某种标准总线，使之能与计算机或其他的智能仪器进行通信。

4.3.1　键盘

(1) 键盘简介

键盘是由若干按键组成的开关矩阵，它是最简单的仪器输入设备，通过键盘输入数据或命令，实现简单的人机对话。键盘上闭合键的识别是通过专用硬件实现的，称为编码键盘，靠软件实现的称为非编码键盘。

编码键盘：每按一次键，键盘自动提供被按键的读数，同时产生一个选通脉冲通知微处理器，一般还具有反弹跳和同时按键保护功能。这种键盘处理软件简单，但硬件较复杂。

非编码键盘：只简单地提供键盘的行与列矩阵信号，其他的操作如按键的识别、键盘去抖动等均靠软件来完成，故这种键盘的处理软件较复杂，但硬件简单。

一般来讲，键盘的接口必须解决以下问题：

① 确定是否有键按下。

② 如果有键按下，确定是哪一个键被按下。

③ 确定被按键的读数。

④ 反弹跳——按键抖动的消除。按键从最初按下到接触稳定要经过数毫秒的弹跳时间，键松开时也有同样的问题，如图 4-18 所示。弹跳会引起一次按键多次读数。消除弹跳的影响既可用硬件的方法也可用软件的方法。通常在键的个数较少时可采取硬件措施，即用 R-S 触发器或单稳态电路来消除按键抖动。键数较多时，常用软件反弹跳，即采用软件延时法。当检测到有键按下时，执行一个数毫秒的延时子程序，然后判断与该键对应的电平信号是否仍然保持在闭合状态，如是，则可确认为有键按下。当发现键松开后，也要经过数毫秒延时，待下降沿消失后再检测下一次的按键操作。

⑤ 不管一次按键持续的时间多长，仅采样一个数据。

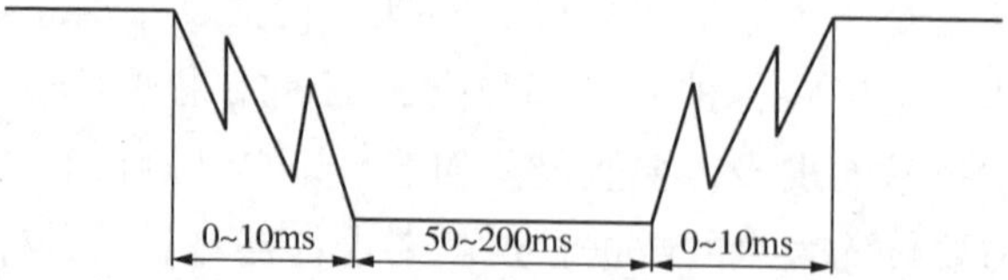

图 4-18　按键时的弹跳波形

⑥ 处理同时按键，即同时有一个以上的按键情况。

(2)非编码键盘

1)独立连接式非编码键盘

独立连接式非编码键盘如图 4-19 所示。每一个按键占用一条 I/O 接口线。当有任一键按下时，与之相连的输入数据线为“0”，否则置“1”。因此要判别是否有键按下的程序也十分简单。这种键盘的优点是简单，但当键数较多时，就要占用多个接口。

2)矩阵式非编码键盘

在智能仪器中，常常需要多个按键，这时，可将其排列成矩阵形式以减少键盘接口的引出线。矩阵式非编码键盘的连接如图 4-20 所示。当没有键按下时，行线和列线之间是不相连的。若第 N 行第 M 列的键被按下，那么第 N 行与第 M 列的线就被接通。如果在行线上加上信号，根据列线的状态，便可得知是否有键按下。如果在行线上逐行加上一个扫描信号，就可以判断按键的位置。键盘接口的首要任务就是按键的识别。常用的按键识别方法有两种：一种是传统的行扫描法，另一种是速度较快的线反转法，这种方法必须采用可编程并行接口。

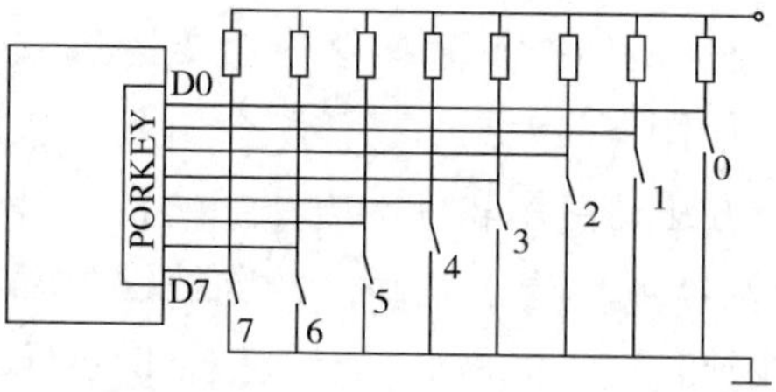

图 4-19　独立连接式非编码键盘

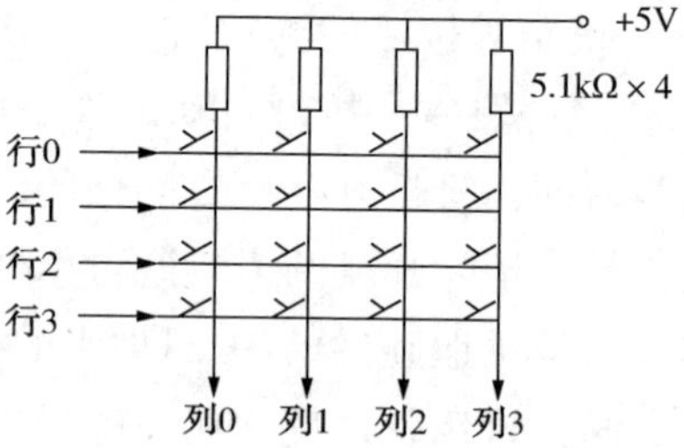

图 4-20　矩阵式非编码键盘

① 行扫描法：

在微处理器的控制下，使行线 0 为低电平(0)，其余三根行线都为高电平。然后微机通过输入口读列线的状态，如果读入的所有列线的状态都为高电平，则行线 0 上没有键闭合，如果读入的列线状态不全为高电平，则为低电平的列线和行 0 相交的键处于闭合状态；如果第 0 行上没有键闭合，接着使行线 1 为低电平，其余行线为高电平。用同样的方法检查这一行上有无键闭合，依此类推，最后使行线 3 为低电平，其余的行线为高电平，检查这一行上是否有键闭合。这种逐行逐列地检查键盘状态的过程称为对键盘的一次扫描。

具体实现扫描有两种方法，一种是用数据总线通过接口进行行扫描，另一种是通过地址总线进行行扫描。

② 线反转法：

采用行扫描法时，当所按下的键在最后一行(列)时，要扫描完所有行(列)才能获得键位置码。而线反转法是借助程控并行接口实现的，比行扫描法的速度快。

线反转法的原理图如图 4-21 所示。其工作过程为：首先把 D0~D3 线编程设定为输入口，D4~D7 线设为输出口，并输出全“0”(如用下拉电阻则输出全“1”)。这时若无键按下，则 4 条列线均为“1”；若有键按下，则行线的“0”电平通过闭合键使相应的列线变为“0”，并经过与门发出键盘中断请求信号给微处理器。图 4-21 所示是第 2 行第 2 列键按下的情况。这时 D0~D3 线的输入为 1101，其中“0”对应被按键所在的列。然后使接口总线的方向反转，即将 D0~D3 线编程设定为输出口，D4~D7 线设为输入口。这时 D0~D3 线的输出为 1101；D4~D7 线的输入为 1011，其中“0”对应于被按键所在的行。将两个 4 位数据合并得到 11011011，其中两个“0”分别对应于被按键所在的行列位置。根据此位置码到 ROM 中去查表，就可得到按键读数。

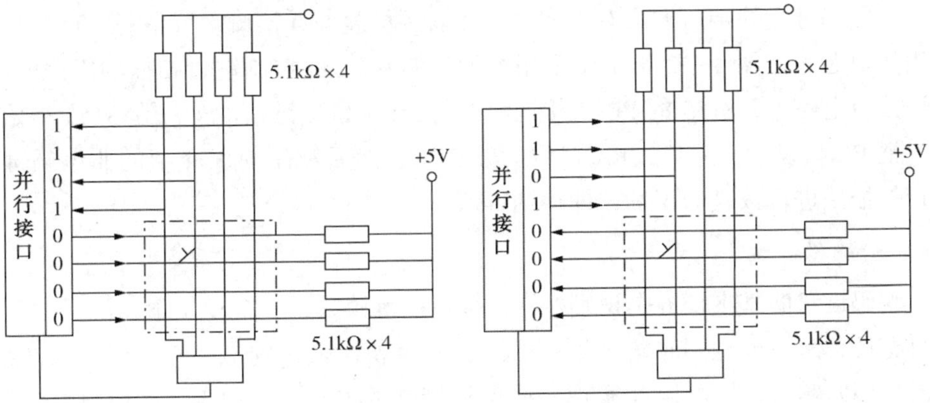

图 4-21　4×4 键盘线反转法原理图

3)非编码键盘的控制方式

在单片机应用系统设计中，为了节省硬件，通常采用非编码键盘。在这种键盘结构中，单片机对它的控制有三种方式：程序控制扫描方式、定时扫描方式、中断扫描方式。

程序思路：首先判断是否有键按下，如果有则延迟一段时间，再判断是否有键按下，其目的是消除电路抖动和消除干扰信号。一般按键的时间至少要十几毫秒，而干扰信号的时间都很短。只有两次判断都有键按下，才能确认是真有键按下。当确认有键按下后，再逐行或逐列扫描判断按键的位置。

① 程序控制扫描方式。这种方式就是只有当单片机空闲时，才调用键盘扫描子程序，响应键盘的输入请求。

② 定时扫描方式。单片机对键盘的扫描也可采用定时扫描方式，即每隔一定的时间对键盘扫描一次。在这种扫描方式中，通常利用单片机内的定时器，产生10ms的定时中断，CPU响应定时器溢出中断请求，对键盘进行扫描，以响应键盘输入请求。键盘定时扫描控制方式的主要优点是能及时响应键入的命令或数据，便于用户对正在执行的程序进行干预。这种控制方式，不管键盘上有无键闭合，CPU总是定时地扫描键盘状态，因为人工键入动作极慢，操作员对正在运行的系统很少干预甚至不会干预，所以在大多数情况下，CPU对键盘进行空扫描。

③ 中断扫描方式。为了提高CPU的工作效率，可采用中断方式，当键盘上有键闭合时产生中断请求，CPU响应中断，执行中断服务程序，判别键盘上闭合键的键号，并做相应的处理。

4)非编码键盘接口设计

非编码键盘的接口方法有很多种，如通过扩展I/O接口、可编程I/O接口或专用接口芯片。图4-22给出了采用可编程芯片8155控制键盘扫描的应用电路。在该接口电路中，8155的PC口接键盘的行，PA口接键盘的列。在8155初始化时，把PC口设为输入口，PA口设为输出口，然后利用前面介绍的非编码键盘的行扫描法进行按键的识别，即得到键值。

(3)编码键盘

编码键盘的基本任务是识别按键，提供按键读数，一个高质量的编码键盘还应具有反弹跳、处理同时按键等功能。这种由硬件来识别键闭合、键释放状态，由硬件消除键抖动影响以及实现一些保护措施的方法，可以节省CPU相当多的时间。

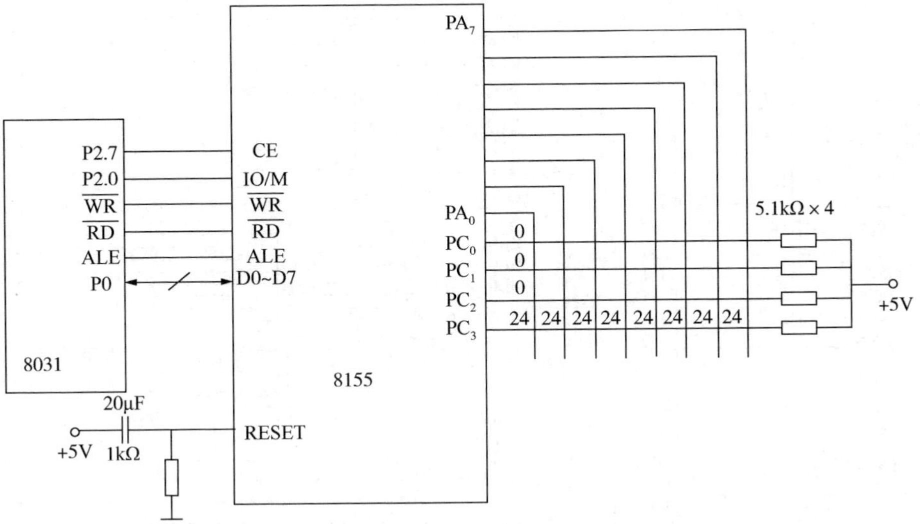

图 4-22　行列式键盘电路

最简单的编码键盘接口采用普通的编码器。图 4-23(a)所示的是采用 8-3 编码器(74148)的键盘接口电路。每按一个键，在 A_2、A_1、A_0 端输出相应的按键读数，其真值表如图 4-23(b)所示。这种编码器不进行扫描，因而称为静态式编码器，缺点是一个按键需用一条引线，因此当按键增多时，引线将很复杂。

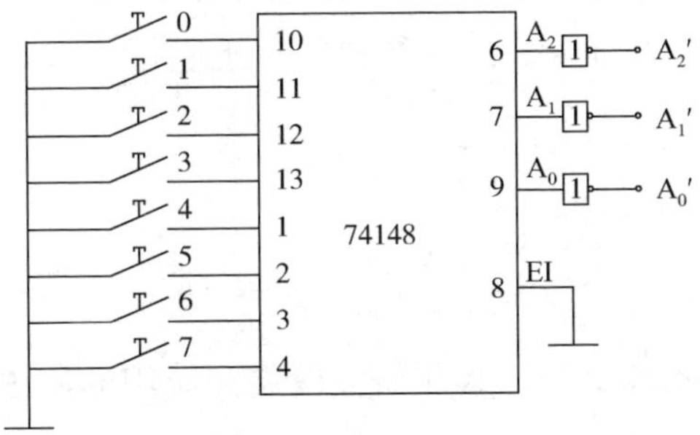

(a)接口电路

键	A_2'	A_1'	A_0'
0	0	0	0
1	1	1	1
2	2	2	2
3	3	3	3
4	4	4	4
5	5	5	5
6	6	6	6
7	7	7	7

(b)真值表

图 4-23　静态式编码器接口

INTEL 公司推出的大规模集成电路芯片 8279，就是一种可编程键盘/显示器接口芯片。用 8279 芯片可方便地构成编码式键盘系统，它具有结构简单、功能强、节省机时与存储单元等优点。利用 8279 的键盘/显示器接口电路如图 4-24 所示。

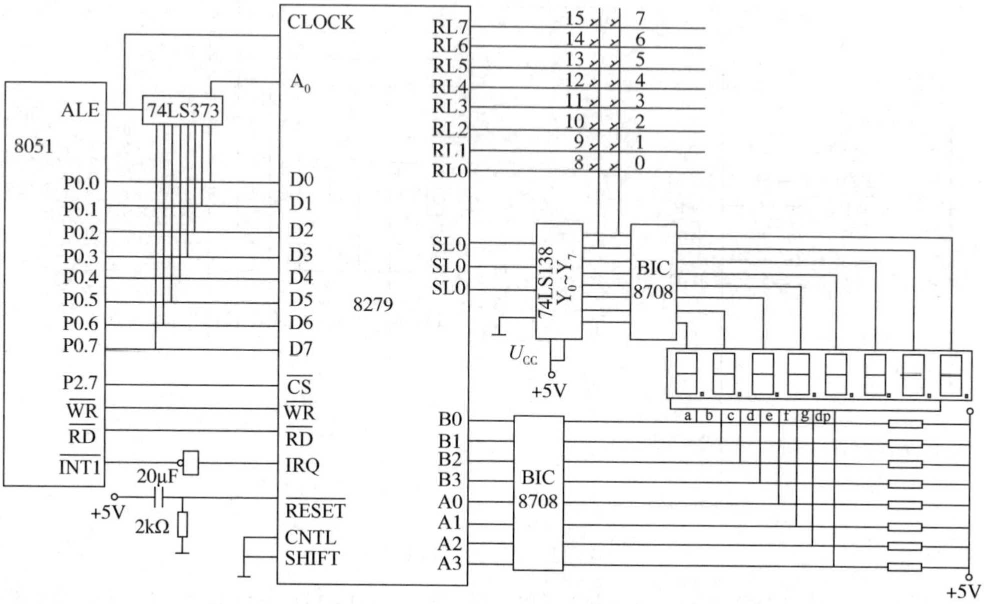

图 4-24　利用 8279 的编码键盘/显示系统

在利用 8279 实现的键盘/显示系统中，一旦有键按下，则被按下键的行、列码自动被存储到 8279 内部的 FIFO RAM 中。只要键盘的排列顺序与图 4-24 相同，则从 8279 的 FIFO RAM 中读回的键盘行、列码的组合信息正好就是被按键的键值。有关可编程芯片 8279 的详细介绍，可参看单片机应用或接口技术方面的书籍。

4.3.2　LCD 显示器

液晶显示是被动显示的一个重要分支，多年研究发展和应用的历史，揭开了液晶在信息显示方面的广阔前景。液晶(LCD)显示器作为平面信息显示器，被认为是最有发展前途的一种。较之本身发光的显示器件，如发光二极管、等离子体、荧光数码管、电致发光管等，它具有体积小、重量轻、低电压、微功耗(每平方厘米几微瓦到几十微瓦)、字迹清晰、使用寿命长、光照越强对比度越大等突出特点，它已被广泛地应用在各种仪器仪表、计算器、终端显示等方面，尤其在便携式仪表设备的应用中更显出其独特的特性。

液晶是特殊的有机物质，在外加电场条件下，利用液晶材料的“电光效应”

可以做成具有平面显示结构的数字及图形显示。LCD 显示器有段码显示器、字符式显示器及图形式显示器等类型。根据实际应用的需要可选用不同的类型。

(1)段码式 LCD 显示器

段码式 LCD 显示器每个显示位的电极配置与七段数码管相似，通常由多位字符构成一块液晶显示片。其驱动方式有静态驱动和时分割驱动两种。从显示原理上讲，驱动电压为交、直流均可，通常采用交流驱动。应注意交流显示频率信号的对应性，严格限制其直流分量在 100mV 以下。不同的驱动方式对应不同的电极引线连接方式，因此，一旦选择了 LCD 显示器件，其驱动方式也就相应地确定了。

1)静态驱动方式

LCD 静态驱动方式中驱动某一段的驱动原理图和波形图如图 4-25 所示。A 端接交变的方波信号，B 端接控制该段显示状态的信号。从图 4-25 中可看出，当该段两个电极上的电压相等时，电极间的相对电压为 0，该段不显示；当两个电极上的电压反相时，两电极间的相对电压为两倍幅值方波电压，该段显示，即呈黑色的显示状态。

2)迭加驱动方式

LCD 采用静态驱动方式时，每个显示器的每个字段都要引出电极，当显示位数增多时，为减少引出线和驱动电路，常采用迭加驱动方式(时分割驱动法)。

迭加驱动方式通常采用电压平均法。其占空比有 1/2、1/8、1/12、1/16、1/32、1/64 等，偏比有 1/2、1/3、1/5、1/7、1/9 等。因迭加驱动方式的原理和波形较复杂，在此不详述，可参考有关文献。

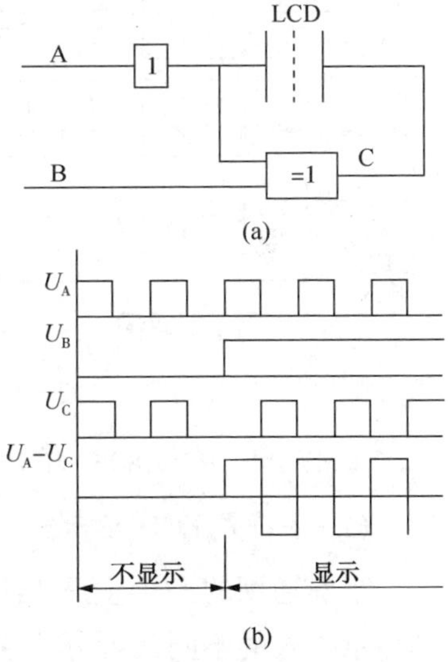

图 4-25　LCD 静态驱动电路原理及波形图

3)硬件译码的 LCD 驱动接口

ICM7211AM 是 MAXIM 公司生产的用于段码式液晶驱动的专用芯片。它与微机有良好的接口，内置有 1、2、3、4、5、6、7、8、9、blank、E、H、L、P 等 16 个数字、字母、字符等，功耗较小，由方波驱动输出(通过外接元器件驱动小数点和其他设备)，可级联驱动超过四位的液晶片，是现在市场上一种比较实用的液晶驱动芯片。

ICM7211AM 的内部结构框图如图 4-26 所示，从图中可看出其中的控制信号的作用为：DS1 与 DS2 引脚在芯片内部经过一个 2/4 的译码器产生 4 位 LCD 的位选信号，即 4 种组合分别选择不同的显示位，“00”时选择第 4 位，“11”时选择第 1 位。因此，DS1 和 DS2 相当于芯片的地址选择端；CS1 和 CS2 为译码器和输入数据锁存器的控制端，当其都为低电平时，位锁存器和输入数据寄存器才有效，在 CS1、CS2 的上升沿，数据被锁存、译码并存入输出驱动器中。

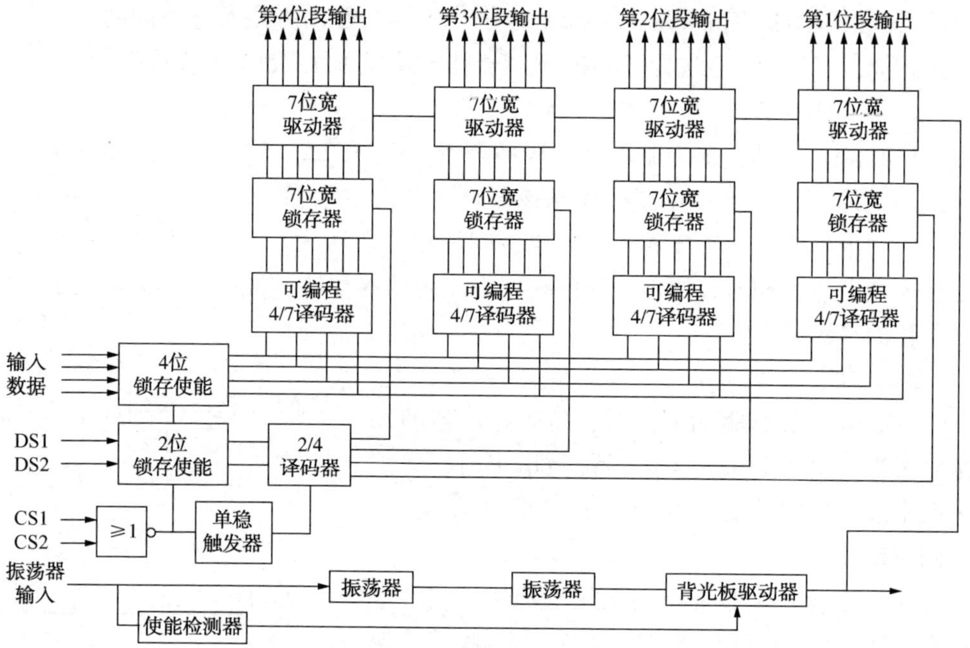

图 4-26 ICM7211AM 内部结构框图

ICM7211AM 与 8031 单片机的接口如图 4-27 所示。

(2) 字符式 LCD 显示器

当前通用的 LCD 显示器除前面介绍的数码型外，还有点阵型。而点阵型按其显示方式的不同又可分为字符式和图形式两类。下面以 LCM-512-01A 为例，介绍点阵字符式液晶显示模块的使用。

1) 字符式 LCD 显示模块的引出线和读写时序

LCM-512-01A 点阵字符式液晶显示模块上自带驱动 IC 和液晶显示控制 IC。该模块上的控制器是 HD44780，其内部有字符发生器和显示数据存储器，可显示 96 个 ASCII 字符和 92 个特殊字符，并可进一步经过编程自定义 8 个字符(5×7 点

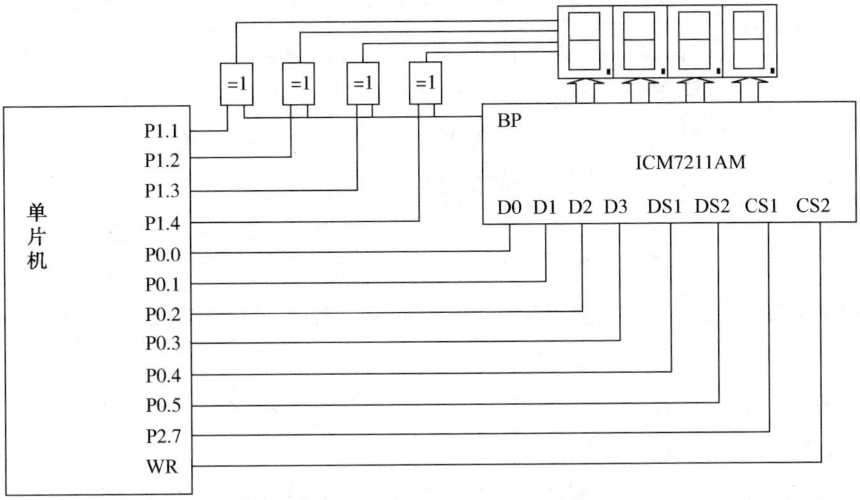

图 4-27　ICM7211AM 与 8031 单片机的接口

阵)，由此可实现简单笔画的中文显示。该模块具有一个与微机兼容的数据总线接口(8 位或 4 位)。它的内部结构如图 4-28 所示，引脚如图 4-29 所示。

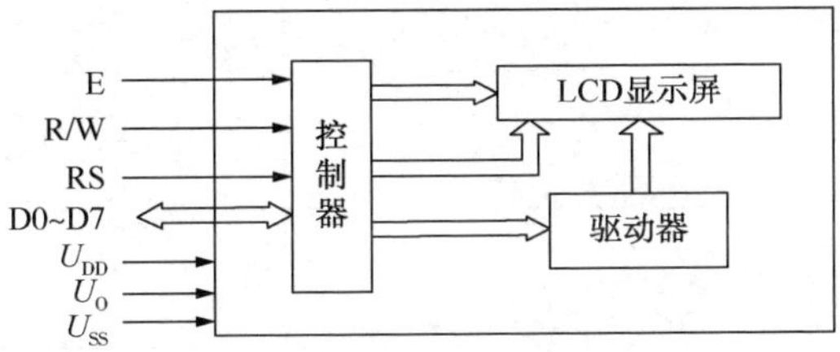

图 4-28　模块内部结构

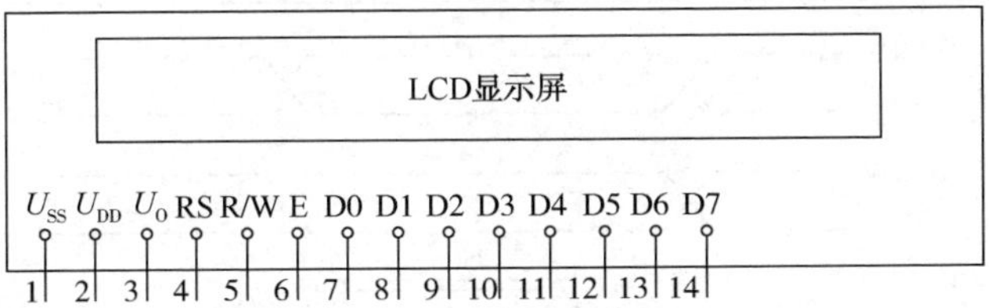

图 4-29　模块引脚图

各管脚的功能为：

管脚 1(U_{SS})：地线输入端。

管脚 2(U_{DD})：+5V 电源输入端。

管脚 3(U_O)：液晶显示面板亮度调节，通过 10～20kΩ 的电阻接到+5V 和地

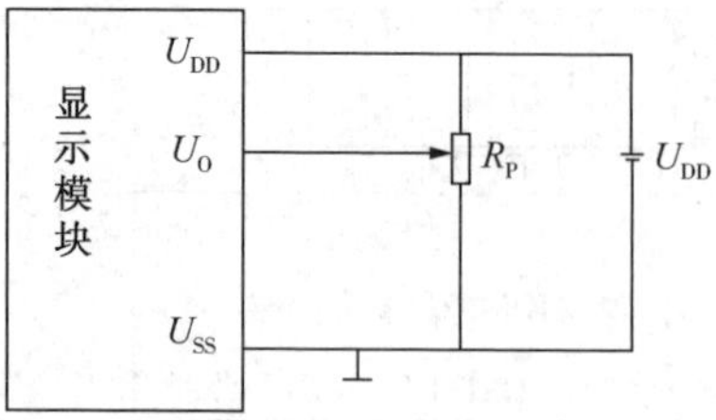

图 4-30　亮度调节电路

之间起调节亮度的作用。图 4-30 所示为 U_O 的接法。注意，有些模块需-5V 的电源调节亮度。

管脚 4(RS)：寄存器选择信号输入线。当其为低电平时，选通指令寄存器；为高电平时选通数据寄存器。

管脚 5(R/W)：读/写信号输入线。低电平为写入，高电平为读出。

管脚 6(E)：使能信号输入线。读状态下，高电平有效；写状态下，下降沿有效。

管脚 7～14(D0～D7)：数据总线。可以选择 4 位总线或 8 位总线操作，选择 4 位总线操作时使用 D4～D7。

HD44780 控制信号的功能组合见表 4-3，其时序波形如图 4-31 所示。

表 4-3　HD44780 模块控制信号功能组合表

RS	R/W	E	功能
0	0	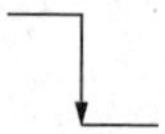	写指令代码
0	1	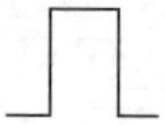	读忙标志 BF 和地址计数器 AC 值
1	0	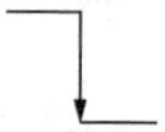	写数据
1	1	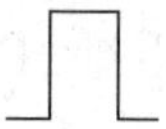	读数据

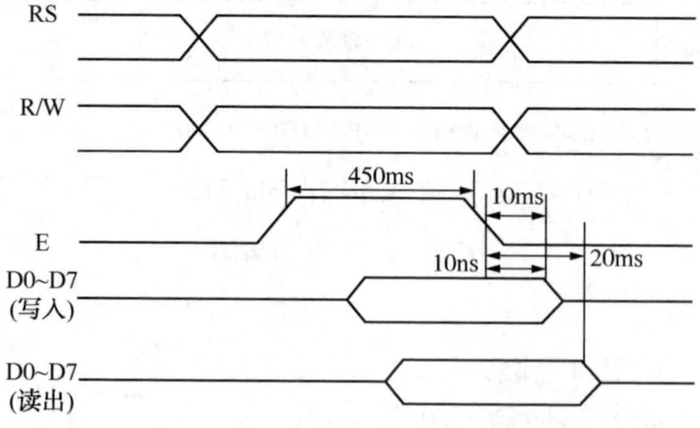

图 4-31　HD44780 的读/写时序

在图 4-30 的亮度调节电路中的电位器 R_P 一般取 10～20kΩ。在某些使用双电源电压的场合，亮度调节电路中的电位器 R_P 的一端接 U_{DD}(+5V)，另一端接负电源 U_{EE}(通常为-5V)。

2)字符式 LCD 显示模块的指令简介

HD44780 有 11 条指令，指令格式非常简单。

① 清显示命令：

编码格式为：

RS	R/W	D7	D6	D5	D4	D3	D2	D1	D0
0	0	0	0	0	0	0	0	0	1

该命令把空码 20H 写入显示数据储存器 DDRAM 的所有单元。该指令的运行时间为 1.64ms。

② 光标返回命令：

RS	R/W	D7	D6	D5	D4	D3	D2	D1	D0
0	0	0	0	0	0	0	0	1	×

该命令把地址计数器中 DDRAM 地址清 0。如果显示画面已经位移，则指令执行后显示画面将回到原点地址 00H 处开始显示，光标或闪烁也将返回到原点 00H 位置上显示。显示数据存储器的内容不变。

③ 输入方式设置命令：

RS	R/W	D7	D6	D5	D4	D3	D2	D1	D0
0	0	0	0	0	0	0	1	I/D	S

该指令设置 CPU 读、写 DDRAM 或 CGRAM 数据后，地址计数器 AC 内容的变化方向。

若 I/D=1，表示当读、写 DDRAM 或 CGRAM 的数据后，地址计数器 AC 自动加 1，光标右移一个字符位。若 I/D=0，AC 自动减 1，光标左移一个字符位。

S：表示在写入 DDRAM 数据后，显示屏上画面将向左或向右全部平移一个字符位。当 S=1 时，整个显示画面向左(I/D=1)或向右(I/D=0)移动；S=0 时，显示画面不移动。

④ 显示开/关控制命令：

RS	R/W	D7	D6	D5	D4	D3	D2	D1	D0
0	0	0	0	0	0	1	D	C	B

该指令控制着显示的效果，其中的 D、C、B 三个参数分别作为显示、光标及闪烁的启用或关闭的控制位。

D：显示开关。当 D=0 时，显示器关闭，即在显示屏上不显示任何内容，而显示数据存储器 DDRAM 中的数据不变；当 D=1 时，显示器显示 DDRAM 中的数据。

C：光标开关。当 C=0 时，不显示光标；当 C=1 时，显示光标。在 5×7 点阵字体的形式下，光标以底线形式出现在第 8 行上。

B：闪烁开关。闪烁是指一个字符位交替全亮或全暗，闪烁频率约为 2.4Hz（当振荡器频率为 250kHz 时）。当 B=1 时，闪烁启用，当 B=0 时，闪烁关闭。

⑤ 光标或显示屏移动：

RS	R/W	D7	D6	D5	D4	D3	D2	D1	D0
0	0	0	0	0	1	S/C	R/L	×	×

该命令执行时，光标或显示将向左或向右移动一个字符位。当显示模块为两行显示时，光标将从第一行的第 40 字符位上“右移”到第二行的首位。

S/C：位移对象的选择。S/C=0 为光标移动；S/C=1 为显示画面移动。

R/L：位移方向的选择。R/L=0 为左移；R/L=1 为右移。

⑥ 功能设置命令：

RS	R/W	D7	D6	D5	D4	D3	D2	D1	D0
0	0	0	0	1	DL	N	F	*	*

此命令可以说是 HD44780 的初始化命令。在对模块编程时应首先使用这条命令。该命令设置了接口的数据总线长度、显示屏的行数及字符的点阵。其中行数和字符点阵设置的组合规定了显示驱动的占空比。

DL：设置接口数据长度。DL=0 表示数据总线有效位长为 4 位；DL=1 表示数据线长度为 8 位。

N：设置显示屏的行数。N=0 表示字符行为一行；N=1 表示字符行为两行。

F：设置字符的点阵。F=0 表示字符体为 5×7 点阵；F=1 表示字符体为 5×10 点阵。

⑦ 设置 CGRAM 地址命令：

RS	R/W	D7	D6	D5	D4	D3	D2	D1	D0
0	0	0	1	A5	A4	A3	A2	A1	A0

该指令将 CGRAM 的 6 位地址码（00H~3FH）写入地址计数器 AC 内，随后

CPU 的数据读、写操作将是针对 CGRAM 单元的访问。这 64 个字节主要用来存自定义字符的点阵。

⑧ 设置 DDRAM 地址命令：

RS	R/W	D7	D6	D5	D4	D3	D2	D1	D0
0	0	1	A6	A5	A4	A3	A2	A1	A0

该指令将 DDRAM 的 7 位地址码送入地址计数器 AC 内，该命令执行后，CPU 的数据读、写操作将是针对 DDRAM 单元的访问。DDRAM 地址范围是 80H~97H。

⑨ 读忙标志和地址命令：

RS	R/W	D7	D6	D5	D4	D3	D2	D1	D0
0	1	BF	AC6	AC5	AC4	AC3	AC2	AC1	AC0

该指令的功能是读出忙标志 BF 的值。若读出的 BF＝1，则说明系统内部正在进行操作，不能接收下一条命令。在读出 BF 值的同时，CGRAM 或 DDRAM 所使用的地址计数器的值也被读出。读出的 AC 值到底是哪个 RAM 的地址，取决于最后一次向 AC 写入的是何类地址，AC 值将与忙标志 BF 位同时出现在数据总线上。

⑩ CGRAM 或 DDRAM 写数据命令：

RS	R/W	D7	D6	D5	D4	D3	D2	D1	D0
1	0	D	D	D	D	D	D	D	D

CPU 把要写入 DDRAM 或 CGRAM 的数据写入 HD44780 的接口部件中的数据寄存器内。CPU 在写入数据之前必须完成两条指令的写入工作：其一是 DDRAM 地址设置指令或 CGRAM 地址设置指令，该指令完成数据写入首单元的寻址；其二是输入方式设置指令，即每写入一个数据后，地址计数器 AC 的值是自动加"1"或减"1"，它为数据连续写入的地址修改作了准备。

当需要显示器显示字符集中的字符时，向 DDRAM 中写的 8 位数据应是要显示字符的 ASCII 码。而向 CGRAM 中写的数据一般应是自定义字符的点阵。

3）字符型液晶显示模块接口技术

液晶显示模块已将液晶显示器与控制、驱动器集成在一起，它能直接与微处理器接口，产生液晶控制驱动信号，使液晶显示所需要的内容。字符型液晶显示模块的接口实际上就是 HD44780 与 CPU 的接口，所以接口技术要满足 HD44780 与 CPU 接口部件的要求，关键在于要满足 HD44780 的时序关系。从图 4-31 的时序关系可知，R/W 的作用与 RS 的作用相似，控制信号关键是 E 信号的使用，所以在接口分配及程序驱动时要注意 E 的使用。接口原理电路图如图 4-32 所示，初始化程序流程图如图 4-33 所示。

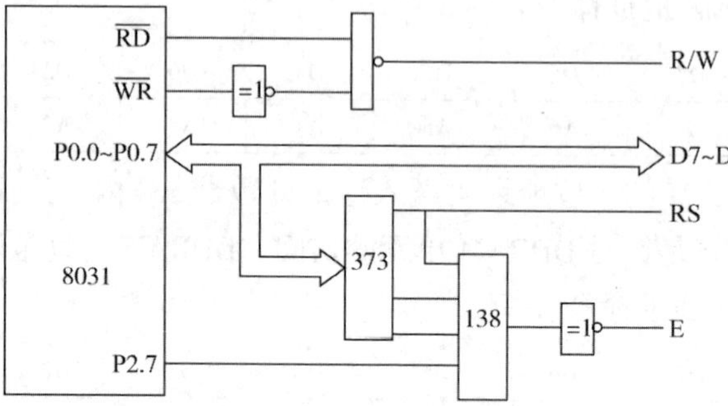

图 4-32　液晶显示模块与 8031 单片机的接口原理电路图

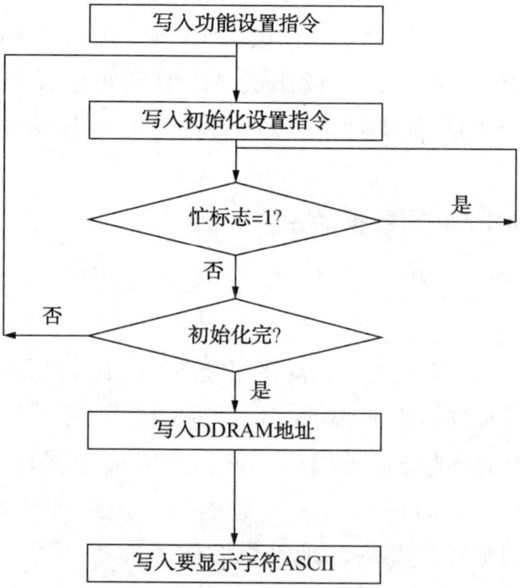

图 4-33　初始化程序流程图

(3) 图形式 LCD 显示器

在有些智能仪器中需要显示信号的波形或显示大量汉字，这时应采用图形式液晶显示器。下面以 MGLS-19264(64×192 点阵)为例介绍图形式液晶显示组件及应用。

MGLS-19264 是内含 HD61202 的液晶模块。HD61202 液晶显示驱动器是一种点阵图形式液晶显示驱动器，它可直接与 8 位微处理器相联，它与 HD61203

配合对液晶屏进行行、列驱动。

(a)图形式 LCD 模块的引出线和读写时序：

MGLS-19264 中共有三片 HD61202 和一片 HD61203。MGLS-19264 的内部结构及引出线图如图 4-34 所示。

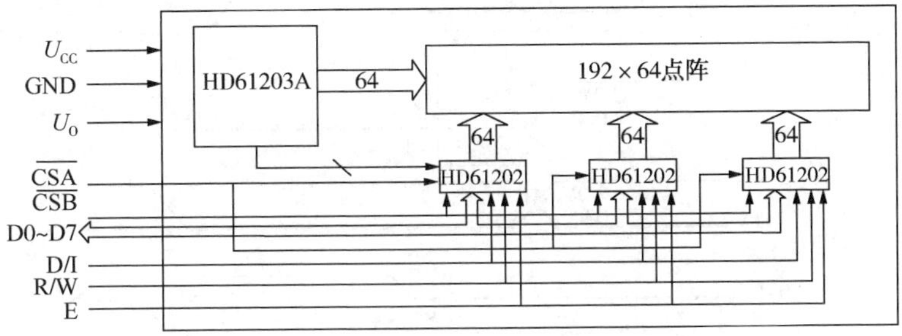

图 4-34　MGLS-19264 电路结构图

(b)HD61202 的特点：

a)HD61202 内部有 64×64bit = 4096bit 显示 RAM，RAM 中每位数据对应 LCD 屏上一个点的亮、灭状态。“1”表示亮，“0”表示灭。

b)HD61202 是列驱动器，具有 64 个列驱动口。

c)HD61202 的读、写操作时序与 68 系列微处理器相符，因此，它可直接与 68 系列微处理器接口相连。

d)HD61202 的占空比为 1/64 ~ 1/32。

(c)各引出脚的功能：

a)U_{CC}：模块+5V 电源输入端。

b)GND：地线输入端。

c)U_O：显示亮度调节。

d)$\overline{CSA}$、$\overline{CSB}$：芯片选择控制。其值为 00 时选通 HD61202(1)，即选择左屏有效；值为 01H 时选通 HD61202(2)，即选择中屏有效；值为 10H 时选通 HD61202(3)，即右屏有效。

e)D/I：数据、指令选择。D/I = 1 时进行数据操作；D/I = 0 时写指令或读状态。

f)R/W：读写选择信号。R/W = 1 为读选通；R/W = 0 为写选通。

g)E：读写使能信号。在 E 的下降沿，数据被写入 HD61202；在 E 高电平期间，数据被读出。

h)D0 ~ D7：数据总线。

(d)HD61202 的时序：

HD61202 模块有三根控制信号线和两根片选线，它们具有与微控制器直接接口的时序。各种信号波形的时序关系如图 4-35 所示。

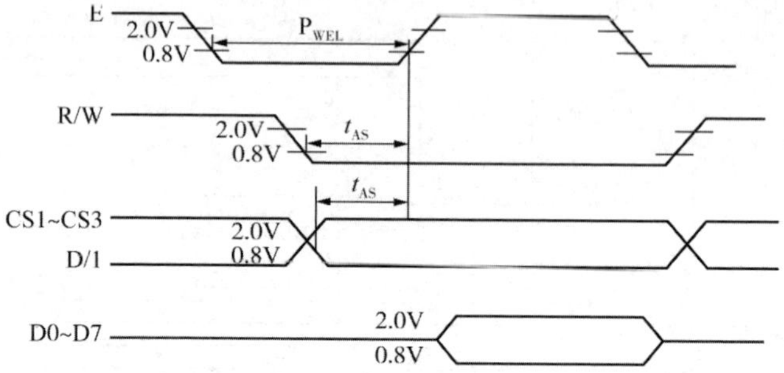

图 4-35　CPU 写的时序

(e)HD61202 显示 RAM 的地址结构：

HD61202 模块中对应其中一屏的显示 RAM 的地址结构如图 4-36 所示。因 HD61202 模块中有三个列驱动器，因此该显示器被分成了左、中、右三个显示屏。三个显示屏唯一的不同就是每屏的有效地址不同。只要掌握了一个显示屏的控制驱动方法，其他两屏控制方法与其相同。

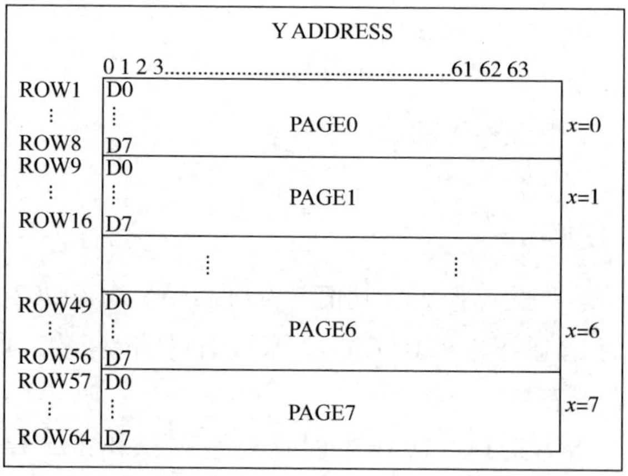

图 4-36　HD61202 显示 RAM 的地址结构图

从显示 RAM 的地址结构图 4-36 中可看到，显示屏是按页显示的。每次从数据总线上送来的数据对应显示屏的 8 行 1 列，这种显示方式与微机上显示汉字的格式相差 90°，这需要特别注意。如果从计算机内提取汉字的点阵作为汉字库，则在送显示前，要编写一个格式转换子程序，对从计算机内提取的汉字库进行格式转换，即转换 90°。

(f)图形式 LCD 模块的指令简介：

MGLS-19264 所用的指令系统比较简单，总共有 7 条。下面分别介绍。

a)显示开关指令：

RS	R/W	D7	D6	D5	D4	D3	D2	D1	D0
0	0	0	0	1	1	1	1	1	1/0

当 D0=1 时，LCD 显示 RAM 中的内容；当 D0=0 时，关闭显示。

b)显示起始行(ROW)设置指令：

RS	R/W	D7	D6	D5	D4	D3	D2	D1	D0
0	0	1	1	显示起始行(0~63)					

该指令设置了对应液晶屏最上一行的显示 RAM 的行号。有规律地改变显示的起始行，可以使 LCD 实现显示滚屏的效果。

c)页(PAGE)设置指令：

RS	R/W	D7	D6	D5	D4	D3	D2	D1	D0
0	0	1	0	1	1	1	页号(0~7)		

该指令显示 RAM 共 64 行，分 8 页，每页 8 行。

d)列地址(Y ADDRESS)设置指令：

RS	R/W	D7	D6	D5	D4	D3	D2	D1	D0
0	0	0	1	显示列地址(0~63)					

该指令设置了页地址和列地址，确定了显示 RAM 的一个单元，这样 MCU 就可以用读、写指令读出该单元中的内容或向该单元写入一个字节的数据。

e)读状态指令：

RS	R/W	D7	D6	D5	D4	D3	D2	D1	D0
0	0	BUSY	0	ON/OFF	RESET	1	1	1	1/0

该指令用来查询模块的状态，各状态位的含义如下：

BUSY=1，内部在工作，这时不能向模块写命令和数据；BUSY=0，正常状态。

ON/OFF=1，显示关闭；ON/OFF=0，显示打开。

RESET=1，复位状态，这时只能执行读指令；RESET=0，正常状态。

在对模块进行操作之前，应查询 BUSY 的状态，以确定是否对其进行操作。

f)写数据指令：

RS	R/W	D7	D6	D5	D4	D3	D2	D1	D0
0	0	写数据							

g)读数据指令：

RS	R/W	D7	D6	D5	D4	D3	D2	D1	D0
0	0	读显示数据							

每执行完一次读、写操作，列地址就自动加 1。必须注意的是，进行读操作之前，必须有一次空读操作，紧接着才会读出所要读的单元中的数据。

(g)模块的接口设计与汉字显示：

液晶显示模块与 8031 单片机的接口如图 4-37 所示。图中用 A1、A2 对 R/W 和 D/I 进行控制，A3、A4 则与地址译码后的片选信号进行或运算对 CSA、CSB 进行控制。对整个液晶的操作共有 12 个端口地址，见表 4-4。

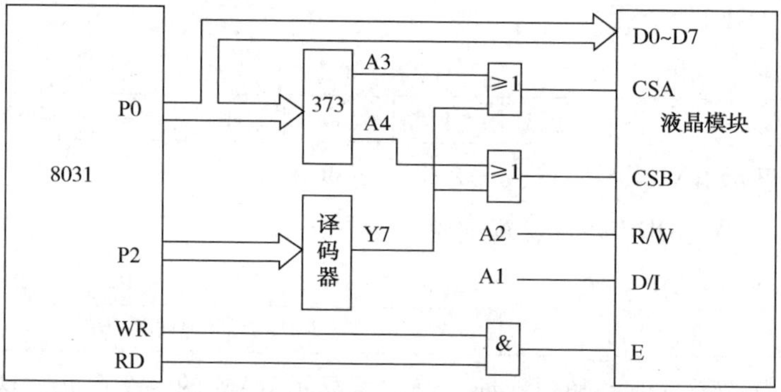

图 4-37　液晶显示模块与 8031 单片机的接口

表 4-4　液晶模块的端口地址表

项目	写指令	写数据	读状态	读数据
左屏	FFE8H	FFEAH	FFECH	FFEEH
中屏	FFF0H	FFF2H	FFF4H	FFF6H
右屏	FFF8H	FFFAH	FFFCH	FFFEH

整个屏分为三屏，每屏分为 8 页、64 列，每屏可显示 4 行 4 列共 16 个汉字。汉字的点阵可从微机的字库中提取，并固化到程序存储器中。显示一个汉字的流程如图 4-38 所示。

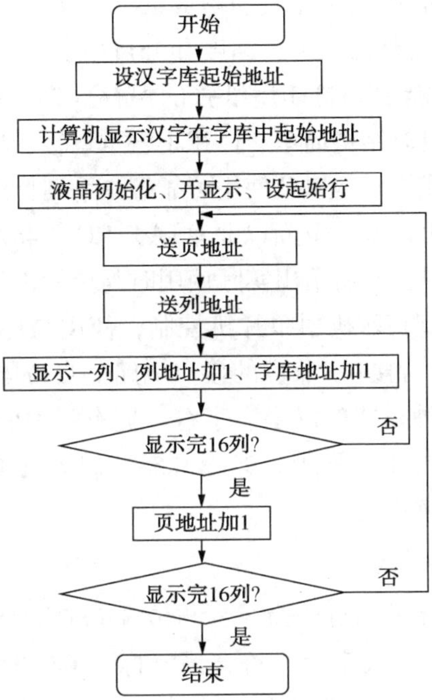

图 4-38　显示一个汉字的流程图

4.3.3　微型打印机及接口设计

微型打印机是智能仪器系统中常用的一种输出设备。目前微型打印机按照打印方式，主要分为三种类型：针式、热敏式和热转印式。针式微型打印机通过控制打印头运动和走纸运动，并控制打印头出针击打色带和打印纸，把色带上相应点的墨汁印在打印纸上，从而在纸上打出所需的信息。这种打印机噪声大、使用寿命短、分辨率低。热敏式打印机用加热的方式使涂在打印纸上的热敏介质变色而产生印迹，其热敏头由一排紧密均匀排列的特殊材料制成的可加热电阻组成。每个单元电阻对应一个点，控制其不同点的通电即可对相应的点加热，而与其紧密接触的带热敏涂层的热敏纸受热就可以印出相应点的信息，同时通过走纸的控制，就可以打印出各种信息。热转印式打印机是利用热敏头上的发热体通过热敏涂层的碳带，把相应碳带加热点上的涂层材料转印到普通的打印纸上。另外，热敏式微型打印机的热敏头只能与单张的热敏纸表面接触，而无法传热到复印联的热敏纸上，所以只能实现单层打印；而针式微型打印机利用了击针的力度，可以把针的撞击传递到 2 层的带复印涂层的拷贝纸上，从而实现了 1+2 拷贝能力的打印。热敏式微型打印机主要在噪声、速度和分辨率上优于针式微型打印机，而针式微型打印机却在拷贝能力和打印后纸张的保存效果上优于热敏式微型打印机。热敏式微型打印机因其具有结构简单、体积小、重量轻、噪声小、功耗低、印字质量高、价格便宜、运行成本较低以及使用可靠等一系列特点，而被越来越多的智能化仪器仪表采用作为输出设备。下面以北京瑞工 RG-E487A 系列微型打印机为例，介绍其特点、接口及命令，然后给出实际使用时与单片机的硬件连接图及程序。

RG-E487A 系列微型打印机由单片机控制，使用与标准打印机接口(Centronic 并行接口或 RS-232C 串行接口)兼容的接口电路。自带国标一、二级汉字库，多个西文字库。能设置多种格式的汉字、字符，拥有强大的图形自定义、字符自定义打印命令，具体可查打印机手册。支持 3. 5~ 8. 5V 电源，可设置通信模式、波特率、打印方向、打印浓度等。

(1)RG-E487A 打印命令

RG-E487A 打印机提供的打印命令，与传统 ESC 打印命令完全兼容。汉字打印命令采用 FS 标准命令。汉字库是符合国家标准 GB/T 2312—1980 规定的全部一、二级汉字和 A1 区及 A9 区的图形和符号等。每个汉字或字符用 2 个字节的代码表示，是国家标准信息交换码，简称国标码。该打印机采用与国标码对应的机内码表示汉字。下面简单介绍几个常用命令的描述。

1)LF 换行命令

格式：	ASCII	LF
	十进制	10
	十六进制	0A

说明：打印机打印出当前行并向前走纸一行。

2)ESC i 允许/禁止反白打印命令

格式：	ASCII	ESC	i	*n*
	十进制	27	105	*n*
	十六进制	1B	69	*n*

说明：如果 $n=1$，允许反白打印；$n=0$，禁止反白打印。

3)ESC W 横向纵向放大命令

格式：	ASCII	ESC	W	*n*
	十进制	27	87	*n*
	十六进制	1B	57	*n*

说明：在该命令输入之后的字符、图形和汉字将以正常高度和宽度的 n 倍打印，n 的数值应该为 1~8。

4) ESC @ 初始化打印机命令

格式：	ASCII	ESC	@
	十进制	27	64
	十六进制	1B	40

说明：该命令初始化打印机下列内容——清除打印缓冲器，恢复默认值。

5) CR 回车命令

格式：	ASCII	CR
	十进制	13
	十六进制	0D

说明：当发送一个 CR 命令到打印机时，在打印缓冲区中所有数据都将被打印而且向前走一行。

6) RS & 设置国标一、二级字库汉字打印方式

格式：	ASCII	RS	&
	十进制	28	38
	十六进制	1C	26

说明：该命令输入打印机后，打印机将从字符打印方式切换到中文打印方式。使用国标一、二级汉字库，打印机在中文打印方式下，连续两个大于 A1H 的代码将作为汉字的内码打印出该汉字。该指令在打印机正常打印模式下使打印机进入中文方式，但关机后不会保存。

7) FS I 设置字符旋转打印命令

格式：	ASCII	FS	I	n
	十进制	28	73	n
	十六进制	1C	49	n

说明：该命令可以转动字符，$n=0$ 表示字符逆时针转动 0°，$n=1$ 表示字符逆时针转动 90°，$n=2$ 表示字符逆时针转动 180°，$n=3$ 表示字符逆时针转动 270°，默认为转 180°。

(2) RG-E487A 串行接口电路设计

RG-E487A 打印机串行接口与 RS-232 或 TTL 兼容，支持 RTS/CTS 及 XON/XOFF 握手协议，纸仓底表面刻有插座标示和引脚定义标示，如图 4-39 所示。串行接口信号定义见表 4-5。

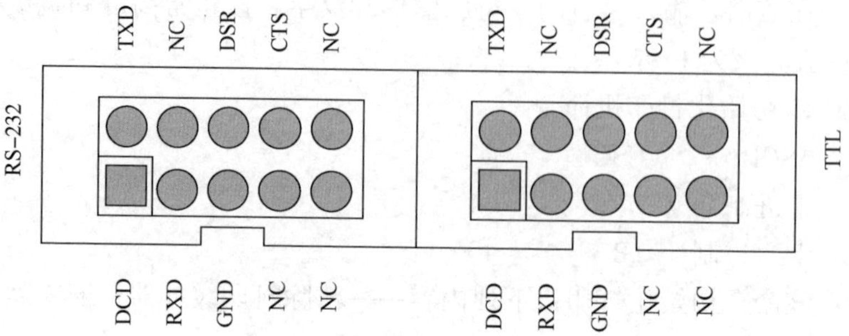

图 4-39 串行接口插座引脚示意图

表 4-5 串行接口信号

引脚号	信号	源	说明
2	TXD	打印机	打印机向主机发送控制码
3	RXD	主机	打印机从主机接收数据
8	CTS	打印机	该信号为 MARK 状态时，表示打印机“忙”不能接收数据，而当该信号为 SPACE 状态时，表示打印机“准备好”，可以接收数据
6	DSR	打印机	该信号为 SPACE 状态时表示打印机在线
5	GND		电源、信号地

串行通信时的波特率和数据结构可用专门的设置工具软件进行设置，出厂时已设定波特率为 9600bps、8 位数据位、无校验和 1 位停止位。

【例 4-3】串行打印接口设计。用单片机控制微型打印机实现旋转 90°、反白、放大打印。

```
#include <reg51. h>
#include <string. h>
#include <intrins. h>
#define uchar unsigned char
uchar ch[ ] = {“中国石油大学”};
void init_ serialcomm( void)
{ SCON = 0x50; TMOD = 0x20;
PCON = 0x00;
TH1 = 0xFD;                          //设置波特率为 9600
TL1 = 0xFD;
IE = 0x90;                           //能使串口中断
```

```
TR1=1;
}
void sprint(uchar ch)                        //向串口发送字符
{ SBUF=ch;
while(TI==0); TI=0;
}
void main()
{ uchar i;
init_ serialcomm();                          //初始化串口
sprint(0x1b); sprint(0x40);                  //打印机初始化
sprint(0x1c); sprint(0x26);                  //打印机汉字初始化
sprint(0x1c); sprint(0x49); sprint(1);       //旋转 90°
sprint(0x1b); sprint(0x69); sprint(1);
//n=1, 允许反白打印, n=0, 禁止反白打印
sprint(0x1b); sprint(0x57); sprint(3);
//n=3, 横向纵向放大打印
for(i=0; i<strlen(ch); i++)sprint(ch[i]);
sprint(0x0a)
while(1);
}
```

习　题

一、选择题

1. 某智能仪器准备采用 LED 数码显示器，为尽可能节约单片机的 I/O 接口资源，应采用下列显示方案中的哪一种？(　　)

A. 软件译码动态扫描显示　　B. 硬件译码动态扫描显示

C. 硬件译码静态显示　　D. MCS-51 串行口方式 0 扩展 I/O 口驱动显示

2. 在智能仪器中，模拟输入通道的抗干扰技术包括(　　)。

A. 对差模干扰的抑制　　B. 对共模干扰的抑制

C. 采用软件方法提高抗干扰能力　　D. 以上三种方法都包括

3. ADC0809 是 8 位的 A/D 转换器，当额定输入电压为 5V 时，其分辨率约为(　　)。

A. 0.628V　　B. 19.5mV　　C. 50mV　　D. 5mV

4. 在开发 USB 系统的时候，首要的任务是利用(　　)实现设备的通信过程，提供各种设备信息。

A. 中断传输　　B. 控制传输　　C. 同步传输　　D. 批量传输

5. 若非编码矩阵键盘的列线外接下拉电阻，该矩阵的扫描码应是(　　)。

A. 行线输出高电平　　B. 列线输出高电平

C. 行线输出低电平　　D. 列线输出低电平

6. 在进行数字电路的可测试性设计时，下面说法错误的是(　　)。

A. 设计上应避免“线或”逻辑

B. 所有不同相位和频率的时钟都应来自单一主时钟

C. 数字电路应设计成主要以异步逻辑电路为基础的电路

D. 电路应初始化到一明确的状态，以便确定测试的方法

7. 采样保持器在模拟通道中的作用是(　　)。

A. 提高系统采样速率　　B. 保证在 A/D 转换期间 A/D 输入信号不变

C. 保持系统数据稳定　　D. 使 A/D 输入信号能跟上模拟信号的变化

8. 串行通信的传输模式是(　　)。

A. 单工模式　　B. 半双工模式　　C. 全双工模式　　D. 以上三种模式

9. MAX483 是一种半双工通信芯片，$\overline{RE}$是其一个引脚，代表什么含义？(　　)

A. 接收器输出端　　B. 驱动器输入端

C. 接收器输出使能端　　D. 驱动器输出使能端

10. 微型打印机是智能仪器系统中常用的一种输出设备。下列哪项不是目前微型打印机的打印方式？(　　)

A. 针式　　B. 激光印式　　C. 热敏式　　D. 热转印式

二、简答题

1. 七段 LED 显示中静态显示和动态显示接口方式有何不同？
2. LED 显示器驱动电流为何要用交流？
3. 键盘的接口任务是什么？
4. 并行通信和串行通信的主要区别是什么，各有什么优缺点？
5. RS-232 的逻辑 1 与逻辑 0 的电平范围是多少？如何实现与 TTL 的转换？

第 5 章　智能仪器仪表的中断与存储控制

中断是一个非常重要的概念，中断系统使计算机具有对随机事件及时处理的功能，它大大提高了计算机的工作效率，是计算机高速处理功能和实时控制功能得以实现的保障。在单片机应用系统中，中断技术主要用于实时监测与控制，使单片机能对外界发生的事件进行及时处理。

定时/计数技术在计算机系统中发挥着极其重要的作用。计算机系统需要为 CPU 和外部设备提供定时控制或对外部事件进行计数。另外，在检测、控制和智能仪器等设备中也经常会涉及定时。

本章首先介绍了中断系统的基础知识及中断模块的程序设计，其次讲了单片机定时/计数器的工作原理和使用方法，最后给出了应用实例。

5.1　中断系统概述

5.1.1　中断系统基本概念

在生活中经常会遇到这样的情况，正在书房看书时，突然客厅的电话响了，人们往往会停止看书转而去接电话，接完电话后又回书房接着看书。这种停止当前工作转而去做其他工作，做完后又返回来做先前工作的现象称为中断。

单片机也有类似的中断现象，当单片机正在执行某程序时，如果突然出现意外情况，它就需要停止当前正在执行的程序，转而去执行处理意外情况的程序（中断服务程序，又称中断程序），执行处理完后又接着执行原来的程序。

（1）中断的基本概念

在计算机执行程序的过程中，由于计算机内部事件或外部事件、软件事件或硬件事件的发生，使 CPU 从当前正在执行的程序中暂停，转而执行预先安排好的、处理该事件所对应的服务程序，执行完中断服务程序后，再返回被暂停的位置继续执行原来的程序，这个过程称为中断。暂停时所在的位置称为断点，该点的地址称为断点地址，如图 5-1 所示。为实现中断而设置的硬件电路和相应的软件处理过程称为中断系统。

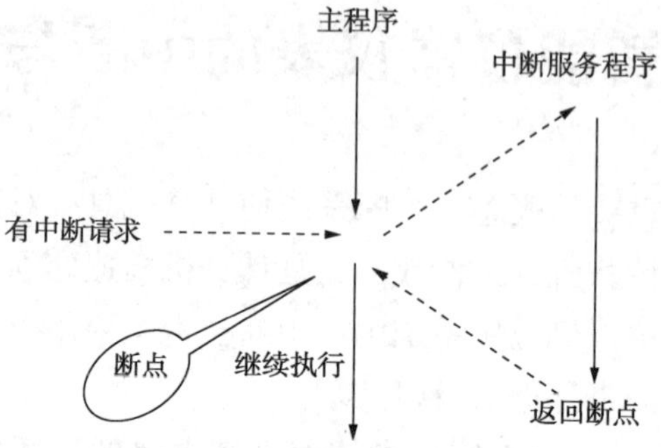

图 5-1　中断过程示意图

(2) 中断源及中断请求

要让单片机的 CPU 中断当前正在执行的程序转而去执行中断程序，需要向 CPU 发出中断请求信号。让 CPU 产生中断的信号源称为中断源(又称中断请求源)。8051 单片机有 5 个中断源，分别是 2 个外部中断源、2 个定时/计数器中断源和 1 个串行通信接口中断源。如果这些中断源向 CPU 发出中断请求信号，CPU 就会产生中断，停止执行当前的程序，转而去执行相应的中断程序，执行完后又返回来执行原来的程序。

(3) 中断的优先级别

产生中断的原因很多，当系统有多个中断源时，有时会出现几个中断源同时请求中断的情况，但 CPU 在某个时刻只能对一个中断源进行响应，那应该响应哪个呢？这就涉及中断优先权控制问题。在实际系统中，往往根据中断源的重要程度给不同的中断源设定优先等级。当多个中断源提出中断请求时，CPU 会先响应并处理优先级别高的中断源的请求，然后再响应优先级别低的中断源的请求。

(4) 中断允许与中断屏蔽

当中断源提出中断请求，CPU 不一定立即进行中断处理。CPU 要响应中断，还受到中断系统多项参数的控制，其中最主要的是中断允许和中断屏蔽的控制。如果某个中断源被系统设置为屏蔽状态，则无论中断请求是否提出，都不会响应；当中断源被设置为允许状态，且提出中断请求时，CPU 才会响应。另外，当有高优先级中断正在响应时，也会屏蔽同级中断和低优先级中断。

(5) 中断响应与中断返回

当 CPU 检测到中断源提出的中断请求，且中断又处于允许状态时，CPU 就会响应中断，进入中断响应过程。单片机首先对当前的断点地址进行入栈保护，然后把中断服务程序的入口地址送给程序指针 PC，在中断服务程序中进行相应的中断处理。最后，用中断返回指令 RETI 返回断点位置，结束中断。在中断服务程序中往往还涉及现场保护和现场恢复及其他处理。

5.1.2　中断系统的组成与工作原理

(1) 中断系统的组成

8051 单片机中断系统的主要组成部分有：

① 5 个中断源。分别为外部中断源 INT0、外部中断源 INT1、定时/计数器中断源 T0、定时/计数器中断源 T1 和串行通信接口中断源(TX 和 RX)。

② 2 个中断源寄存器。分别为定时/计数器控制寄存器 TCON 和串行通信接口控制寄存器 SCON。

③ 中断允许寄存器 IE。

④ 中断优先级控制寄存器 IP。

(2) 中断系统的工作原理

单片机的中断系统是默认关闭的，如果要使用某个中断，需要通过编程的方法设置有关控制寄存器某些位的值将该中断打开，并为该中断编写相应的中断子程序。

以外部中断源$\overline{\text{INT0}}$为例，如果需要使用该中断，应进行以下设置：

① 将定时/计数器控制寄存器 TCON 的 IT0 位设为 0(IT0=0)，中断请求信号输入方式就会被设为低电平输入有效。

② 将中断允许寄存器 IE 的 EA 位设为 1(EA=1)，允许所有的中断(总中断允许)。

③ 将中断允许寄存器 IE 的 EX0 位设为 1(EX0=1)，允许外部中断源$\overline{\text{INT0}}$的中断。

其工作过程为：当单片机的$\overline{\text{INT0}}$端(P3.2 引脚)输入一个低电平信号时，由于寄存器 TCON 的 IT0=0，输入开关选择位置 0，低电平信号被认为是$\overline{\text{INT0}}$的中断请求信号，该信号将$\overline{\text{INT0}}$的外部中断 0 的标志位 IE0 置“1”(IE0=1)，IE0 位的“1”先经过$\overline{\text{INT0}}$允许开关(IE 的 EX0=1 使 INT0 开关闭合)，然后经过中断总开关(IE 的 EA=1 使中断总开关闭合)，再经过优先级开关(只使用一个中断时无须设置，寄存器 IP 的 PX0 位默认为 0，开关选择位置 0)，进入硬件查询，读取外部中断 0 的入口地址，并将其送给 CPU 的程序计数器 PC，CPU 开始执行该处的中断子程序。

5.2　单片机的中断系统

5.2.1　51 单片机的中断系统总体结构

51 单片机中断系统的逻辑结构如图 5-2 所示，其包含 5 个硬件中断源，两级中断允许控制，两级中断优先级控制。

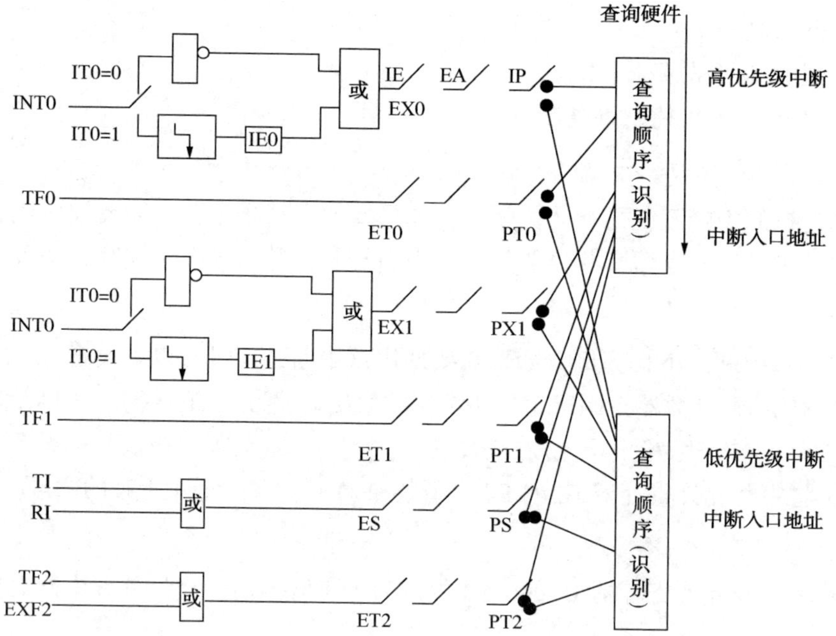

图 5-2　中断系统的逻辑结构图

5.2.2　51 单片机的 5 个中断源

51 单片机包含 5 个(52 子系列提供 6 个)硬件中断源：两个外部中断源 INT0

和 INT1，两个定时/计数器 T0 和 T1 的溢出中断 TF0 和 TF1，1 个串行通信接口发送 T1 和接收 R1 中断。

(1) 外部中断源 INT0 和 INT1

外部中断源 INT0 和 INT1 的中断请求信号从外部引脚 P3. 2 和 P3. 3 输入，主要用于自动控制、实时处理、单片机掉电和设备故障的处理。

外部中断请求 INT0 和 INT1 有两种触发方式：电平触发及跳变(边沿)触发。这两种触发方式可以通过对特殊功能寄存器 TCON 编程进行选择。特殊功能寄存器 TCON 在定时/计数器中使用过，其中高 4 位用于定时/计数器控制，前面已介绍。低 4 位用于外部中断控制，形式如图 5-3 所示。

TCON	D7	D6	D5	D4	D3	D2	D1	D0
(88H)	TF1	TR1	TF0	TR0	IE1	IT1	IE0	IT0

图 5-3　定时/计数器控制寄存器

IT0(IT1)：外部中断 0(或 1)触发方式控制位。IT0(或 IT1)被设置为 0，则选择外部中断为电平触发方式；IT0(或 IT1)被设置为 1，则选择外部中断为边沿触发方式。

IE0(IE1)：外部中断 0(或 1)的中断请求标志位。在电平触发方式时，CPU 在每个机器周期的 S5P2 采样 P3. 2(或 P3. 3)，若 P3. 2(或 P3. 3)引脚为高电平，则 IE0(IE1)置“0”；若 P3. 2(或 P3. 3)引脚为低电平，则 IE0(IE1)置“1”，向 CPU 请求中断；在边沿触发方式时；若第一个机器周期采样到 P3. 2(或 P3. 3)引脚为高电平，第二个机器周期采样到 P3. 2(或 P3. 3)引脚为低电平时，则 IE0(或 IE1)置“1”，向 CPU 请求中断。

在边沿触发方式下，CPU 在每个机器周期都对 P3. 2(或 P3. 3)进行采样。为了保证检测到负跳变，输入 P3. 2(或 P3. 3)引脚上的高电平与低电平至少应保持 1 个机器周期。CPU 响应后能够由硬件自动将 IE0(或 IE1)置“0”。

对于电平触发方式，只要 P3. 2(或 P3. 3)引脚为低电平，IE0(或 IE1)就置“1”，请求中断。

CPU 响应后不能由硬件自动将 IE0(或 IE1)置“0”。如果在中断服务程序返回时，P3. 2(或 P3. 3)引脚仍为低电平，则又会中断，这样就会出现一次请求多次中断的情况。为避免这种情况，需在中断服务程序返回前撤销 P3. 2(或 P3. 3)引脚的中断请求信号，使 P3. 2(或 P3. 3)引脚回到高电平。通常，通过在 P3. 2(或 P3. 3)

引脚外加辅助电路，同时在中断服务程序中加上相应指令来实现。

(2)定时/计数器 T0 和 T1 中断

当定时/计数器 T0(或 T1)溢出时，由硬件置 TF0(或 TF1)为“1”，向 CPU 发送中断请求。当 CPU 响应中断后，由硬件自动将 TF0(或 TF1)置“0”。

(3)串行口中断

51 单片机的串行口中断源对应两个中断标志位：串行口发送中断标志位 TI，串行口接收中断标志位 RI。无论哪个标志位置“1”，都请求串行口中断。到底是发送中断 TI 还是接收中断 RI，只能在中断服务程序中通过指令查询来判断。串行口中断响应后，不能由硬件自动置“0”，必须由软件对 TI 或 RI 置“0”。

5.2.3 两级中断允许控制

第一级中断的总体允许控制，当总体不允许时，所有的中断都将关闭。当总体控制允许时第二级允许控制才有意义。两级中断允许控制是由中断允许寄存器 IE 的各个位来控制的。中断允许寄存器 IE 的字节地址为 A8H，可以进行位寻址，中断允许寄存器 IE 如图 5-4 所示。

IE	D7	D6	D5	D4	D3	D2	D1	D0
(A8H)	EA		ET2	ES	ET1	EX1	ET0	EX0

图 5-4　中断允许寄存器 IE

各个位的说明具体如下：

EA：中断总体允许控制位。

ET2：定时/计数器 T2 的溢出中断允许控制位，只用于 52 子系列，51 子系列无此位。

ES：串行口中断允许控制位。

ET1：定时/计数器 T1 的溢出中断允许控制位。

EX1：外部中断源 INT1 的中断允许控制位。

ET0：定时/计数器 T0 的溢出中断允许控制位。

EX0：外部中断源 INT0 的中断允许控制位。

如果置“1”，则允许相应的中断；如果置“0”，则禁止相应的中断。系统复位时，中断允许寄存器 IE 的内容为 00H，如果要开放某个中断源，则必须使 IE 中的总体允许控制位和对应的中断允许控制位置“1”。

5.2.4　两级优先级控制

51 单片机的每个中断源都可设置为两级：高优先级和低优先级，通过中断优先级寄存器 IP 来设置。中断优先级寄存器 IP 的字节地址为 B8H，可以进行位寻址，格式如图 5-5 所示。

IP	D7	D6	D5	D4	D3	D2	D1	D0
(B8H)			PT2	PS	PT1	PX1	PT0	PX0

图 5-5　中断优先级寄存器 IP

各项说明具体如下：

PT2：定时/计数器 T2 的中断优先级控制位，只用于 52 子系列。

PS：串行口的中断优先级控制位。

PT1：定时/计数器 T1 的中断优先级控制位。

PX1：外部中断源 INT1 的中断优先级控制位。

PT0：定时/计数器 T0 的中断优先级控制位。

PX0：外部中断源 INT0 的中断优先级控制位。

如果某位被置“1”，则对应的中断源被设为高优先级；如果某位被置“0”，则对应的中断源被设为低优先级。对于同级中断源，系统有默认的优先权顺序，默认的优先权顺序见表 5-1。

表 5-1　同级中断源的优先级顺序

中断源编号	中断源	自然优先级	中断入口地址(矢量地址)
0	$\overline{\text{INT0}}$(外部中断 0)	高 ↓ 低	0003H
1	T0(定时/计数器中断 1)		000BH
2	$\overline{\text{INT1}}$(外部中断 1)		0013H
3	T1(定时/计数器中断 1)		001BH
4	TX/RX(串行通信接口中断)		0023H

通过中断优先级寄存器 IP 改变中断源的优先级顺序可以实现两个方面的功能：改变系统中断源的优先级顺序和实现二级中断嵌套。

通过设置中断优先级寄存器 IP 能够改变系统默认的优先级顺序。例如，要把外部中断 INT1 的中断优先级设为最高，其他的按系统默认的顺序，则把 PX1 位设为 1，其余位设为0，5个中断源的优先级顺序就为：INT1→INT0→T0→T1→TX/RX。

通过中断优先级寄存器组成的两级优先级，可以实现二级中断嵌套。

对于中断优先级和中断嵌套，51单片机有以下3条规定：

① 正在进行的中断过程不能被新的同级或低优先级的中断请求所中断，直到该中断服务程序结束，返回了主程序且执行了主程序中的一条指令后，CPU才响应新的中断请求。

② 正在进行的低优先级中断服务程序能被高优先级中断请求所中断，实现两级中断嵌套。

③ CPU同时接收到几个中断请求时，首先响应优先级最高的中断请求。

实际上，51单片机对于两级优先级控制的处理是通过中断系统中的两个用户不可寻址的优先级状态触发器来实现的。这两个优先级状态触发器用来记录本级中断源是否正在中断。如果正在中断，则硬件自动将其优先级状态触发器置“1”。若高优先级状态触发器置“1”，则屏蔽所有后来的中断请求；若低优先级状态触发器置“1”，则屏蔽所有后来的低优先级中断，允许高优先级中断形成二级嵌套。当中断响应结束返回时，对应的优先级状态触发器由硬件自动置“0”。

5.3 智能仪器仪表中断模块的设计

前面的例子中，当正在看书时，电话铃响了，这里的电话就是中断源，它发出的铃声就是中断请求信号。在处理这个中断时，可采取这样的做法：记住书中刚看完的页码(记住某行可能比较困难)，然后去客厅接电话，接完电话后，返回到书房阅读已看完页码的下页内容。单片机处理中断的过程与上述情况类似，具体如下：

① 响应中断请求。当CPU正在执行主程序时，如果接收到中断源发出的中断请求信号，就会响应中断请求，停止主程序，准备执行相应的中断子程序。

② 保护断点。为了在执行完中断子程序后能返回主程序，在准备执行中断子程序前，CPU会将主程序中已执行的最后一条指令的下条指令的地址(又称断点地址)保存到RAM的堆栈中。

③ 寻找中断入口地址。保护好断点后，CPU开始寻找中断入口地址(又称矢量地址)，中断入口地址存放着相应的中断子程序，不同的中断源对应着不同的中断入口地址。

④ 执行中断子程序。CPU 寻找到中断入口地址后，就开始执行中断入口地址处的中断子程序。由于几个中断入口地址之间只有 8 个单元空间可以写在这里，较大的中断子程序无法写入，通常的做法是将中断子程序写在其他位置，而在中断入口地址单元只写一条跳转指令，执行该指令时立刻跳转到写在其他位置的中断子程序。

⑤ 中断返回。执行完中断子程序后，就会返回到主程序，返回的方法是从 RAM 的堆栈中取出之前保存的断点地址，然后执行该地址处的主程序，从而返回到主程序。

5.3.1　中断处理过程

中断处理包括中断请求、中断响应、中断服务、中断返回、中断撤销等环节。其中中断请求在前面已有介绍，中断返回与 C51 编程关系不大，故本节仅对与中断响应、中断撤销有关的内容进行介绍。

(1) 中断响应

中断响应是指 CPU 从发现中断请求，到开始执行中断函数的过程。CPU 响应中断的基本条件为：

① 有中断源发出中断请求。

② 中断总允许位 EA=1，即 CPU 开放中断。

③ 申请中断的中断源的中断允许位为 1，即没有被屏蔽满足以上条件后，CPU 一般都会响应中断。但如果遇到一些特殊情况，中断响应还将被阻止，例如 CPU 正在执行某些特殊指令，或 CPU 正在处理同级的或更高优先级的中断等。待这些中断处理完成后，若中断请求尚未消失，则 CPU 还可继续响应中断请求，否则中断响应将被中止。

④ 调用中断函数并开始运行。

⑤ 返回断点继续运行。

可见，除中断函数运行是软件方式外，其余中断处理过程都是由单片机硬件自动完成的。

(2) 中断响应过程

51 单片机响应中断后，由硬件自动执行如下的功能操作：

① 根据中断请求源的优先级高低，对相应的优先级状态触发器置“1”。

② 保护断点，即把程序计数器 PC 的内容压入堆栈保存。

③ 清除内部硬件的中断请求标志位(IE0、IE1、TF0、TF1)。

④ 把被响应的中断服务程序入口地址送入程序计数器 PC 中，从而转入相应的中断服务程序执行。各中断服务程序的入口地址见表 5-2。

表 5-2　中断服务程序的入口地址表

中断源	入口地址	中断源	入口地址
外部中断 0	0003H	定时/计数器 1	001BH
定时/计数器 0	000BH	串行口	0023H
外部中断 1	0013H	定时/计数器 2(仅 52 子系列有)	002BH

(3) 响应时间

从查询中断请求标志到执行中断函数第一条语句所经历的时间，称为中断响应时间。不同中断情况，中断响应时间是不一样的，以外部中断为例，最短的响应时间为 3 个机器周期。这是因为，CPU 在每个机器周期查询每个中断请求的标志位。如果该中断请求满足所有中断条件，则 CPU 从下一个机器周期开始调用中断函数，而完成调用中断函数需要 2 个机器周期。这样中断响应经历了 1 个查询机器周期加 2 个调用中断函数周期，总计 3 个机器周期，这也是对中断请求作出响应所需的最短时间。

如果中断响应受阻，则需要更长的响应时间，最长响应时间为 8 个机器周期。一般情况下，在一个单中断系统里，外部中断的响应时间为 3~8 个机器周期。如果是多中断系统，且出现了同级或高级中断正在响应或正在服务中，则需要等待响应，那么响应时间就无法计算了。这表明，即使采用中断处理突发事件，CPU 也存在一定的滞后时间。在可能的范围内提高单片机的时钟频率(缩短机器周期)，可缩短中断响应时间。

(4) 中断撤销

中断响应后，TCON 和 SCON 中的中断请求标志应及时置“0”，否则中断请求将仍然存在，并可能引起中断误响应。不同中断请求的撤销方法是不同的。

对于定时/计数器中断，中断响应后，由硬件自动对中断标志位 TF0 和 TF1 置“0”，中断请求可自动撤销，无须采取其他措施。

对于脉冲触发的外部中断请求，在中断响应后，也由硬件自动对中断请求标志位 IE0 和 IE1 置“0”，即中断请求的撤销也是自动的。

对于电平触发的外部中断请求，情况则不同。中断响应后，硬件不能自动对中断请求标志位 IE0 和 IE1 置“0”。中断的撤销，要依靠撤除 INT0 和 INT1 引脚上的低电平，并用软件使中断请求标志位置“0”才能有效。由于撤除低电平需要有外加硬件电路配合，比较烦琐，因而采用脉冲触发方式便成为常用的做法。

对于串行通信接口中断，其中断标志位 TI 和 RI 不能自动置“0”。因为在中断响应后，还要测试这两个标志位的状态，以判定是接收操作还是发送操作，然后才能清除。所以串行通信接口中断请求的撤销是通过软件方法实现的。

(5) 中断函数

中断函数是针对中断源的具体要求进行设计的，不同中断源的服务内容及要求也不相同，故中断函数必须由用户自己编写。中断函数的定义格式是统一的，C51 编程提供的中断函数定义格式如下：

void 函数名(void) interrupt n [using m]

{函数体语句}

这里 interrupt 和 using 都是 C51 编程的关键词，interrupt 表示该函数是一个中断函数，整数 n 是与中断源对应的中断号，对于 80C51 单片机，$n=0\sim4$。

using 表示指定 m 号工作寄存器组存放中断相关数据，$m=0\sim3$。若每个中断函数都指定不同的工作寄存器组，则中断函数调用时就不必进行相关参数的现场保护，从而可简化编程。“using m”选项缺省时，m 默认为当前工作寄存器组号。在 C51 编程中使用中断函数时，应注意以下几点：

① 中断函数既没有返回值，也没有调用参数。

② 中断函数只能由系统调用，不能被其他函数调用。

③ 为提高中断响应的实时性，中断函数应尽量简短，并避免使用复杂变量类型及复杂算术运算。一种常用的做法是，在中断函数调用过程中刷新标志变量，而在主函数或其他函数中根据该标志变量值再做相应处理，这样就能较好地发挥中断对突发事件的应急处理能力。

④ 若要在执行当前中断函数时禁止更高优先级中断，可在中断函数中先用软件关闭 CPU 对中断的响应，在完成中断任务后再开放中断。

5.3.2　中断系统的控制寄存器

用户对单片机中断系统的操作是通过控制寄存器实现的。为此，51 单片机编程中设置了4个控制寄存器，即定时/计数器控制寄存器TCON、串行通信接口控制寄存器SCON、中断优先级寄存器IP及中断允许寄存器IE。这4个控制寄存器都是特殊功能寄存器，由它们组成的中断系统如图5-6所示。

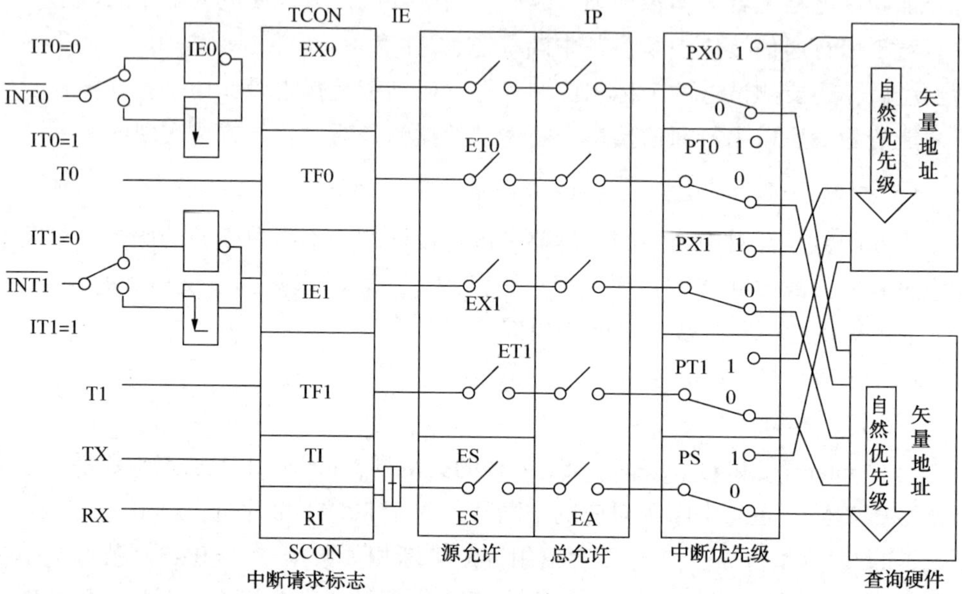

图5-6　中断系统的组成

图5-6中显示，中断信号的传送是分别沿着路径由左向右进行的，4个控制寄存器在中断中的作用已经清楚地表现出来了，下面分别进行介绍。

(1)TCON

TCON为定时/计数器控制寄存器(Timer/Counter Control Register)，字节地址为88H，可位寻址。该字节寄存器中有6个位寄存器与中断有关，2个位寄存器与定时/计数器有关，TCON寄存器的位定义如图5-7所示。

由图5-7可知，与中断有关的位寄存器分别是：INT0的中断请求标志位IE0(TCON.1)、T0的中断请求标志位TF0(TCON.5)、INT1的中断请求标志位IE1(TCON.3)、T1的中断请求标志位TF1(TCON.7)、INT0的中断触发方式选择位IT0(TCON.0)和INT1的中断触发方式选择位IT1(TCON.2)。

51单片机复位后，TCON初值为0，即默认为无上述4个中断请求、电平触发外部中断方式。

TF1	TR1	TF0	TR0	IE1	IT1	IE0	IT0
8FH	8EH	8DH	8CH	8BH	8AH	89H	88H
位7	位6	位5	位4	位3	位2	位1	位0

位 7：定时/计数器 T1 的溢出中断请求标志位启动 T1 计数后，T1 从初值开始加 1 计数，当最高位产生溢出时，由硬件将 TF1 置“1”，并向 CPU 申请中断，CPU 响应 TF1 中断时，将 TF1 置“0”。

位 5：定时/计数器 T0 的溢出中断请求标志位，作用同 TF1。

位 3：外部中断 1 的中断请求标志位。IT1 = 0：在每个机器周期对 INT1 引脚进行采样，若为低电平，则 IE1 = 1 ，否则 IE1 = 0；IT1 = 1：当某一个机器周期采样到 INT1 引脚从高电平跳变为低电平时，IE1 = 1，此时表示外部中断 0 正在向 CPU 申请中断。当 CPU 响应中断转向中断服务程序时，由硬件将 IE1 置“0”。

位 2：外部中断 1 的中断触发方式控制位。

0：电平触发方式，引脚 INT1 上低电平有效。

1：边沿触发方式，引脚 INT1 上的电平从高到低的负跳变有效可由软件置“1”或置“0”。

位 1：外部中断 0 的中断请求标志位，作用同 IE1。

位 0：外部中断 0 的中断触发方式控制位，作用同 IT1

图 5-7　TCON 定时/计数器控制寄存器

(2) SCON

SCON 为串行通信接口控制寄存器(Serial Control Register)，字节地址为 98H，可位寻址。SCON 中只有两位与中断有关，即接收中断请求标志位 RI(SCON 寄存器第 0 位)和发送中断请求标志位 TI(SCON 寄存器第 1 位)，SCON 寄存器的位定义如图 5-8所示。

						TI	RI
						99H	98H
位7	位6	位5	位4	位3	位2	位1	位0

位 1：串行通信接口发送中断请求标志位。CPU 将字节的数据写入发送缓冲器 SBUF 时，就启动一帧串行数据的发送，每发送完一帧串行数据后，硬件自动将 TI 置“1”。但 CPU 响应中断时，并不清除 TI，而必须在中断服务程序中用软件对 TI 进行置“0”。

位 0：串行通信接口接收中断请求标志位。当串行通信接口允许接收时，每接收完一个串行帧，硬件自动将 RI 置“1”。CPU 在响应本中断时并不清除 RI，而必须在中断服务程序中用软件对 RI 进行置“0”

图 5-8　SCON 串行通信接口控制寄存器

结合图 5-8 可知，TI 和 RI 虽然是两个中断请求标志位，但在 SCON 之后经或门电路合成为一个信息，统一接受中断管理。

(3) IE

IE 为中断允许寄存器(Interrupt Enable Register)，字节地址为 A8H，可位寻

址。中断请求标志位硬件置“1”后，能否得到 CPU 中断响应取决于 CPU 是否允许中断。允许中断称为中断开放，不允许中断称为中断屏蔽。

从图 5-9 中可以看出，中断请求要受两级“开关”的串联控制，即 5 个源允许和 1 个总允许。当总允许位寄存器 EA=0 时，所有的中断请求都被屏蔽；当 EA=1 时，CPU 开放总中断。每个源允许位寄存器对中断请求的控制作用都是单项的，可以根据需要分别使其处于开放(=1)或屏蔽(=0)状态。

EA			ES	ET1	EX1	ET0	EX0
AFH			ACH	ABH	AAH	A9H	A8H
位7	位6	位5	位4	位3	位2	位1	位0

位 7：中断允许总控制位

1：CPU 开放中断；

0：CPU 屏蔽所有的中断申请。

位 4：串行口中断允许位

1：允许串行口中断；

0：禁止串行口中断。

位 3：定时/计数器 T1 的溢出中断允许位

1：允许 T1 中断；

0：禁止 T1 中断。

位 2：外部中断 1 中断允许位

1：允许外部中断 1 中断；

0：禁止外部中断 1 中断。

位 1：定时/计数器 T0 的溢出中断允许位，作用同 ET1。

位 0：外部中断 0 中断允许位，作用同 EX1

图 5-9　IE 中断允许寄存器

单片机复位后，IE 的初值为 0，因此默认是整体中断屏蔽。若要在程序中使用中断，必须通过软件方式进行中断初始化。

(4) IP

IP 为中断优先级寄存器(Interrupt Priority Register)，字节地址为 B8H，可位寻址。IP 寄存器的格式如图 5-10 所示。

根据图 5-10，51 单片机的每个中断源都可被设置为高优先级中断(=1)或低优先级中断(=0)。其中，运行中的低优先级中断函数可被高优先级中断请求所打断(实现中断嵌套)，而运行中的高优先级中断函数则不能被低优先级中断请求所打断。此外，同级的中断请求不能打断正在运行的同级中断函数。

			PS	PT1	PX1	PT0	PX0
AFH			BCH	BBH	BAH	B9H	B8H
位7	位6	位5	位4	位3	位2	位1	位0

位 4：串行通信接口中断优先级控制位

1：串行通信接口中断定义为高优先级中断；

0：串行通信接口中断定义为低优先级中断。

位 3：定时/计数器 T1 中断优先级控制位

1：定时器 T1 定义为高优先级中断；

0：定时器 T1 定义为低优先级中断。

位 2：外部中断 1 中断优先级控制位

1：外部中断 1 定义为高优先级中断；

0：外部中断 1 定义为低优先级中断。

位 1：定时/计数器 T0 中断优先级控制位，作用同 PT1。

位 0：外部中断 0 中断优先级控制位，作用同 PX1

图 5-10　IP 中断优先级寄存器

为了实现上述中断系统优先级功能，51 单片机的中断系统有两个不可寻址的优先级状态触发器。其中一个指出 CPU 是否正在执行高优先级中断服务程序，如果该触发器置“1”时，所有后来的中断均被阻止；另一个指出 CPU 是否正在执行低优先级中断服务程序，该触发器置“1”时所有同级的中断都被阻止，但不阻止高优先级的中断。

当多个同级中断源同时提出中断请求时，CPU 将依据表 5-3 所示的中断优先级查询中断请求，中断优先级高的中断请求优先得到响应。

表 5-3　中断服务程序入口地址及中断优先级

中断源	相应中断服务程序入口地址	中断优先级
$\overline{INT0}$	0003H	最高
T0	000BH	↓
$\overline{INT1}$	0013H	↓
T1	001BH	最低
TX/RX	0023H	

结合图 5-10 可知，通过设置 IP 寄存器，每个中断请求都可被划分到高级中断请求或低级中断请求的队列中，每个队列中又可依据自然优先级排队。如此一来，用户就能根据需要指定中断源的重要等级。

51 单片机复位后，IP 寄存器初值为“0”，即默认全部低级中断。

5.4 智能仪器仪表中断系统的编程与应用

51单片机复位后，中断管理和控制的特殊功能寄存器都为0，所有中断源都是关闭的。要实现中断，必须对中断程序进行初始化编程，开放中断。初始化编程一般过程如下：

① 中断总体允许控制位置“1”，开放总中断。

② 相应中断源的允许控制位置“1”，开放对应中断。

③ 设置中断优先级。

④ 如果是外部中断，设置相应的触发方式。

初始化程序一般放在主程序开始位置处。另外，中断处理时要涉及堆栈处理。51单片机复位后堆栈指针的值为07H，堆栈空间从08H单元开始，而08H为工作寄存器区，20H~2FH为位寻址区，系统可能要用到它们，因此通常要重新设置堆栈指针，可把堆栈指针的值设置为30H以上。

中断处理还要编写中断服务程序，中断服务程序是为解决中断事件编写的特有程序。中断服务程序开始前要关中断、保护现场，中断服务程序结束前开中断、恢复现场，中间是相应的中断处理功能程序。如果中断处理过程中允许中断嵌套，也可以在中断处理功能程序前开中断，中断服务程序最后位置为中断返回命令。

51系列单片机有5个中断源，而且全部为硬件中断。不同的中断源，解决的问题不一样，为了更好地了解中断原理，下面分析一些中断应用实例。

[实例1]中断扫描法行列式键盘。

[解]前面已介绍过行列式键盘的工作原理，并编写了相应的键盘扫描程序。但应注意的是，在单片机应用系统中，键盘扫描只是CPU工作的内容之一。CPU在忙于各项工作任务时，需要兼顾键盘扫描，既保证不失时机地响应键操作，又不过多地占用CPU时间。因此，可以采用中断扫描方式来提高CPU的效率，即只有在键盘有键按下时，才执行键盘扫描程序；如果无键按下，则将键盘视为不存在。

图5-11所示为采用中断方式的键盘接口。

图5-11电路中增加了一个型号为4082的4与门集成元件。4个与门输入端分别与4条行线并联，与门输出端则与INT0(P3.2)引脚相连(由于电路图显示的特性，一般隐去小数点“.”，P3.2用P32替代)。

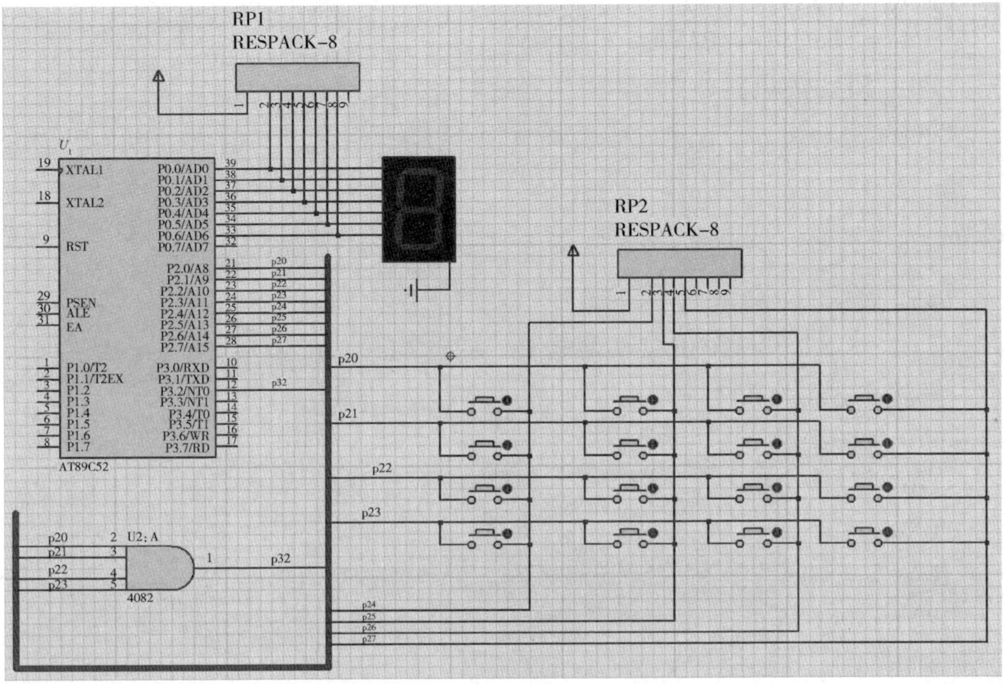

图 5-11　采用中断方式的键盘接口

当各列电平都为 0 时，无论压下哪个按键，与门的输出端都可形成 INT0 的中断请求信号。这样便可将按键的扫描查询工作放在中断函数中进行，从而就能达到既快速响应按键动作，又提高 CPU 工作效率的目的。

实例 1 中的参考程序如下。

```
#include<reg51. h>
char LED_ mod[ ] = {0x3f, 0x06, 0x5b, 0x4f, 0x66, 0x7d, 0x07, 0x7f,
0x6f, 0x77, 0x7c, 0x58, 0x5e, 0x79, 0x71};
char key_ buf[ ] = {0xee, 0xde, 0xbe, 0x7e, 0xed, 0xdd, 0xbd, 0x7d,
0xeb, 0xdb, 0xbb, 0x7b, 0xe7, 0xd7, 0xb7, 0x77} ;
void getkey( )interrupt 0{
char key_ scan[ ]={0xef, 0xdf, 0xbf, 0x7f};
char i=0, j=0;
for(i=0; i<4; i++){
P2=key_ scan[i];
```

```
for(j=0; j<16; j++){
if(key_ buf[j]==P2){
P0=LED_ mod[j];
break;
        }
      }
   }
P2=0x0f;
}
void main(void){
P0=0x00;
IT0=1;
EX0=1;
EA=1;
P2=0X0F;
while(1);
}
```

实例 1 的程序运行界面如图 5-12 所示。

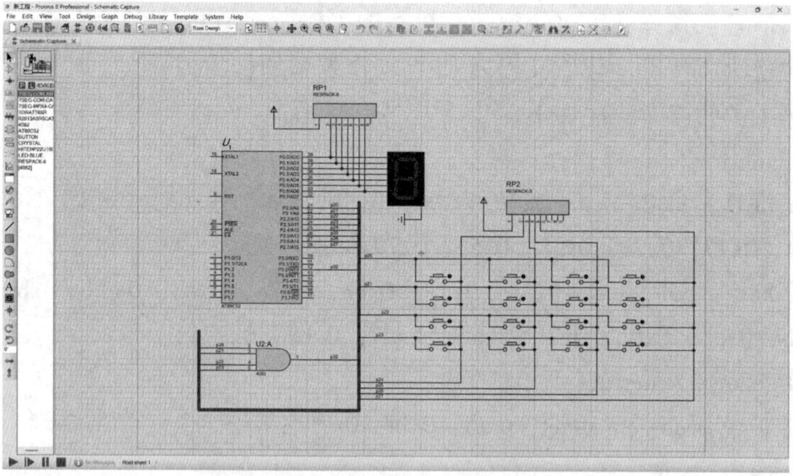

图 5-12　实例 1 程序运行界面

[实例 2] 中断方式的键控流水灯。

[解] 按键检测采用查询法，其流程图如图 5-13 所示。

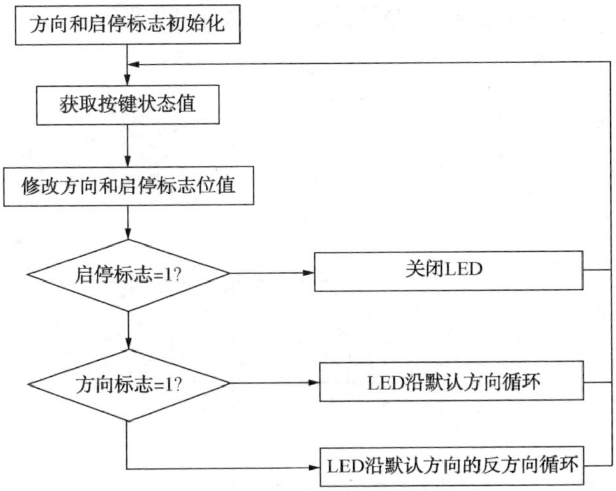

图 5-13　查询法键控流水灯流程图

由于按键查询、标志位修改及彩灯循环几个环节是串联关系，当 CPU 运行于彩灯循环环节时，将因不能及时检测按键状态，导致按键操作效果不灵敏。

解决这一问题的思路是：利用外部中断监测按键的状态，一旦有按键动作发生，系统可立即更新标志位。这样，就能保证系统及时按新标志位值控制彩灯运行。为此，需要先对原电路图进行改造，加装一只 4 输入与门电路(输入端与 P0 口并联)，这样就能将按键闭合电平转化为 INT0 中断信号。改造后的电路原理图如图 5-14 所示。

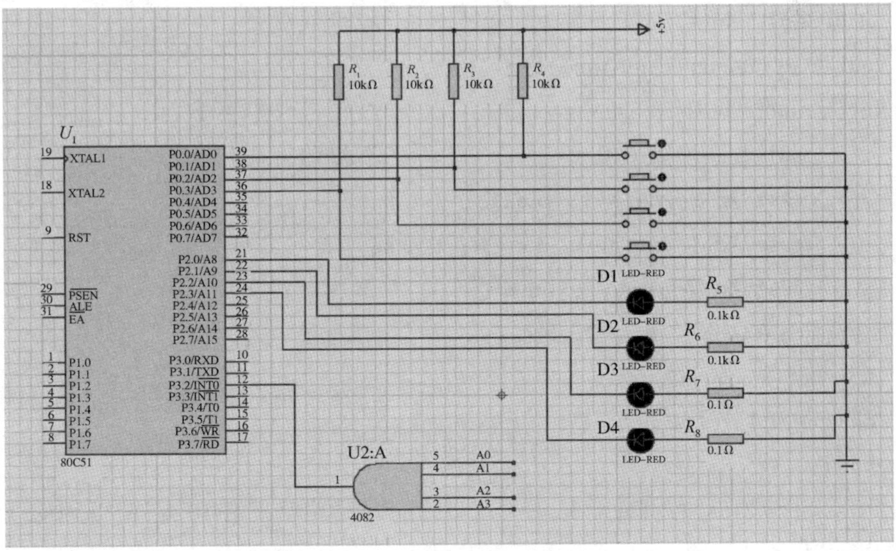

图 5-14　实例 2 电路原理图

编程时，主函数只负责彩灯循环运行，中断函数则负责按键检测与标志位刷新，程序流程图如图 5-15 所示。

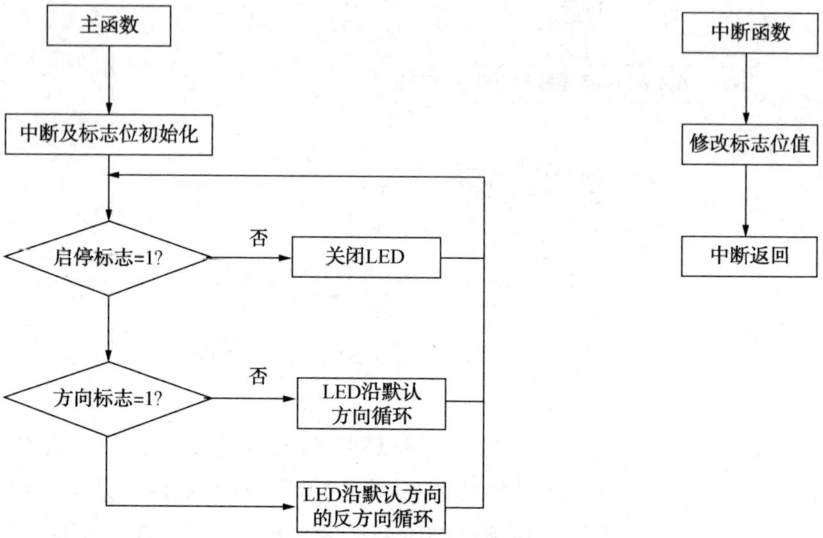

图 5-15　实例 2 程序流程图

实例 2 参考程序如下。

```
#include <reg51. h>
char LED[ ] = {0xfe, 0xfd, 0xfb, 0xf7}; //LED 亮灯控制字
bit dir= 0, run= 0;                     //全局变量
void delay(unsigned int time);
key( ) interrupt 0{                      //键控中断函数
        switch (P0 & 0x0f){              //修改标志位状态
        case 0x0e: run= 1; break;
        case 0x0d: run= 0, dir= 0; break;
        case 0x0b: dir= 1; break;
        case 0x07: dir= 0; break;
}}
void main( ){
char i;
IT0= 1; EX0= 1; EA= 1;                   //边沿触发 INT0 允许、总中断允许
while(1){
```

```
if (run)
    if(dir)
    for(i= 0; i<= 3; i++){
P2= LED[i];
delay (200);
        }
else                                          //若 run=1, dir=0, 自上而下流动
for(i= 3; i>= 0; i--){
P2= LED[i];
delay (200);
      }
else P2=  0;                                  //若 run=0, 灯全灭
}}
void delay(unsigned int time) {
unsigned int j= 0;
for( ; time> 0; time--)
for(j= 0; j<125; j++);
}
```

实例 2 的程序运行效果图如图 5-16 所示。

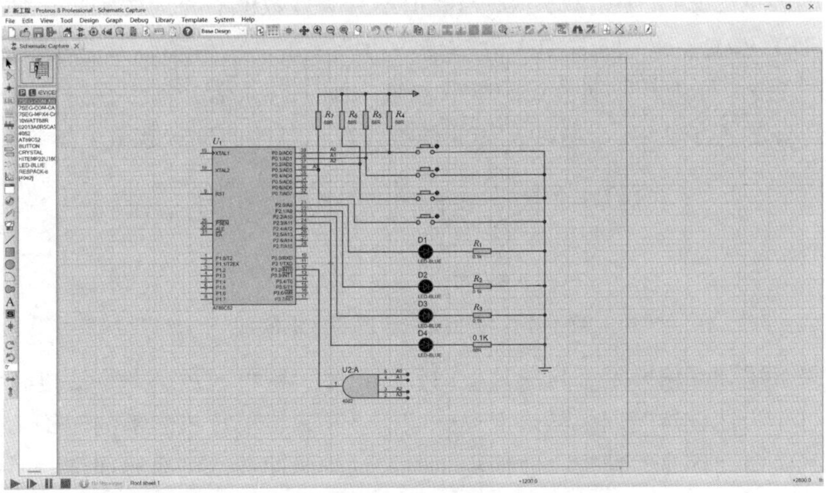

图 5-16　实例 2 的程序运行效果图

5.5 定时/计数器概述

定时/计数器的本质是计数，对周期性信号计数就可以实现定时。通常，实现定时的方法有三种：软件定时、硬件定时和可编程定时。软件定时是利用CPU执行指令需要若干指令周期的原理，运用软件编程，然后循环执行一段程序而产生延时，再配合简单输出接口就可以向外送出定时控制信号。这种方法的优点是不需要增加硬件(或硬件很简单)，只需要编制相应的延时程序以备调用。缺点是执行延时程序占用了CPU时间，所以定时的时间不宜太长，且在某些情况下不宜使用。硬件定时是通过硬件电路(多谐振荡器件或单稳器件)实现定时的，故定时参数的调整不灵活，使用不方便，但其成本较低。可编程定时结合了软件定时使用灵活和硬件定时相对独立的特点，以大规模集成电路为基础，通过编程即可改变定时时间或工作方式，又不占用CPU的执行时间。8051单片机内部有T0和T1两个定时/计数器。它们既可用作定时器，也可用作计数器，可以通过编程来设置其使用方法。

5.5.1 定时/计数器的基本原理

由图5-17可知，逻辑开关闭合后，脉冲信号将对加1计数器发送信号。若计数器的容量为2^n(n为整数)，则当数值达到满计数值后将产生溢出，使中断请求标志TFX进位为1，同时加1计数器置“0”。如果在启动计数之前将TFX置“0”，并将一个称为计数初值a的整数先置入加1计数器，则当观察到TFX为1时表明已经加入了2^n-a个脉冲，如此便能计算出脉冲的到达数量了。

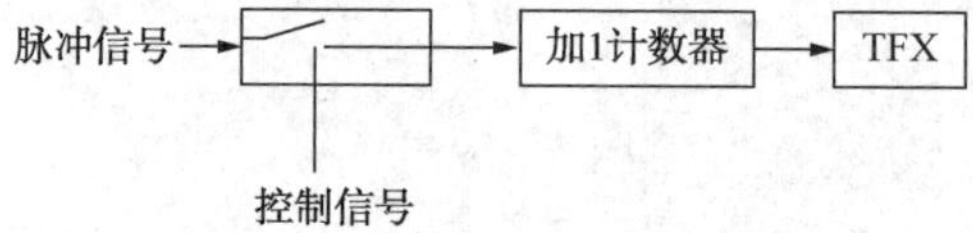

图5-17 定时/计数器的基本原理

如果上述脉冲信号是来自单片机的外部信号，则可通过这一方法进行计数统计，即可作为计数器使用。如果上述脉冲信号是来自单片机内部的时钟信号，则单片机的振荡周期非常精准，故而溢出时统计的脉冲数便可换算成定时时间，作为定时器使用。

可见，上述定时器和计数器的实质都是计数器，仅仅是脉冲信号的来源不同，通过逻辑切换可以实现两者的统一。这就是单片机中将定时器和计数器统称为定时/计数器的原因。51 单片机的定时/计数器工作原理如图 5-18 所示。

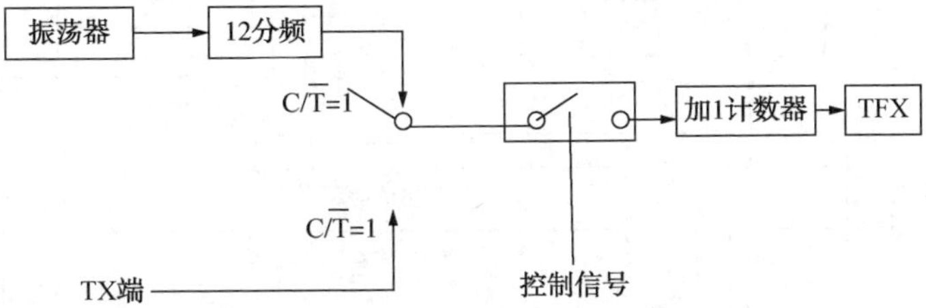

图 5-18　51 单片机定时/计数器的工作原理

图 5-18 中来自系统内部的振荡器经 12 分频后的脉冲(机器周期)信号和来自外部引脚 TX 的脉冲信号，通过逻辑开关 C/$\overline{T}$ 的切换可实现两种功能：C/$\overline{T}$=0 时为定时器方式，C/$\overline{T}$=1 时为计数器方式。

根据上述原理，定时器方式下的定时时间 t 可表示为：

$$t = (\text{计数器满计数值} - \text{计数初值}) \times \text{机器周期} = (2^n - a) \times \frac{12}{f_{osc}}$$

可见，t 与 n、a、f_{osc}(时钟频率，MHz)3 个因素有关，在时钟频率 f_{osc} 和计数器容量 2^n 一定的情况下，定时时间与计数初值有关，计数初值越大，定时时间越短。

同理，计数器方式下的计数值 N 可表示为：

$$N = \text{计数器满计数值} - \text{计数初值} = 2^n - a$$

5.5.2　定时/计数器结构

51 单片机的定时/计数器结构如图 5-19 所示。

由图 5-19 可知，T0 和 T1 分别由高 8 位和低 8 位两个特殊功能寄存器组成，即 T0 由 TH0(字节地址 8CH)、TL0(字节地址 8AH)组成，T1 由 TH1(字节地址 8DH)、TL1(字节地址 8BH)组成。

定时/计数器的控制是通过两个特殊功能寄存器来实现的，其中，TMOD 是定时/计数器的工作方式寄存器，由它确定定时/计数器的工作方式和功能；TCON 是定时/计数器的控制寄存器，用于管理 T0 和 T1 的启停、溢出和中断。

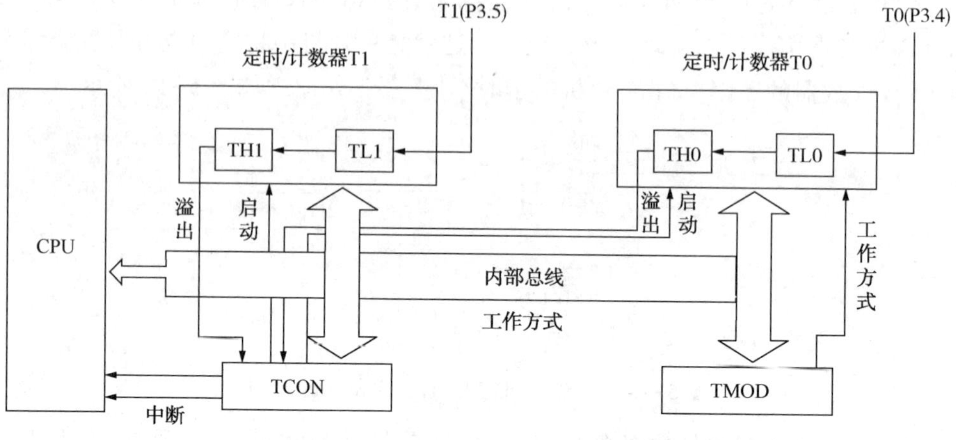

图 5-19 51 单片机定时/计数器结构

当用软件方式设置 T0 或 T1 的工作方式并启动定时/计数器后，它们就会按硬件方式独立运行，无须 CPU 干预，直到计数器计满溢出时才会通知 CPU 进行后续处理，这样便可大大缩短 CPU 的操作时间。

5.5.3 定时功能和计数功能

(1) 定时功能的用法

当定时/计数器用作定时器时，可以用来计算时间。如果要求单片机在一定的时间后产生某种控制，可将定时/计数器设为定时器。单片机定时/计数器的定时功能用法如图 5-20 所示。

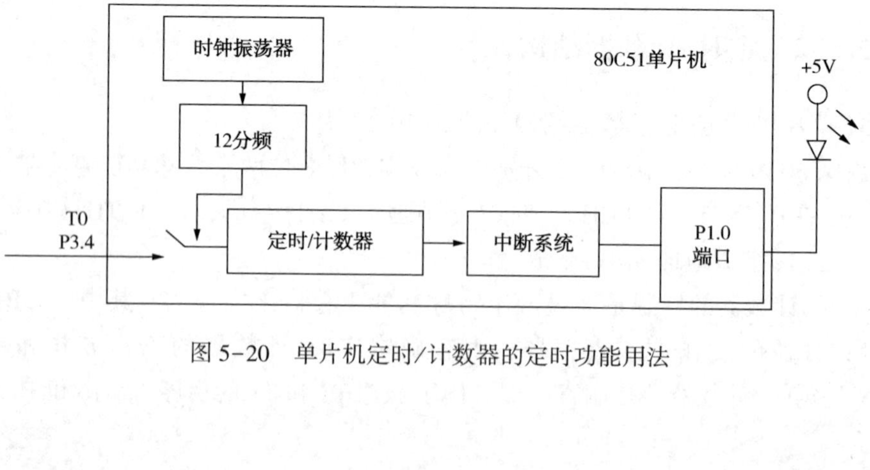

图 5-20 单片机定时/计数器的定时功能用法

将定时/计数器 T0 设为定时器，实际上就是将定时/计数器与外部输入断开，而与内部信号接通，对内部信号计数来定时。单片机的时钟振荡器可产生 12MHz 的时钟脉冲信号，经 12 分频后得到 1MHz 的脉冲信号，1MHz 脉冲信号每个脉冲的持续时间为 1μs，如果定时器 T0 对 1MHz 脉冲信号进行计数，从 0 计到 65536 将需要 65536μs，也即 65. 536ms。65. 536ms 后定时器计数达到最大值，会溢出而输出一个中断请求信号去中断系统，中断系统接受中断请求后，执行中断子程序，子程序的运行结果将 P1. 0 端口置"0"，该端口外接的发光二极管被点亮。

在图 5-20 中，定时器只有在 65. 536ms 后计数达到最大值时才会溢出，如果需要不到 65. 536ms 定时器就产生溢出，比如 1ms 后产生溢出，可以对定时器预先进行置数。将定时器初始值设为 64536，这样定时器就会从 64536 开始计数，当计到 65536 时，定时器定时时间就为 1ms 而产生一个溢出信号。

(2) 计数功能的用法

当定时/计数器用作计数器时，可以用来计数。如果要求单片机计数达到一定值时产生某种控制，可将定时/计数器设为计数器。单片机定时/计数器的计数功能用法如图 5-21 所示。

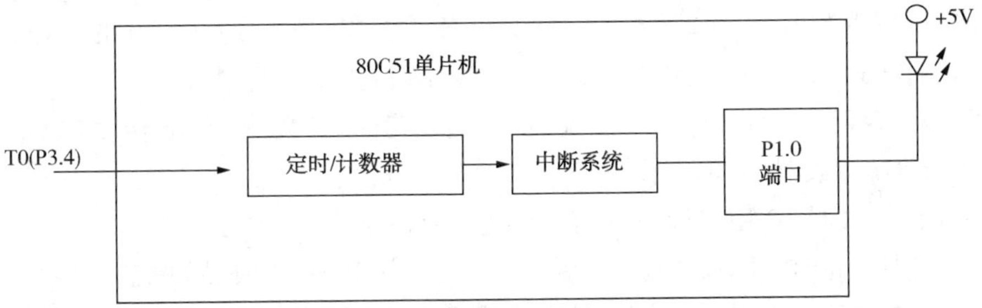

图 5-21　定时/计数器的计数功能用法

用编程的方法将定时/计数器 T0 设为一个 16 位计数器，它的最大计数值为 $2^{16}=65536$。T0 端(即 P3. 4 引脚)用来输入脉冲信号。当脉冲信号输入时，计数器对脉冲进行计数，当计到最大值 65536 时，计数器溢出，会输出一个中断请求信号到中断系统，中断系统接受中断请求后，执行中断子程序，子程序的运行结果将 P1. 0 端口置"0"，该端口外接的发光二极管被点亮。

在图 5-21 中，只有在 T0 端输入 65536 个脉冲时，计数器计数达到最大值才会溢出。如果希望输入 100 个脉冲时计数器就能溢出，可以在计数前对计数器预先进行置数，将计数器初始值设为 65436，这样计数器就会从 65436 开始计数，当输入 100 个脉冲时，计数器的计数值就达到 65536 而产生一个溢出信号。

5.5.4 定时/计数器的工作原理

由于定时/计数器是在寄存器 TCON 和 TMOD 的控制下工作的，要让定时/计数器工作，必须先设置寄存器 TCON 和 TMOD（可编写程序来设置）。单片机内部有 2 个定时/计数器，它们的工作原理是一样的，这里以定时/计数器 T0 为例进行说明。

(1)定时/计数器 T0 用作计数器

要将定时/计数器 T0 当作计数器使用，须设置寄存器 TCON 和 TMOD，让它们对定时/计数器 T0 进行相应的控制，然后定时/计数器 T0 才开始以计数器的形式工作。

1)寄存器 TCON 和 TMOD 的设置

将 T0 用作计数器时，TCON、TMOD 寄存器的设置内容主要有：

① 将寄存器 TMOD 的 $C/\overline{T}$ 位置“1”，定时/计数器 T0 与外部输入端 T0 (P3.4)接通。

② 设置寄存器 TMOD 的 M0、M1 位，让它控制定时/计数器 T0 的工作方式，比如让 M0=1、M1=0，可以将定时/计数器 T0 设为 16 位计数器。

③ 将寄存器 TCON 的 TR0 位置“1”，启动定时/计数器 T0 开始工作。

2)定时/计数器 T0 的工作过程

定时/计数器 T0 用作计数器的工作过程有以下步骤：

① 计数。定时/计数器 T0 启动后，开始对外部 T0 端输入的脉冲进行计数。

② 计数溢出，发出中断请求信号。当定时/计数器 T0 计数达到最大值 65536 时，会溢出产生一个信号，该信号将寄存器 TCON 的 TF0 位置“1”，寄存器 TCON 立刻向 CPU 发出中断请求信号，CPU 便执行中断子程序。

(2)定时/计数器 T0 用作定时器

要将定时/计数器 T0 当作定时器使用，同样也要设置寄存器 TCON 和 TMOD，然后定时/计数器 T0 才开始以定时器形式工作。

1)寄存器 TCON 和 TMOD 的设置

将 T0 用作定时器时，TCON、TMOD 寄存器的设置内容主要有：

① 将寄存器 TMOD 的 $C/\overline{T}$ 位置“0”，该位发出控制信号让开关 S_0 置“2”，定时/计数器 T0 与内部振荡器接通。

② 设置寄存器 TMOD 的 M0、M1 位，让它控制定时/计数器 T0 的工作方式，如让 M0=0、M1=0，可以将定时/计数器 T0 设为 13 位计数器。

③ 将寄存器 TCON 的 TR0 位置“1”，启动定时/计数器 T0 开始工作。

2) 定时/计数器 T0 的工作过程

定时/计数器 T0 用作定时器的工作过程有以下步骤：

① 计数。定时/计数器 T0 启动后，开始对内部振荡器产生信号(要经 12 分频)输入的脉冲进行计数。

② 计数溢出，发出中断请求信号。定时/计数器 T0 对内部脉冲进行计数，由 0 计到最大值 8192 时需要 8.192ms，8.192ms 后定时/计数器 T0 会溢出而产生一个信号，该信号将 TCON 寄存器的 TF0 位置“1”，TCON 寄存器马上向 CPU 发出中断请求信号，CPU 便执行中断子程序。

5.5.5　定时/计数器的 4 种工作方式

在 TMOD 寄存器 M1、M0 位的控制下，定时/计数器可以工作在 4 种不同方式下，不同的工作方式适用于不同的场合。

(1) 方式 0

当 M1=0、M0=0 时，定时/计数器工作在方式 0，它被设成 13 位计数器。在方式 0 时，定时/计数器由 TH、TL 两个 8 位计数器组成，使用 TH 的 8 位和 TL 的低 5 位。

1) 定时/计数器工作在方式 0 时的电路结构与工作原理

定时/计数器 T0、T1 工作在方式 0 时的电路结构与工作原理相同。以 T0 为例，将 TMOD 寄存器低 4 位中的 M1、M0 位均设为“0”，T0 工作在方式 0。定时/计数器 T0 工作在方式 0 时的电路结构如图 5-22 所示。

当 T0 工作在方式 0 时，T0 是一个 13 位计数器(TH0 的 8 位+TL0 的低 5 位)。$C/\overline{T}$ 位通过控制开关 S_1 来选择计数器的计数脉冲来源。当 $C/\overline{T}=0$ 时，计数脉冲来自单片机内部振荡器(经 12 分频)；当 $C/\overline{T}=1$ 时，计数脉冲来自单片机 T0 引脚。

GATE 位控制 T0 的启动方式：GATE 位与 $\overline{INT0}$ 引脚、TR0 位一起经逻辑电路后形成 CON 电平，再由 CON 电平来控制开关 S_2 的通断。当 CON=1 时，S_2 闭合，T0 工作；当 CON=0 时，S_2 断开，T0 停止工作(S_2 断开后无信号送给 T0)。

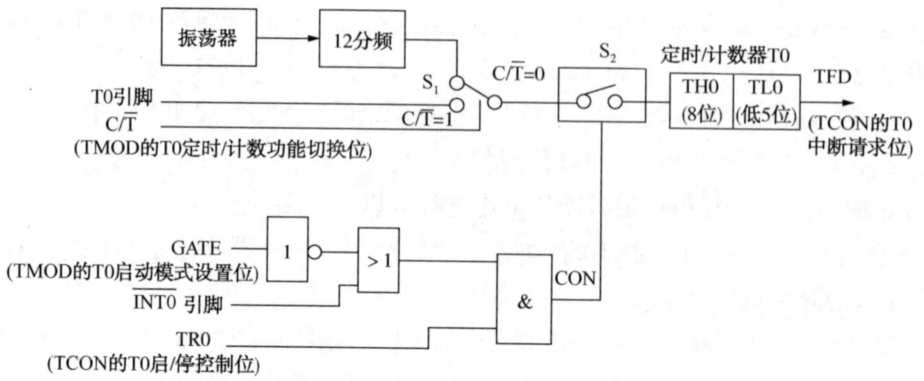

图 5-22　定时/计数器 T0 工作在方式 0 时的电路结构

GATE、$\overline{\text{INT0}}$和 TR0 形成 CON 电平的表达式是：

$$\text{CON}=\text{TR0}\cdot(\overline{\text{GATE}}+\overline{\text{INT0}})$$

从上式可知：

若 GATE＝0，则($\overline{\text{GATE}}+\overline{\text{INT0}}$) = 1，CON＝TR0，即当 GATE＝0 时，CON 的值与 TR0 的值一致，TR0 可直接控制 T0 的启动/停止。

若 GATE＝1，则 CON＝TR0 · ($\overline{\text{INT0}}$)，即 CON 的值由 TR0、INT0 两个值决定，其中 TR0 的值由编程来控制(软件控制)，而 INT0 的值由外部 INT0 引脚的电平控制，只有当它们的值都为 1 时，CON 的值才为 1，定时/计数器 T0 才能启动。

2)定时/计数器初值的计算

若定时/计数器工作在方式 0，当其与外部输入端(T0 引脚)连接时，可以用作 13 位计数器；当与内部振荡器连接时，可以用作定时器。

① 计数初值的计算。当定时/计数器用作 13 位计数器时，它的最大计数值为 8192(2^{13})，当 T0 引脚输入 8192 个脉冲时，计数器就会产生溢出而发出中断请求信号。如果希望不需要输入 8192 个脉冲，计数器就能产生溢出，可以给计数器预先设置数值，这个预先设置的数值称为计数初值。在方式 0 时，定时/计数器的计数初值可用下式计算：

计数初值＝2^{13}－计数值

比如希望输入 1000 个脉冲计数器就能产生溢出，计数器的计数初值应设置为 7192(8192－1000)。

② 定时初值的计算。当定时/计数器用作定时器时，它对内部振荡器产生的脉冲(经 12 分频)进行计数，该脉冲的频率为 $f_{osc}/12$，脉冲周期为 $12/f_{osc}$，定时

器的最大定时时间为 $2^{13} \cdot 12/f_{osc}$，若振荡器的时钟频率 f_{osc} 为 12MHz，定时器的最大定时时间则为 8192μs。如果不希望定时这么长，定时器就能产生溢出，可以给定时器预先设置数值，这个预先设置的数值称为定时初值。在方式 0 时，定时/计数器的定时初值可用下式计算：

$$定时初值 = 2^{13} - 定时值 \cdot 脉冲频率 = 2^{13} - t \cdot f_{osc}/12$$

比如单片机时钟振荡器的时钟频率为 12MHz（即 12×10^6Hz），现要求定时 1000μs（即 1000×10^{-6}s）就能产生溢出，定时器的定时初值应为：

$$定时初值 = 2^{13} - t \cdot f_{osc}/12 = 8192 - 1000\times10^{-6}\times12\times10^6/12 = 7192$$

［实例 3］设 f_{osc} = 12MHz，试计算 T0 定时方式 0 用以产生 5ms 定时的计数初值。

［解］由方式 0 的计数初值表达式，可得：

$$a = 2^{13} - 5000\times12/12 = 3192 = 110001111000B$$

由于方式 0 采用 13 位计数器，需要在上述理论初值的第 5 位和第 6 位二进制数之间插入 3 位二进制数（为简便起见，可定为 000），故调整后的计数初值为：

$$a = 110\ 0011\ 0001\ 1000 = 0x6318$$

由于方式 0 的初值计算比较麻烦，实际应用中很少使用，一般采用方式 1 替代。

（2）方式 1

当 M1＝0、M0＝1 时，定时/计数器工作在方式 1，它为 16 位计数器。除计数位数不同外，定时/计数器在方式 1 的电路结构和工作原理与方式 0 完全相同。定时/计数器工作在方式 1 时的电路结构（以定时/计数器 T0 为例）如图 5-23 所示。

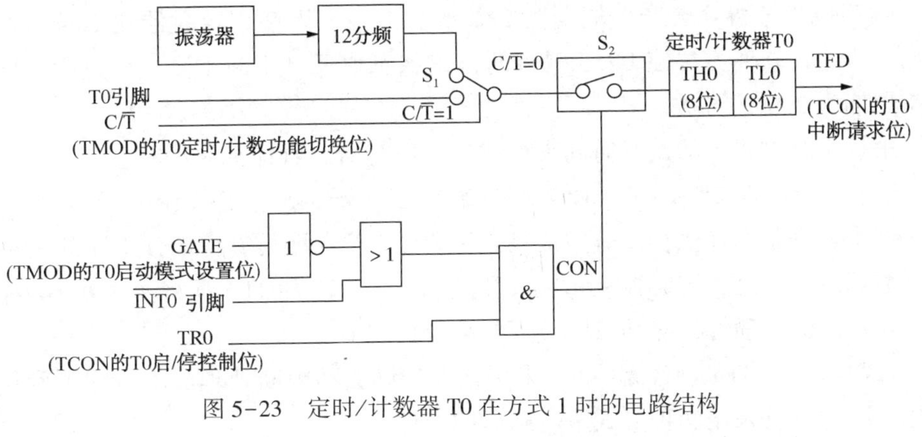

图 5-23　定时/计数器 T0 在方式 1 时的电路结构

定时/计数器工作在方式 1 时的计数初值和定时初值的计算公式分别如下：

$$计数初值=2^{16}-计数值$$

$$定时初值=2^{16}-定时值=2^{16}-t\cdot f_{osc}/12$$

[实例 4]设单片机的$f_{Osc}=12MHz$，采用 T1 定时方式 1 使 P2.0 引脚上输出周期为 2ms 的方波，并采用 Proteus 中的虚拟示波器观察输出波形，电路原理图如图 5-24 所示。

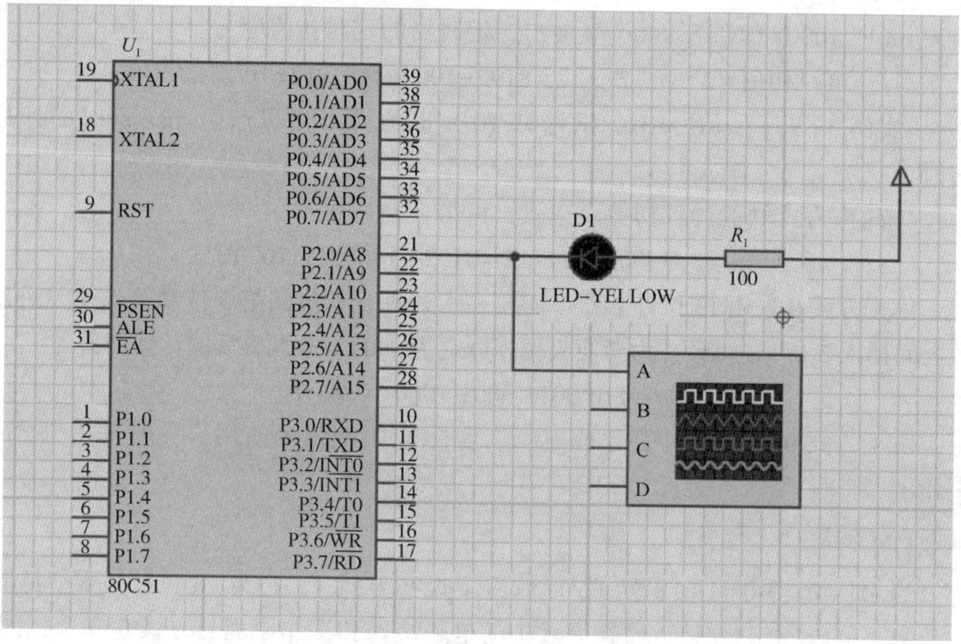

图 5-24 实例 4 电路原理图

[解]原理分析：要产生周期为 2ms 的方波，可以使用定时器在 1ms 时产生溢出，再通过软件方法使 P2.0 引脚的输出状态取反。不断重复这一过程，即可发生周期为 2ms 的方波。

根据定时方式 1 的定时时间表达式，计数初值 a 可计算为：

$$a=2^{16}-t\cdot f_{osc}/12=2^{16}-1000\times12/12=64536=0xfc18$$

将十六进制的计数初值分解成高 8 位和低 8 位，即可进行 TH1 和 TL1 的初始化。需要注意的是，定时器在每次计数溢出后，TH1 和 TL1 都将变为 0。为保证下一轮定时的准确性，必须及时重新装载计数初值。

计数溢出后 TF1 硬件置“1”，采用软件查询法和中断处理法均可检测到这一变化，因此可以采用两种方式进行随后的处理。

采用查询方式编程，参考程序如下。

```
#include <reg51.h>
sbit P2_ 0= P2^0;
void main (void){
TMOD= 0x10;                  // T1 方式 1(0001 0000B)
TR1= 1;                      //启动 T1
for( ; ; ) {
TH1=0xfc;                    //装载计数初值
TL1=0x18;
do{ } while( ! TFl);         //查询等待 TF1 置位
P2_ 0=! P2_ 0;               //定时时间到 P2.0 反相
TF1= 0;                      //软件清 TF1
}}
```

采用中断方式，参考程序如下。

```
# include <reg51.h>
sbit P2_ 0= P2^0;
timer1 ( ) interrupt 3 {     //T1 中断函数
P2_ 0=! P2_ 0;               //P2.0 取反
TH1= 0xfc;                   //装载计数初值
TL1= 0x18;
}
main ( ) {
  TMOD= 0x10;                //T1 定时方式 1
TH1 = 0xfc;                  //装载计数初值
TL1 = 0x18;
  EA= 1;                     //开总中断
  ET1= 1;                    //开 T1 中断
  TR1= 1;                    //启动 T1
  while(1);
  }
```

比较两种编程方法可知，查询法是以软件方式检查 TF1 状态，并由软件复位 TF1；而中断法则是由系统自动检查 TF1，并自动复位 TF1。两种方法都需要进

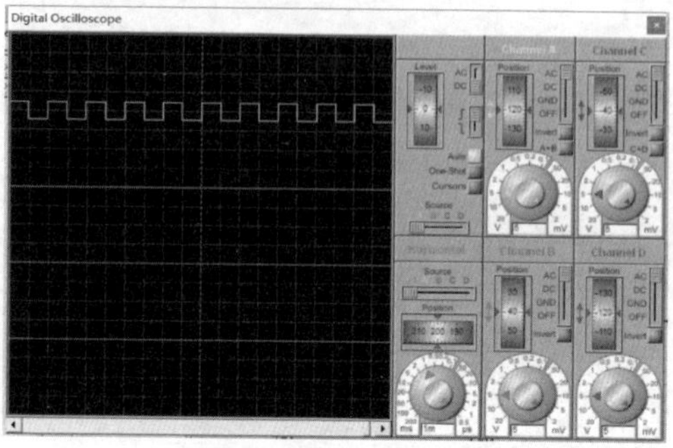

图 5-25　实例 4 仿真波形图

行计数初值的重新装载。

两种编程的运行效果相同，仿真波形如图 5-25 所示。

综上所述，单片机定时/计数器的编程步骤可总结如下：

① 设定 TMOD，即明确定时/计数器的工作状态，是使用 T0 还是 T1？采用定时器还是计数器？具体工作方式是方式 0、方式 1、方式 2 还是方式 3？

② 计算计数初值，并初始化寄存器 TH0、TL0 或 TH1、TL1。

定时计数初值 $a=2^n-t\cdot f_{osc}/12$，其中 t 以 μs 为单位，f_{osc} 以 MHz 为单位。

$$TH0=(2^n-t\cdot f_{osc}/12)/256$$

$$TL0=(2^n-t\cdot f_{osc}/12)\%256$$

③ 确定编程方式。若使用中断方式，则需要进行中断初始化和中断函数：

```
ETX=1;              //开定时 x 中断，x=0 或 1
EA=1;               //开总中断
…
tx_ srv()interrupt n {                 //n=1 或 3
…
  }
```

若使用查询方式，则需要使用类似如下的条件判句：

```
do {}while (! TEX) {
…
}
```

④ 启动定时器：TR0=1 或 TR1=1。

⑤ 执行一次定时或计数结束后的任务。

⑥ 为下次定时/计数做准备(TFX 复位+重装载计数初值)：若是中断方式，TFX 会自动复位；若是查询方式，需要软件复位 TFX。

(3)方式 2

定时/计数器工作在方式 0 和方式 1 时适合进行一次计数或定时，若要进行多次计数或定时，可让定时/计数器工作在方式 2。当 M1=1、M0=0 时，定时/

计数器工作在方式 2，它为 8 位自动重装计数器。定时/计数器工作在方式 2 时的电路结构(以定时/计数器 T0 为例)如图 5-26 所示。

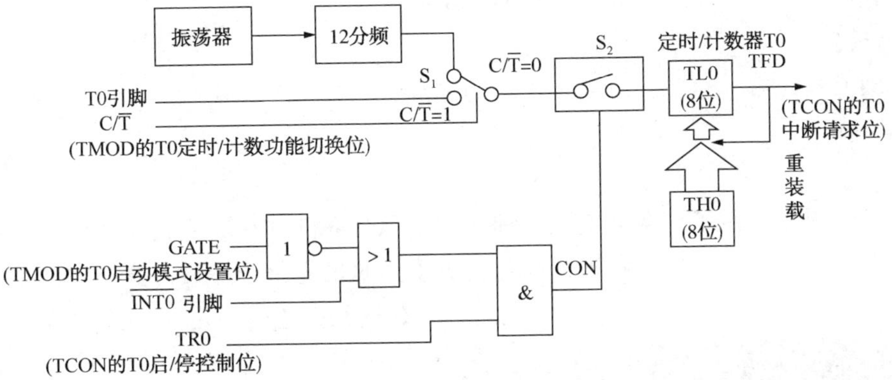

图 5-26　定时/计数器 T0 工作在方式 2 时的电路结构

工作在方式 2 时，16 位定时/计数器 T0 分成 TH0、TL0 两个 8 位计数器，其中 TL0 用来对脉冲计数，TH0 用来存放计数器初值。在计数时，当 TL0 计数溢出时会将 TCON 寄存器的 TF0 位置“1”，同时也控制 TH0 重装开始，将 TH0 中的初值重新装入 TL0 中，然后 TL0 又开始在初值的基础上对输入脉冲进行计数。

定时/计数器工作在方式 2 时的计数初值和定时初值的计算分别如下：

$$计数初值=2^8-计数值$$

$$定时初值=2^8-定时值=2^8-t\cdot f_{osc}/12$$

[实例 5]采用 T0 定时方式 2 在 P2.0 口输出周期为 0.5ms 的方波。

[解]根据定时/计数器编程的步骤：

① 设定 TMOD→TMOD=0x02。

② 确定计数初值→$a=(256-250)/256=0x06$。

③ 若确定使用中断方式，则程序如下：

```
    # include <reg51. h>
    sbit P2_ 0= P2^0;
timerl ( ) interrupt 1{              //T0 中断函数
    P2_ 0=! P2_ 0;                   //取反 P2^0
}
main( ) {
    TMOD= 0x02;                      //设置 T0 定时方式 2
```

```
    TH0 = 0x06;                //计数初值 a=(256-250)% 256= 6
    TL0 = 0x06;
    EA = 1;                    //开总中断
ET0 = 1;
    TR0 = 1;                   //启动 T0
while(1);
}
```

可以看出，由于计数初值只在程序初始化时进行过一次装载，其后都是自动重新装载的，因而可使编程得以简化，更重要的是避免了计数初值在软件重新装载过程中造成的定时不连续问题，应用于波形发生时可得到更加精准的时序关系。实例 5 的仿真波形图如图 5-27所示。

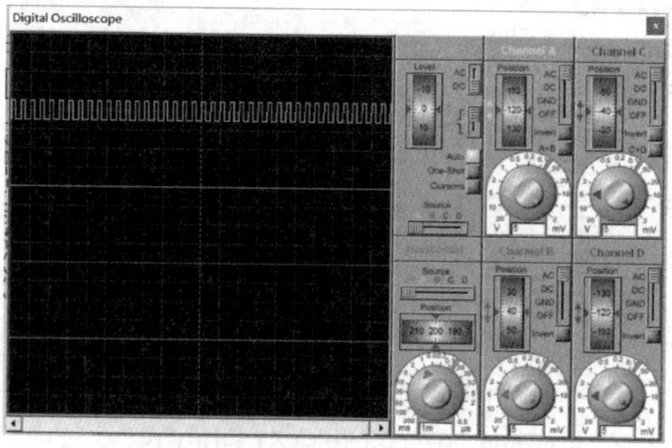

图 5-27　实例 5 仿真波形图

(4)方式 3

定时/计数器 T0 有方式 3，而 T1 没有(T1 只有方式 0～2)。当 TMOD 寄存器低 4 位中的 M1=1、M0=1 时，T0 工作在方式 3。工作在方式 3 时，T0 用作计数器或定时器。

1)T0 工作在方式 3 时的电路结构与工作原理

在方式 3 时，定时/计数器 T0 用作计数器或定时器，在该方式下 T0 的电路结构如图 5-28 所示。

在方式 3 时，T0 被分成 TL0、TH0 两个独立的 8 位计数器，其中 TL0 受 T0 的全部控制位控制(即原本控制整个 T0 的各个控制位，在该方式下全部用来控制 T0 的 TL0 计数器)，而 TH0 受 T1 的部分控制位(TCON 的 TR1 位和 TF1 位)控制。

在方式 3 时，TL0 既可用作 8 位计数器(对外部信号计数)，也可用作 8 位定时器(对内部信号计数)；TH0 只能用作 8 位定时器，它的启动受 TR1 的控制(TCON 的 TR1 位原本用来控制定时/计数器 T1)。当 TR1=1 时，TH0 开始工作，当 TR1=0 时，TH0 停止工作，当 TH0 计数产生溢出时会向 TF1 置位。

2)T0 工作在方式 3 时 T1 的电路结构与工作原理

当 T0 工作在方式 3 时，它占用了 T1 的一些控制位，此时 T1 还可以工作在

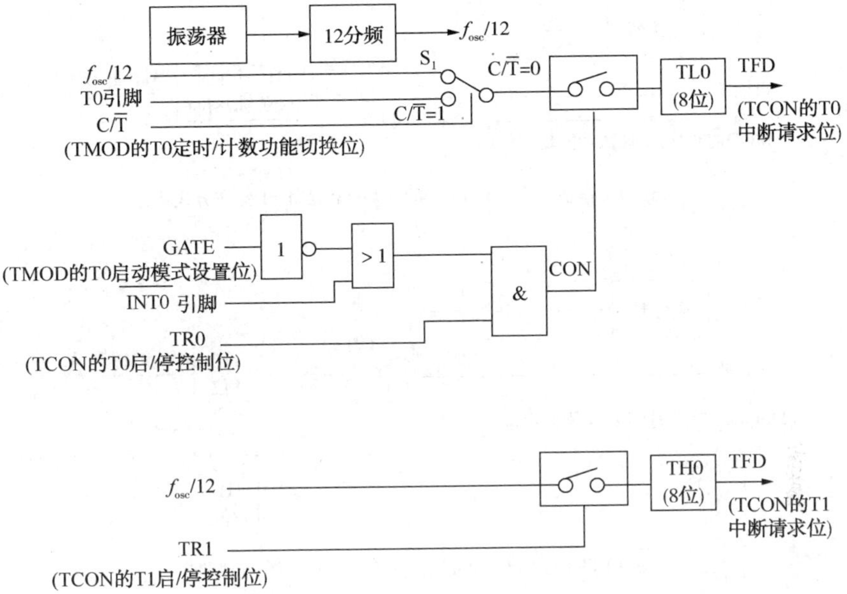

图 5-28　T0 工作在方式 3 时的电路结构

方式 0~2(可通过设置 TMOD 寄存器高 4 位中 M1、M0 的值来设置)。当 T0 工作在方式 3 时，T1 工作在方式 1 和方式 2 的电路结构分别如图 5-29(a)、(b)所示。

图 5-29(a)是 T0 工作在方式 3 时 T1 工作在方式 1(或方式 0)的电路结构。在该方式下，T1 是一个 16 位计数器，由于 TR1 控制位已被借用来控制 T0 的高 8 位计数器 TH0，所以 T1 在该方式下无法停止，一直处于工作状态。此外，由于 TF1 位也借给了 TH0，所以 T1 溢出后也不能对 TF1 进行置位产生中断请求信号，T1 溢出的信号只能输出到串行通信接口，此方式下的 T1 为波特率发生器。

图 5-29(b)是 T0 工作在方式 3 时 T1 工作在方式 2 的电路结构。在该方式下，T1 是一个 8 位自动重装计数器，除具有自动重新装载功能外，其他与方式 1 相同。

5.5.6　定时/计数器的控制寄存器

定时/计数器是在 TCON 寄存器和 TMOD 寄存器的控制下工作的，设置这两个寄存器相应位的值，可以对定时/计数器进行各种控制。

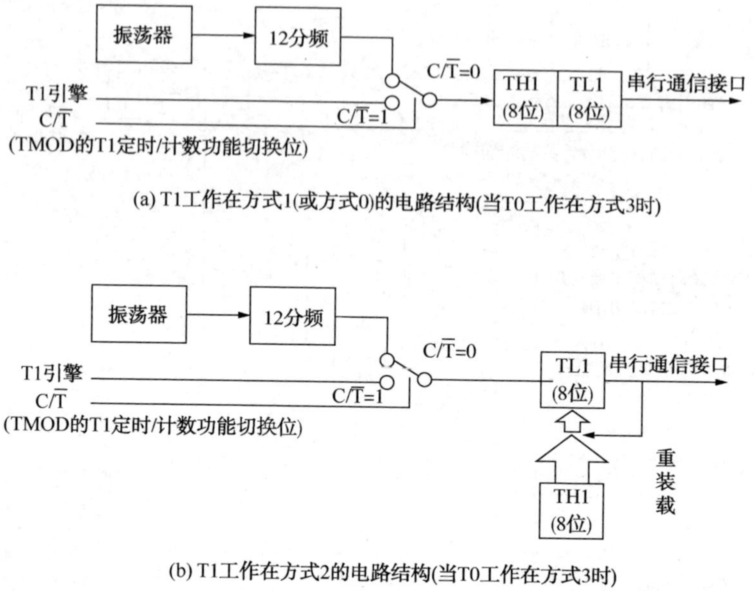

(a) T1工作在方式1(或方式0)的电路结构(当T0工作在方式3时)

(b) T1工作在方式2的电路结构(当T0工作在方式3时)

图 5-29　T0 在方式 3 时 T1 工作在方式 1(或方式 0)和方式 2 的电路结构

(1)定时/计数器控制寄存器 TCON

TCON 寄存器的功能主要是接收外部中断源(INT0、INT1)和定时/计数器(T0、T1)发送来的中断请求信号，并对定时/计数器进行启动/停止控制。TCON 的字节地址是 88H，它有 8 位，每位均可直接访问(可以进行位寻址)。TCON 的字节地址、各位的位地址和名称功能如图 5-30 所示。

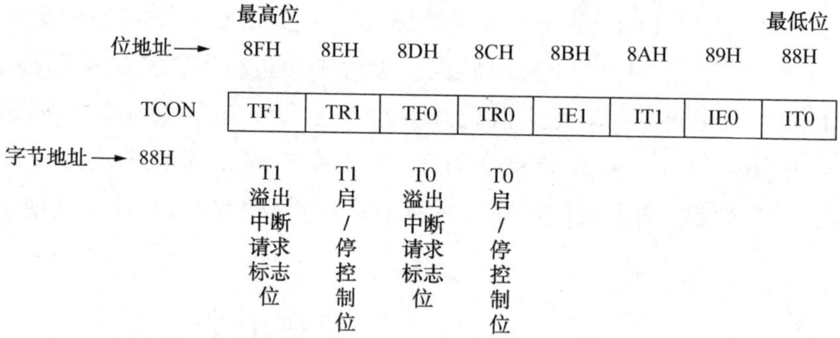

图 5-30　TCON 寄存器的字节地址、各位的位地址和名称功能

TCON 寄存器的各位功能在前面已介绍过，这里仅对与定时/计数器有关的位进行说明。

① TF0 位和 TF1 位：分别为定时/计数器 0 和定时/计数器 1 的中断请求标志位。当定时/计数器工作产生溢出时，会将 TF0 或 TF1 位置“1”，表示定时/计数器 T0 或 T1 有中断请求。

② TR0 和 TR1：分别为定时/计数器 0 和定时/计数器 1 的启动/停止位。在编写程序时，若将 TR0 或 TR1 设为“1”，那么 T0 或 T1 定时/计数器开始工作；若设置为“0”，T0 或 T1 定时/计数器则会停止工作。

(2) 工作方式控制寄存器 TMOD

TMOD 寄存器的功能是控制定时/计数器 T0/T1 的功能和工作方式。TMOD 寄存器的字节地址是 89H，不能进行位操作。在上电(给单片机通电)时，TMOD 寄存器的初始值为 00H。TMOD 的字节地址和各位名称功能如图 5-31 所示。

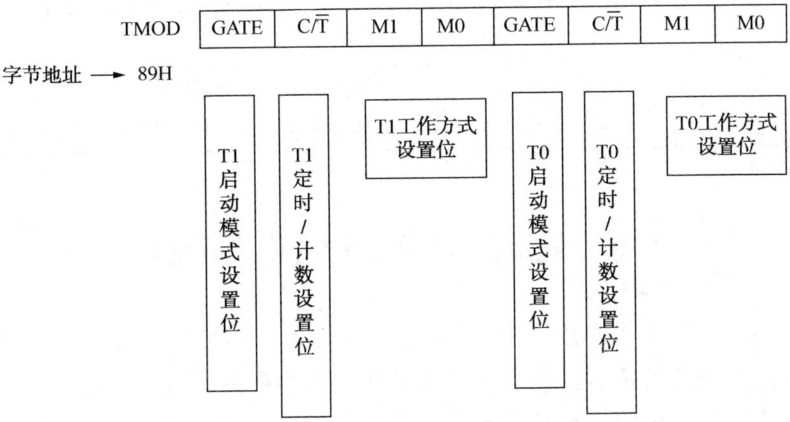

图 5-31　TMOD 寄存器的字节地址和各位名称功能

在 TMOD 寄存器中，高 4 位用来控制定时/计数器 T1，低 4 位用来控制定时/计数器 T0，两者对定时/计数器的控制功能一样，下面以 TMOD 寄存器高 4 位为例进行说明。

① GATE 位：门控位，用来控制定时/计数器的启动模式。

当 GATE=0 时，只要将 TCON 寄存器的 TR1 位置“1”，就可启动 T1 开始工作；当 GATE=1 时，除需要将 TCON 寄存器的 TR1 位置“1”外，还要使 INT1 引脚为高电平，才能启动 T1 工作。

② $C/\overline{T}$ 位：定时/计数功能设置位。

当 $C/\overline{T}=0$ 时，将定时/计数器设置为定时器工作模式；当 $C/\overline{T}=1$ 时，将定时/计数器设置为计数器工作方式。

③ M1、M0 位：定时/计数器工作方式设置位。

M1、M0 位取不同值，可以将定时/计数器设置为不同的工作方式。TMOD 寄存器高 4 位中的 M1、M0 用来控制 T1 的工作方式，低 4 位中的 M1、M0 用来控制 T0 的工作方式。M1、M0 位不同取值与定时/计数器工作方式的关系见表 5-4。

表 5-4　TMOD 寄存器的 M1、M0 位值与定时/计数器工作方式

M1	M0	工作方式	功　能
0	0	方式 0	设成 13 位计数器。T0 用 TH0 和 TL0 的低 5 位，T1 用 TH1 和 TL1 的低 5 位。最大计数值为 $2^{13}=8192$
0	1	方式 1	设成 16 位计数器。T0 用 TH0 和 TL0 的低 5 位，T1 用 TH1 和 TL1 构成。最大计数值为 $2^{16}=65536$
1	0	方式 2	设成带自动重装功能的 8 位计数器。TL0 和 TL1 为 8 位计数器。TL0 和 TH1 存储自动重新装载的初值
1	1	方式 3	只用于 T0。把 T0 分为两个独立的 8 位计数器 TH0 和 TL0。TL0 占用 T0 的全部控制位。TH0 占用 T1 的部分控制位，此时 T1 用作波特率发生器

5.6　定时/计数器编程与应用

MCS-51 单片机内部定时/计数器的应用广泛，当它作为定时器使用时，可用来对被控系统进行定时控制，或作为分频器发生各种不同频率的方波；当它作为计数器使用时，可用于计数统计等。但对于较复杂的应用，靠单纯定时或单纯计数的方法往往难以解决问题，这就需要将两者结合起来，灵活应用。本节将对这类应用的编程方法进行介绍。

[实例 6] 由 P3.4 接口输入一个外部低频窄脉冲信号。当该信号出现负跳变时，由 P3.0 输出宽度为 500μs 的同步脉冲，如此往复。要求据此设计一个波形展宽程序。本例采用 6MHz 晶振，电路原理图如图 5-32 所示。

[解] 为了产生题意要求的低频窄脉冲信号，本例使用了 ISIS 内置的虚拟信号发生器。根据题意可选择输入脉冲信号频率为 2kHz，占空比 80%，幅度 5V。参数设置如图 5-33 所示。

为实现题意要求，可以采用如图 5-34 所示的波形生成方案，具体做法如下：

① 采用 T0 计数方式 2 对 P3.4 的外部脉冲进行计数，选择初值 0xff(=256-1) 使其一次脉冲即产生 T0 溢出，如此监测 P3.4 引脚负脉冲的出现。

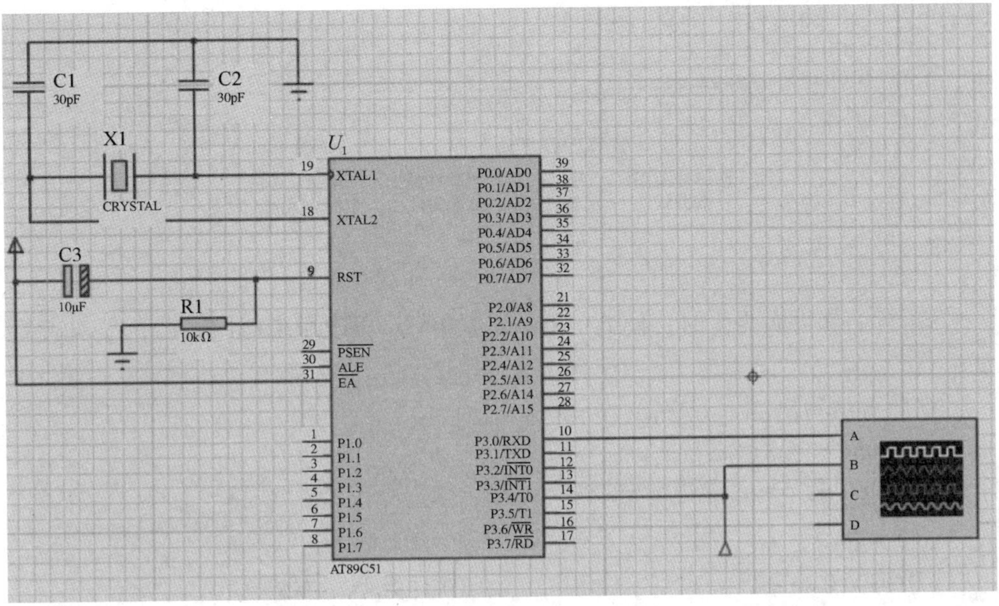

图 5-32　实例 6 电路原理图

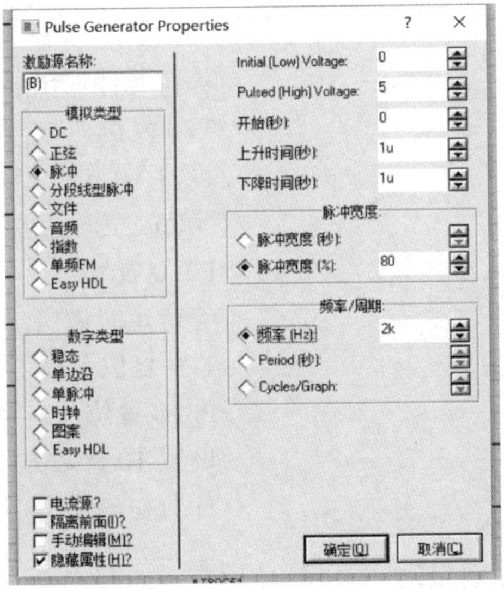

图 5-33　脉冲信号参数的选择

② 当 TF0=1 时改用 T0 定时方式 2 进行定时操作，选择初值 0x06(=256-500×6/12)使其产生 500μs 定时，同时使 P3.0 输出低电平。

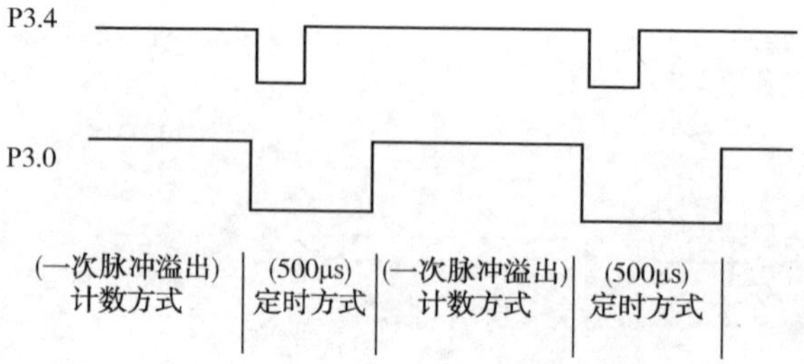

图 5-34 实例 6 的波形生成方案

③ 当 TF0 再次为 1 时，使 P3.0 输出高电平，再改用 T0 计数方式 2，如此往复进行。

据此可编写出如下程序。

```
#include < reg51. h>
sbit P3_ 0=P3^0;
void main ( ) {
TMOD= 0x06;                    //T0 计数器，方式 2
TL0=0xff;                      //一个外来脉冲即产生溢出
TR0=1;
while (1) {
while(! TF0);                  //等待脉冲溢出
TF0=0;                         //TF0 复位
TMOD= 0x02;                    //设置 T0 定时方式 2
TL0= 0x06;                     //500μs 定时初值
P3_ 0= 0;                      //P3.0 置"0"
while (! TF0);                 //等待定时溢出
TF0= 0;                        //TF0 复位
P3_ 0= 1;                      //P3.0 置位
TMOD= 0x06;                    //设置 T0 计数方式 2
TL0= 0xff;                     //计数初值
}}
```

实例 6 的仿真波形图如图 5-35 所示，可见完全实现了题意要求。

[实例 7]定时中断控制的流水灯。

采用定时中断方法实现流水灯的控制功能，要求流水灯的闪烁速率约为每秒 1 次。电路原理图如图 5-36 所示。

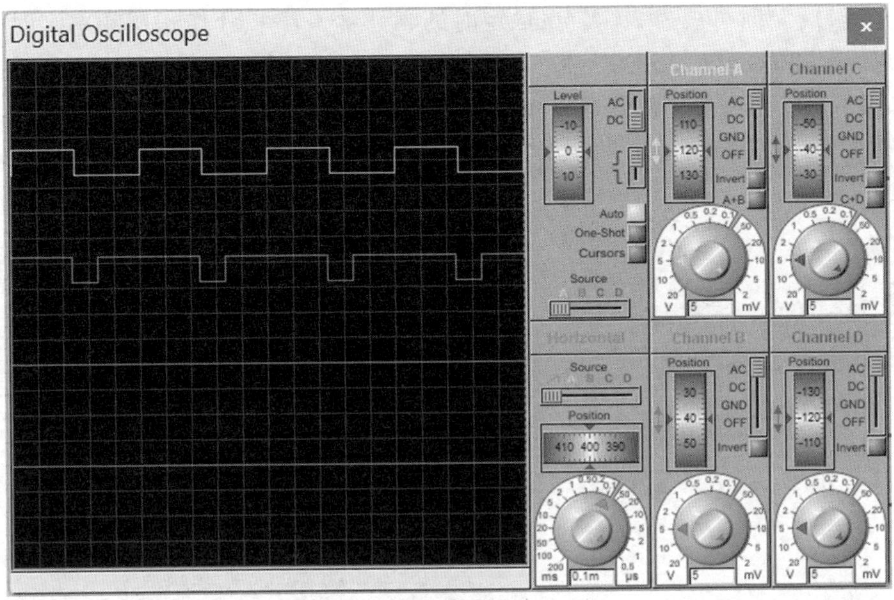

图 5-35　实例 6 仿真波形图

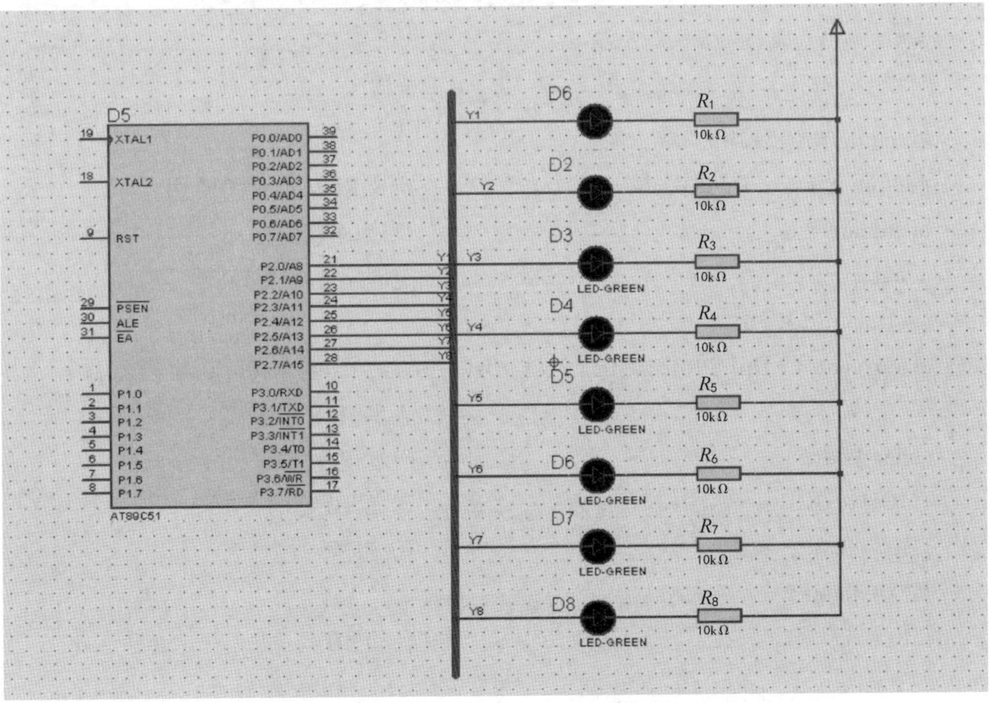

图 5-36　实例 7 电路原理图

[解]1s 定时可视为 20 次 50ms 定时的累计量。若采用 12MHz 频率定时方式 1，则计数初值 $a=2^{16}-50000\times12/12=0x3cb0$。流水灯控制在主函数中进行。

以下是参考程序，仿真运行界面如图 5-37 所示。

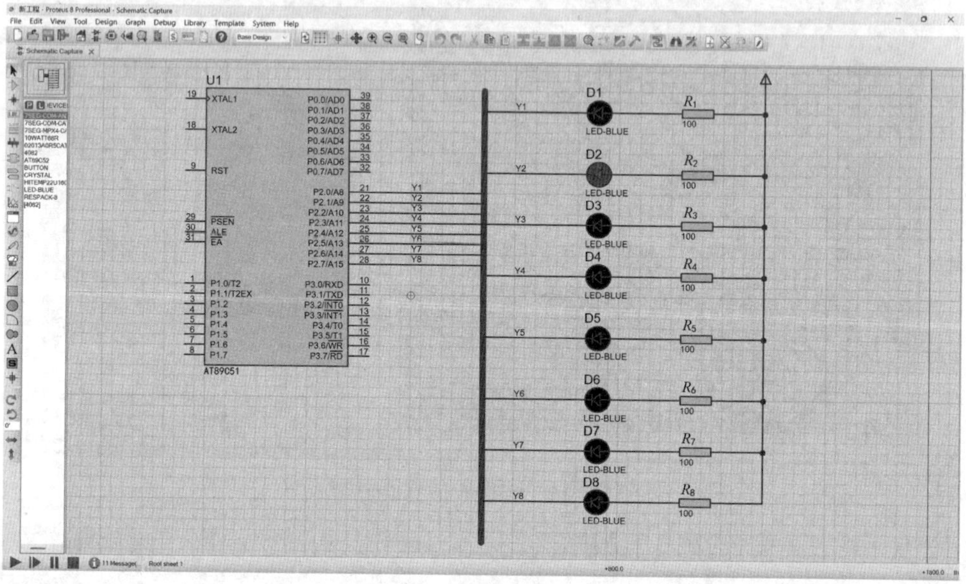

图 5-37　仿真运行界面

```
#include <reg51. h>
#define uchar unsigned char                    //定义以方便后面使用
bit ldelay= 0;                                 //长定时溢出标记
uchar t= 0;                                    //定时溢出次数
void main( ) {
uchar code LEDp[8] = {0xfe, 0xfd, 0xfb, 0xf7, 0xef, 0xdf, 0xbf, 0x7f};
                                               //流水灯花样参数
uchar Ledi;                                    //指示显示顺序
TMOD= 0x01;                                    //定义 T0 定时方式 1
TH0= 0x3c;                                     //T0 初值
TL0= 0xb0;
TR0= 1;                                        //启动 T0
ET0=1;
EA= 1;                                         //开总中断
```

```
while(1) {
      if (ldelay) {                          //有溢出标记进入处理
      ldelay= 0;                             //清除标记
      P2= ledp[ledi];                        //花样数据输出
        ledi++ ;                             //指向下一个花样数据
if(ledi== 8)ledi= 0;                         //循环控制
}}}
timer0() interrupt 1{                        //T0 中断函数
      t++ ;                                  //统计溢出次数
if(t== 20) {t= 0; ldelay= 1;}                //判断累计时间
TH0= 0x3c; TL0= 0xb0;                        //重置 T0 初值
}
```

习　题

一、选择题

1. 0023H 是 51 单片机的(　　)中断入口地址。

A. 外部中断 0　　B. 外部中断 1

C. 定时器中断 1　　D. 定时器中断 0

2. 51 单片机定时器工作方式 0 是指(　　)工作方式。

A. 8 位　　B. 8 位自动重装　　C. 13 位　　D. 16 位

3. 串行通信接口发送中断标志位为(　　)。

A. TI　　B. RI　　C. IE0　　D. IE1

4. T1 中断允许控制位为(　　)。

A. ET0　　B. ET1　　C. ES　　D. EX1

5. 外部中断 1 中断优先级控制位为(　　)。

A. PX0　　B. PX1　　C. PT1　　D. PS

6. 51 单片机可分为两个中断优先级别，各中断源的优先级别设定是利用哪个寄存器进行的？(　　)

A. IE　　B. PCON　　C. IP　　D. SCON

7. 51 单片机响应外部中断 0 的中断时，程序应转移到的地址是(　　)。

A. 0003H　　B. 000BH　　C. 0013H　　D. 001BH

8. 若单片机的振荡频率为 6MHz，设定时器工作在方式 1 需要定时 1ms，则定时器初值应为(　　)。

A. 500　　B. 1000B　　C. 216~500　　D. 216~1000

9. 51 单片机在同一优先级的中断源同时申请中断时，CPU 首先响应(　　)。

A. 外部中断 0　　B. 外部中断 1

C. 定时器中断 0　　D. 定时器中断 1

10. 定时/计数器工作于方式 2，在计数溢出时(　　)。

A. 计数从零重新开始　　B. 计数从初值重新开始

C. 计数停止　　D. 计数递减运行

11. 51 单片机的串行中断入口地址为(　　)。

A. 0003H　　B. 0013H　　C. 0023H　　D. 0033H

12. 当外部中断请求的信号方式为脉冲方式时，要求中断请求信号的高电平状态和低电平状态都应至少维持(　　)。

A. 1 个机器周期　　B. 2 个机器周期

C. 4 个机器周期　　D. 10 个晶振周期

13. 定时器若工作在循环定时或循环计数场合，应选用(　　)。

A. 工作方式 0　　B. 工作方式 1

C. 工作方式 2　　D. 工作方式 3

14. 当晶振频率是 12MHz 时，51 单片机的机器周期是(　　)。

A. 1μs　　B. 1ms　　C. 2μs　　D. 2ms

15. 外部中断 INT0 的触发方式控制位 IT0 置“1”后，其有效的中断触发信号是(　　)。

A. 高电平　　B. 低电平　　C. 上升沿　　D. 下降沿

二、简答题

1. 什么是中断、中断源、中断优先级和中断嵌套?
2. 简述 51 单片机中断过程。
3. 简述外中断 INT0 和 INT1 的 2 种触发方式(电平、边沿)的异同。
4. 定时/计数器 T0 和 T1 各有几种工作方式? 简述每种工作方式的特点。
5. 根据定时/计数器方式 1 逻辑结构图，分析门控位 GATE 取不同值时，启动定时器的工作过程。

第 6 章　智能仪器典型控制算法

6.1　数字滤波算法

6.1.1　滤波的功能及原理

(1)滤波的功能

仪器在实际的测量过程中，由于传感器本身、信号处理电路和外界环境等的影响，使得被测信号不可避免地混杂一些噪声和干扰，这就对仪器进行准确的测量造成了影响，为了抑制或消除这些干扰或噪声的影响，通常在仪器仪表的硬件上，采取一系列的抗干扰措施，如屏蔽、滤波等。这种通过在仪器的硬件电路上采用专门的滤波电路或滤波元器件来实现的滤波通常称为硬件滤波(或模拟滤波)。但是模拟滤波电路复杂，不仅增加了设计成本，而且提高了系统的功耗，降低了系统的可靠性。随着电子技术及单片机技术的发展，现在很多场合都采用数字滤波技术如手机、平板电脑等。它作为软件无线电的一个处理单元，有非常广阔的发展前景。

所谓数字滤波，是指通过一定的运算和处理程序，对测量到的数据进行某种处理，从而减弱或消除干扰或噪声的影响，把处理后的数据作为最终的测量结果，以提高测量的可靠性和准确度。

(2)滤波的分类

滤波是一种只允许某一频带信号通过或只阻止某一频带信号通过的抑制干扰措施，主要应用于信号滤波和电源滤波。

信号通过滤波器，被滤除(或称被衰减)的信号频带称为阻带，被传输的信号频带称为通带。根据阻带和通带的频谱，又可以将滤波器分为以下 4 种：

① 低通滤波器：允许低频信号通过，阻止高频信号通过。

② 高通滤波器：允许高频信号通过，阻止低频信号通过。

③ 带通滤波器：允许规定的某频段信号通过，阻止高于或低于该频段的信号通过。

④ 带阻滤波器：只阻止规定的某频段信号通过，允许高于或低于该频段的信号通过。

滤波器按结构分为无源滤波器和有源滤波器，有源滤波器可以获得比较理想的频率特性，但有源器件的共模抑制比一般器件难以满足要求，其本身的噪声也较大。在抗干扰领域，有源滤波器的使用场景不如无源滤波器多。

(3)数字滤波的优点

数字滤波可以有效抑制信号中的干扰成分，消除随机误差，同时对信号进行必要的平滑处理，以保证仪表及系统的正常运行。与硬件滤波相比，数字滤波具有以下优点：

① 通过程序滤波，故无须增加硬件设备，且可多通道共享一个滤波器(多通道共同调用一个滤波子程序)，从而降低了成本。

② 由于不用硬件设备，各回路间不存在阻抗匹配等问题，故可靠性高，稳定性好。

③ 可以对频率很低的信号(如0.01Hz以下)进行滤波，这是模拟滤波器做不到的。

④ 可根据需要选择不同的滤波方法或改变滤波器的参数，使用方便、灵活。

由于数字滤波具备上述优点，数字滤波器在智能仪器中得到了广泛应用，但它并不能代替模拟滤波器，因为输入信号必须转换成数字信号后才能进行数字滤波。有的输入信号很小，而且混有干扰信号，此时必须使用模拟滤波器。另外，在测量中，为了消除混叠现象，往往在信号输入端加抗混叠滤波器，这也是数字滤波器所不能代替的。可见，模拟滤波器和数字滤波器各有所长，在智能仪器中均有广泛应用。

6.1.2 常用滤波算法及分析

数字滤波算法有多种，每种算法都有其不同的特点和适用范围。下面选择几种常用的方法进行介绍。

(1)限幅滤波

尖脉冲干扰信号随时可能窜入智能仪器中，使得测量信号突然增大，造成测量信号的严重失真。对于这种随机干扰，限幅滤波是一种十分有效的消除方法。其基本方法是比较相邻(n 和 $n-1$ 时刻)的两个采样值 y_n 和 $\bar{y}_{n-1}$，如果它们的差值过大，超过了参数可能的最大变化范围时，则认为发生了随机干扰，并视后一次采样值 y_n 为非法值，应予以剔除。y_n 作废后，可以用 $\bar{y}_{n-1}$ 替代 y_n，或采用递推方法，由 $\bar{y}_{n-1}$、$\bar{y}_{n-2}$($n-1$ 和 $n-2$ 时刻的滤波值)来近似推出 y_n，其相应算法为：

$$\Delta y_n = |y_n - \bar{y}_{n-1}| \begin{cases} \leqslant \alpha & \bar{y} = y_n \\ > \alpha & \bar{y} = \bar{y}_{n-1} \end{cases} \text{或} \ \bar{y} = 2\bar{y}_{n-1} - \bar{y}_{n-2} \tag{6-1}$$

式中，α 表示相邻两个采样值之差的最大可能变化范围。上述限幅滤波算法很容易用程序判断的方法实现，故也称为程序判断法。

在应用这种方法时，关键在于 α 值的选择。过程的动态特性决定其输出参数的变化速度。因此，通常按照参数可能的最大变化速度 V_{max} 及采样周期 T 决定 α 值，即：

$$\alpha = V_{max} T \tag{6-2}$$

设 DATA1 和 DATA2 为内部 RAM 单元，均为单字节，用以动态存放最近一次滤波值 $\bar{y}_{n-1}$ 和本次采样值 y_n，滤波值也存入 DATA2 单元中。51 单片机程序如下：

```
#include <reg52.h>
char lvbo(char DATA1,char DATA2)       //限幅滤波函数
{
    char A;                             //定义变量A,后续储存DATA2的值
    char fuzhi=20;                      //定义限幅滤波的幅值
    A=DATA2;
    A=A-DATA1;    //比较本次采样值和最近一次采样值并将结果赋值给A
    if(A<0)                             //如果A小于0则A=-A
    {
        A=-A;
    }
    if(A!=fuzhi)         //当A不等于幅值时进入逻辑判断,否则不进行处理
        {
        if(A<fuzhi)                     //当A低于幅值时不进行处理
```

```
            {
            }
            else                              //当A高于幅值时令DATA2=DATA1
            {
                DATA2=DATA1;
            }
        }
    return DATA2;                             //返回滤波结果
}
void main(void)                               //主函数
{
    char DATA1=1;                             //定义最近一次采样值DATA1
    char DATA2=2;                             //定义本次采样值DATA2
    DATA2=lvbo(DATA1,DATA2);
                      //调用限幅滤波函数并将滤波结果返回幅值给DATA2
}
```

(2)中值滤波

中值滤波就是对某一被测参数连续采样 n 次(一般 n 取奇数)，然后把 n 次采样值按大小排序，取中间值作为本次采样值。中值滤波能有效克服因偶然因素引起的波动或采样器不稳定等造成的脉冲干扰。对温度、液位等缓慢变化的被测参数采用此法能收到良好的滤波效果，但对于流量、压力等快速变化的参数一般不宜采用中值滤波算法。

设SAMP为存放采样值(单字节)的内存单元首址，DATA为存放滤波值的内存单元地址，N 为采样值个数。51单片机程序如下。

```
#include <reg51.h>
char zhongzhilvbo(char *SAMP,char DATA)              //中值滤波子程序
{
    char A;
    char C;
    char i;
    char j;
```

```
    char N=7;                          //定义待滤波数据长度为 7
    char zhongzhi_num=(N-1)/2;//计算中值数据处于待滤波数组中的位置
    char  * local=SAMP;               //定义指针获取待滤波数据地址
    for(i=0;i<N-1;i--)                //通过冒泡法进行数组内数据的大小排序
    {
        A=local[i];                   //将待排序的数据赋值给 A
        for(j=N-i-1;j>0;j--)          //冒泡法的内部循环比较
        {
            C=local[j+i];
            if(A-C<0)
            {
            }
            else
            {
                local[i]=C;
                local[j]=A;
            }
        }
    }
    DATA=SAMP[zhongzhi_num];
    return DATA;
}
void main(void)                        //程序主函数
{
    char SAMP[]={1,2,3,4,5,6,7};
                                       //定义待滤波数据为一个 char 类型数组
    char DATA;                         //定义中值滤波结果为 DATA
    char result;
    result=zhongzhilvbo(&SAMP,DATA);  //调用中值滤波子程序
}
```

(3)算术平均滤波

算术平均滤波法就是连续取 N 个采样值进行算术平均，这是消除随机误差最为常用的方法，其数学表达式为：

$$\bar{y} = \frac{1}{N}\sum_{i=1}^{N} y_i \tag{6-3}$$

算术平均滤波一般用于对具有随机干扰的信号进行滤波。这种信号的特点是有一个平均值，信号在某一数值范围附近上下波动，在这种情况下仅取一个采样值作依据显然是不准确的。算术平均滤波对信号的平滑程度取决于 N。当 N 较大时，平滑度高，但灵敏度低；当 N 较小时，平滑度低，但灵敏度高。应视具体情况选取 N，以使其既少占用计算时间，又达到最好的效果。对于一般流量测量，通常取 $N=12$；若为压力，则取 $N=4$。

算术平均滤波程序可直接按式(6-3)编写，只需注意两点：一是 y_i 的输入方法，对于定时测量，为了减小数据的存储容量，可对测得的 y_i 值直接按式(6-3)进行计算，但对于某些应用场合，为了加快数据测量的速度，可采用先测量数据，并把它们存放在存储器中，测量完 N 点后，再对所测得的 N 个数据进行平均值计算；二是选取适当的 y_i、$\bar{y}$ 的数据格式，即 y_i、$\bar{y}$ 是定点数还是浮点数。采用浮点数计算比较方便，但计算时间较长；采用定点数可加快计算速度，但是必须考虑累加时是否会产生溢出。

设 N 为采样值个数，SAMP 为存放双字节采样值的内存单元首址，且假定 N 个采样值之和不超过 16 位。51 单片机程序如下：

```
#include <reg51.h>
char pingjun_lvbo(short *SAMP,char N)   //算数平均滤波子程序
{
    char i;                              //定义 for 循环计数变量 i
    short add=0;                         //定义累加变量 add
    short DATA;                          //定义滤波结果变量 DATA
    for(i=1;i<=N;i++)            //for 循环对所有采样值求和赋值给变量 add
    {
        add+=SAMP[i];
    }
    DATA=add/N;                          //根据公式求取滤波结果
```

```
    return DATA;                              //返回滤波结果
}
void main(void)                               //主函数
{
    char N=6;                                 //定义采样个数变量,此处赋值为 6
    while(1)
    {
        short SAMP[]={1,2,3,4,5,6};           //获取传感器数据,此处赋值数组
        short result;                         //定义获取结果变量
        result=pingjun_lvbo(&SAMP,N);         //调用算术平均滤波子程序
    }
}
```

(4)递推平均滤波

算术平均滤波每计算一次数据需测量 N 次，对于测量速度较慢或要求数据采集速度较快的实时系统，该方法是无法使用的。例如，某 A/D 芯片转换速率为每秒 10 次，而要求每秒输入 4 次数据时，则 N 不能大于 2。下面介绍一种只需进行一次测量就能得到当前算术平均滤波值的方法——递推平均滤波。

递推平均滤波是把 N 个测量数据看成一个队列，队列的长度固定为 M，每进行一次新的测量，把测量结果收入队尾，而扔掉原来队首的一个数据，这样在队列中始终有 N 个"最新"的数据。计算滤波值时，只要把队列中的 N 个数据进行算术平均就可得到新的滤波值。这样每进行一次测量就可计算得到一个新的平均滤波值。递推平均滤波法的数学表达式为：

$$\bar{y}_n = \frac{1}{N}\sum_{i=1}^{N-1} y_{n-1} \qquad (6\text{-}4)$$

式中，$\bar{y}_n$ 为第 n 次采样值经滤波后的输出；y_{n-1} 为未经滤波的第 $n-1$ 次采样值；N 为递推平均项数，即第 n 次采样的 N 项递推平均值是 n，$n-1$，…，$n-N+1$ 次采样值的算术平均，与算术平均滤波法相似。

递推平均滤波法对周期性干扰有良好的抑制作用，平滑度高，灵敏度低，但对偶然出现的脉冲干扰的抑制作用差，不易消除由脉冲干扰所引起的采样值偏差，因此它不适用于脉冲干扰比较严重的场合而适用于高频振荡系统。通过观察不同 N 值下递推平均的输出响应来选取 N 值，以便既少占用计算机时间，又能

达到最好的滤波效果。表 6-1 给出了工程经验值。

表 6-1　工程经验值参考表

参数	流量	压力	液位	温度
N 值	12	4	4~12	1~4

对照式(6-3)和式(6-4)，可以看出，递推平均滤波法与算术平均滤波法在数学处理上是相似的，只是这 N 个数据的实际意义不同而已。采用定点数表示的递推平均滤波法在程序上与算术平均滤波无大的不同，故不再给出。

(5)加权递推平均滤波

在算术平均滤波和递推平均滤波中，N 次采样值在输出结果中所占的权重是均等的，即 $1/N$。用这样的滤波算法对于时变信号会引入滞后。N 越大，滞后越严重。为了增加新鲜采样数据在递推平均中的权重，以提高系统对当前采样值中所受干扰的灵敏度，可以采用加权递推平均滤波算法。它是递推平均滤波法的改进，能对不同时刻的数据加以不同的权。通常越接近当前时刻的数据，权选取得越大。N 项加权递推平均滤波法的数学表达式为：

$$\bar{y}_n = \frac{1}{N}\sum_{i=1}^{N-1} C_i y_{n-1} \tag{6-5}$$

式中，$\bar{y}_n$ 为第 n 次采样值经滤波后的输出；C_0，C_1，…，C_{N-1} 为常数，且满足如下条件：

$$C_0 + C_1 + \cdots + C_{N-1} = 1 \tag{6-6}$$

$$C_0 > C_1 > \cdots > C_{N-1} > 0 \tag{6-7}$$

常数 C_0，C_1，…，C_{N-1} 的选取有多种方法，其中最常用的是加权系数法，如式(6-8)、式(6-9)所示。设 t 为对象的纯滞后时间，且：

$$\delta = 1 + e^{-t} + e^{-2t} + \cdots + e^{-(N-1)t} \tag{6-8}$$

则：

$$C_0 = \frac{1}{\delta},\ C_1 = \frac{e^{-t}}{\delta},\ \cdots,\ C_{N-1} = \frac{e^{-(N-1)t}}{\delta} \tag{6-9}$$

由于 t 越大，δ 越小，故给予新的采样值的权系数应越大，而给予先前采样值的权系数应越小，这样可提高新采样值在平均过程中的地位，所以加权递推平均滤波算法适用于有较大纯滞后时间常数 t 的对象和采样周期较短的系统；而对于纯滞后时间常数较小、采样周期较长、变化缓慢的信号，则不能迅速反映系统当前所受干扰的严重程度，故滤波效果稍差。

(6) 一阶惯性滤波法

在模拟量输入通道等硬件电路中，常用一阶惯性 RC 模拟滤波器来抑制干扰，当用这种模拟方法来实现对低频干扰的滤波时，首先遇到的问题是要求滤波器有较大的时间常数和高精度的 RC 网络。时间常数越大，要求电阻值越大，其漏电流也随之增大，从而使 RC 网络的误差增大，降低了滤波效果。而一阶惯性滤波法是一种以数字形式通过软件来实现动态的 RC 滤波方法，它能很好地克服上述模拟滤波器的缺点，在滤波常数要求大的场合，此法更为实用。

一阶惯性滤波法的数学表达式为：

$$\bar{y}_n = (1 - a)y_n + a\bar{y}_{n-1} \tag{6-10}$$

式中，$\bar{y}_n$ 为未经滤波的第 n 次采样值。

$$a = \frac{T_f}{T + T_f} \tag{6-11}$$

式中，a 由实验确定，只要使被检测的信号不产生明显的波纹即可；T_f、T 分别为滤波时间常数和采样周期。

当 $T \ll T_f$ 时，即输入信号的频率很高，而滤波器的时间常数较大时，上述算法与一般的模拟滤波效果等价。

一阶惯性滤波法对周期性干扰具有良好的抑制作用，适用于波动频繁的参数滤波，其不足之处是带来了相位滞后，灵敏度低。滞后的程度取决于 a 值的大小。同时，它不能滤除频率高于采样频率 1/2（称为奈奎斯特频率）的干扰信号。例如，采样频率为 100Hz，则它不能滤去 50Hz 以上的干扰信号。对于高于奈奎斯特频率的干扰信号，应当采用模拟滤波器。

一阶惯性滤波一般采用定点运算。由于不会产生溢出问题，a 常选用 2 的负幂次方，这样在计算 ay_n 时只要把 y_n 向右移若干位即可。

设 $\bar{y}_{n-1}$ 在 DATA1 为首地址的单元中，$\bar{y}_n$ 在 DATA2 为首地址的单元中，均为双字节。取 a=0.75。51 单片机程序如下：

```
#include <reg51.h>
short yijie_lvbo(short DATA2)        //一阶惯性滤波程序
{
    float α=0.75;                    //定义一阶惯性滤波系数 α,α 由试验确定
```

```
    static short DATA1=0;
/ * 定义 static 变量储存 DATA1,赋予 DATA1 初值为 0,仅在第一次被调用运行时 DATA1=0 会执行 * /
    DATA2=(1-a) * DATA2+a * DATA1;        //进行一阶惯性滤波
    DATA1=DATA2;                          //DATA2 作为新的 DATA1 被储存等待调用
    return DATA2;                         //程序返回 DATA2
}
void main(void)                           //主函数
{
    short DATA2;                          //定义待滤波数据储存变量 DATA2
    while(1)
    {
      DATA2=100;            //DATA2 获取传感器数据,用 DATA2=100 代替
      DATA2=yijie_lvbo(DATA2);
                 //对数据 DATA2 进行一阶惯性滤波,滤波结果存放在 DATA2
    }
}
```

(7)基于拉依达准则的奇异数据滤波法

拉依达准则法的应用场合与程序判别法类似，并可更准确地剔除严重失真的奇异数据。拉依达准则的内容是：当测量次数 N 足够大且测量服从正态分布时，若某次测量值 X_i 所对应的剩余误差 $V_i>3\delta$，则认为该 X_i 为坏值，应予以剔除。

采用 3δ 准则净化奇异数据时，有的仪器通过选择 $L\delta$ 中的 L 值($L=2，3，4，5$)调整净化门限，$L>3$，门限放宽；$L<3$，门限紧缩。

采用 3δ 准则剔除粗大误差、净化采样数据有其局限性，有时甚至失效。需要注意：

① 该准则在样本值少于 10 个时不能判别任何奇异数据。

② 3δ 准则建立在正态分布的等精度重复测量基础上，而造成奇异数据的干扰或噪声难以满足正态分布。

(8)基于中值数绝对偏差的决策滤波法

中值绝对偏差估计的决策滤波器能够判别出奇异数据，并以有效性的数值来取代。采用移动窗口 $x_0(k)$，$x_1(k)$，…，$x_m(k)$，利用 m 个数据来确定有效性。

如果滤波器判定该数据有效，则输出；否则判定该数据为奇异数据，并用中值取代该奇异数据。

著名的统计学家 F R Hampel 提出并证明了中值数绝对偏差 MAD = 1.4826d，MAD 可以代替标准偏差 δ。同样可以用窗口宽度 m 和门限参数 L 调整滤波器的特性。m 值影响滤波器的总一致性，应至少为 7；门限参数 L 直接决定滤波器主动进取程度。这种非线性滤波器具有比例不变性、因果性、算法快捷等特点，能实时地完成数据净化。

(9) 复合滤波法

智能仪表在实际应用中所面临的随机扰动往往不是单一的，有时既要消除脉冲扰动，又要做数据平滑。因此常常可以把前面介绍的两种以上的方法结合起来使用，形成复合滤波。例如，防脉冲扰动平均值滤波法就是一种应用实例。这种算法的特点是先用中值滤波法滤掉采样值中的脉冲性干扰，然后把剩余的各采样值进行递推平均滤波。其基本算法如下：

如果其中 $y_1 \leqslant y_2 \leqslant \cdots \leqslant y_n$，其中 $3 \leqslant n \leqslant 14$，$y_1$ 和 y_n 分别是所有采样值中的最小值和最大值，则：

$$\bar{y}_n = \frac{y_2 + y_3 + \cdots + y_{n-1}}{n - 2} \tag{6-12}$$

这种滤波方法兼容了递推平均滤波法和中值滤波法的优点，所以无论对缓慢变化的过程变量还是快速变化的过程变量来说，都能达到较好的滤波效果，进而提高控制质量。程序是两种算法程序的组合，故省略。

上面介绍了几种在智能仪表中使用较普遍的克服随机干扰的软件算法。在一个具体的智能仪器中究竟应选用哪些滤波算法，取决于智能仪器的应用场合及过程中所含有的随机干扰情况。

6.2　校正算法

6.2.1　校正算法的功能及原理

(1) 系统误差的定义

系统误差（System Error）是指在相同条件下多次测量同一物理量，误差的大小和符号保持不变或按一定规律变化。恒定不变的误差称为恒定系统误差，而按一定规律变化的误差称为变化系统误差，它们是由固定不变的或按确定规律变化的因素所造成的。

(2)产生系统误差的主要因素

① 测量装置方面：如标尺的刻度偏差，天平的臂长不等，仪器内部基准，放大器的零点漂移，增益漂移等。

② 环境方面：测量时的实际温度对标准温度的偏差，以及测量过程中的温度、湿度等按一定规律变化的误差。

③ 测量方法方面：采用近似的测量方法或近似的计算公式等引起的误差。

④ 测量人员方面：由于测量者个人的特点，在刻度上估计读数时，习惯偏于某一方向；动态测量时，记录某一信号有滞后的倾向等。

(3)校正算法的功能

在测量中要针对具体情况采取相应的措施来消除或削弱系统误差。由于系统误差是固定的或有规律变化的，因而通常采用离线处理方法，以确定校正算法和数学模型，在线测量时则利用此校正算法对系统误差作出修正。智能仪器充分利用微处理器的运算和存储能力，可以对测量数据进行校正，而不需要任何硬件补偿装置，既可以大大提高精度和可靠性，又降低了成本。

6.2.2 常用校正算法及分析

(1)利用误差模型校正系统误差

如果通过理论分析和数学处理，能建立系统误差的模型，就可以确定校正系统误差的算法和表达式，准确地进行系统误差的校正。

例如，在仪表中用运算放大器电路测量电压，常会引入零点漂移和增益误差。x 表示实际值，y 表示带有误差（零点漂移和增益误差）的测量值，ε 是干扰或零点漂移，i 是放大器偏置电流，k 是放大器增益，y' 是从输出端 y 引入输入端的反馈量，用以改善系统的稳定性。

假设实际值 x 与测量值 y 是线性关系，可建立系统误差模型为：

$$x = b_1 y + b_0 \tag{6-13}$$

为了消除系统误差的影响求出 x，需要先求出式中的系数 b_1 和 b_0。为此，分别将输入端接入零信号(输入端短接)和标准电源 E，测出输出 y 分别为 y_0 和 y_1，得到两个方程，表示为：

$$0 = b_1 y_0 + b_0 \tag{6-14}$$

$$E = b_1 y_1 + b_0 \tag{6-15}$$

由式(6-14)、式(6-15)联立求解，可得：

$$b_1 = \frac{E}{y_1 - y_0} \tag{6-16}$$

于是经过校正的被测量值 x 为：

$$x = b_1 y + b_0 = \frac{E(y - y_0)}{y_1 - y_0} \tag{6-17}$$

仪表在实际测量时，可在每次测量之初先求出 b_0 和 b_1，然后再采样，并按式(6-17)校正，从而可以实时消除系统误差。

(2)利用离散数据建立模型校正系统误差

一方面，校正系统误差的关键是建立误差模型，但是在很多情况下，并不能确定误差模型，只能通过测量获得一组反映被测量的离散数据，设计者必须利用这些离散数据建立起反映被测量变化的近似数学模型(即校正模型)。另一方面，有时即使有了数学模型，如 n 次多项式，但其次数过高，计算太复杂、太费时，常常要从系统的实际精度要求出发，用逼近法来降低一个已知非线性特性函数的次数，以简化数学模型，便于计算和处理。下面介绍常用的代数插值法、分段插值法和最小二乘法。

1)代数插值法

设有 $n+1$ 组离散点：(x_0, y_0)，(x_1, y_1)，…，(x_n, y_n)，$x \in [a, b]$ 和未知函数 $f(x)$，并有 $f(x_0)=y_0$，$f(x_1)=y_1$，…，$f(x_n)=y_n$。

现在要设法找到一个函数 $g(x)$，使 $g(x)$ 在 $x_i(i=0, 1, \cdots, n)$ 处与 $f(x_i)$ 相等。这就是插值问题。满足这个条件的函数 $g(x)$ 就称为 $f(x)$ 的插值函数，x 称为插值节点。若找到 $g(x)$，则在以后的计算中就可以用 $g(x)$ 在区间 $[a, b]$ 上近似代替 $f(x)$。

在插值法中，$g(x)$ 有各种选择方法，如多项式、对数函数、指数函数、三角函数等。由于多项式是最容易计算的一类函数，一般常选择 $g(x)$ 为 n 次多项式，并记 n 次多项式为 $P_n(x)$，这种插值方法称为代数插值法，也称为多项式插值法。

先要用一个次数不超过 n 的代数多项式：

$$P_n(x) = a_0 + a_1 x + a_2 x^2 + \cdots + a_n x^n = \sum_{i=0}^{n} a_i x^i \tag{6-18}$$

去逼近 $f(x)$，使 $P_n(x)$ 在节点 x_i 处满足：

$$P_n(x_i)=f(x_i)=y_i(i=0,\ 1,\ \cdots,\ n)$$

对于前述 $n+1$ 组离散点，系数 a_0，a_1，…，a_n 应满足的方程组为：

$$\begin{cases}a_nx_0^n\times a_{n-1}x_0^{n-1}+\cdots+a_1x_0+a_0=y_0\\a_nx_1^n\times a_{n-1}x_1^{n-1}+\cdots+a_1x_1+a_1=y_1\\\quad\quad\vdots\\a_nx_n^n\times a_{n-1}x_n^{n-1}+\cdots+a_1x_n+a_n=y_n\end{cases}\tag{6-19}$$

这是一个含 $n+1$ 个未知数 a_0，a_1，…，a_n 的线性方程组。当 a_0，a_1，…，a_n 互异时，方程组(6-19)有唯一的一组解。因此一定存在唯一的 $P_n(x)$ 满足所要求的插值条件。这样，只要对已知的 x_i 和 $y_i(i=0,\ 1,\ \cdots,\ n)$ 去求解方程组(6-19)，就可以求得 $a_i(i=0,\ 1,\ \cdots,\ n)$，从而可以得到 $P_n(x)$，这是求解插值多项式最基本的方法。

由于在实际应用中，x_i 和 y_i 可以预先知道，所以先离线求出 a_i，然后按所得到的 a_i 编出一个计算 $P_n(x)$ 的程序，就可以对各输入值 x_i 近似地实时计算，使 $P_n(x)\approx f(x)$。通常，给出的离散点总是多于求解插值方程组所需要的离散点数，因此，在用多项式插值法求解离散点的插值函数时，首先必须根据所需要的逼近精度来决定多项式的次数。具体次数与所要逼近的函数有关。例如，函数关系接近线性的，可从中选取两点，用一次多项式来逼近($n=1$)；接近抛物线的可从中选取三点，用二次多项式来逼近($n=2$)…… 同时，多项式次数还与自变量的范围有关。一般来说，自变量的允许范围越大(即插值区间越大)，达到同样精度时的多项式次数也越高。对于无法预先决定多项式次数的情况，可采用试探法，即先选取一个较小的 n 值，看看逼近误差是否接近所要求的精度，如果误差太大，则把 n 加 1，再试一次，直到误差接近精度要求为止。在满足精度要求的前提下，n 不应取得太大，以免增加计算时间。一般最常用的多项式插值是线性插值和抛物线(二次)插值。

①线性插值：

线性插值是在一组数据[$(x_i,\ y_i)$]中选取两个有代表性的点(x_0，y_0)、(x_1，y_1)，然后根据插值原理，求出插值方程为：

$$y=\frac{(x-x_1)}{(x_0-x_1)}y_0+\frac{(x-x_0)}{(x_1-x_0)}y_1\tag{6-20}$$

令式(6-18)中 $n=1$，有：

$$P_1(x)=a_0+a_1x\tag{6-21}$$

比较式(6-20)和式(6-21)，求得待定系数 a_1 和 a_0 为：

$$a_1 = \frac{y_1 - y_0}{x_1 - x_0}$$

$$a_0 = y_0 - a_1 x_0 \tag{6-22}$$

当(x_0, y_0)、(x_1, y_1)取在非线性特性曲线$f(x)$或数组的两端点 A 和 B 时，如图 6-1 所示，线性插值就是最常用的直线方程校正法。

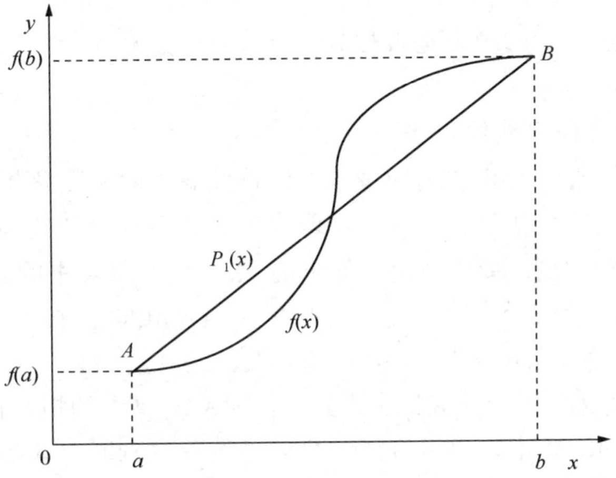

图 6-1　非线性特性的直线方程校正

设 A、B 两点的数据分别为$[a, f(a)]$，$[b, f(b)]$，则根据式(6-20)~式(6-22)就可以求出其校正方程 $P_1(x)=a_1x+a_0$，式中 $P_1(x)$表示对$f(x)$的近似值。当 $x_i \neq a$、b时，$P_1(x_i)$与$f(x_i)$有拟合误差 U_i，其绝对值为：

$$U_i = |P_1(x_i) - f(x_i)| \quad (i=1,\ 2,\ \cdots,\ n)$$

在全部 x 的取值区间$[a, b]$上，若始终存在 $U_i<\varepsilon$，ε 为允许的拟合误差，则直线方程 $P_1(x)=a_1x+a_0$ 就是理想的校正方程。实时测量时，每采样一个值，就用该方程计算 $P_1(x)$，并把 $P_1(x)$当作测量值的校正值。

②抛物线插值：

抛物线插值是在一组数据中选取 3 个点(x_0, y_0)、(x_1, y_1)、(x_2, y_2)，由式(6-18)和式(6-19)可求出相应的插值方程为：

$$P_2(x) = \frac{(x - x_1)(x - x_2)}{(x_0 - x_1)(x_0 - x_2)}y_0 + \frac{(x - x_0)(x - x_2)}{(x_1 - x_0)(x_1 - x_2)}y_1 + \frac{(x - x_0)(x - x_1)}{(x_2 - x_0)(x_2 - x_1)}y_2 \tag{6-23}$$

提高插值多项式的次数可提高校正精度，考虑到实时计算，多项式的次数一般不宜过高。对于一些难以靠提高多项式次数来提高拟合精度的非线性特性，可采用分段插值的方法加以解决。

2)分段插值法

对于系统误差非线性程度严重或存在较宽测量范围时，可采用分段直线方程来进行校正。分段后的每段非线性曲线用一个直线方程来校正，即：

$$P_{1i}(x)=a_{1i}x+a_{0i}\quad(i=1,\ 2,\ \cdots,\ n)\tag{6-24}$$

根据分段节点之间的距离是否相等，有等距节点和非等距节点分段直线校正两种方法。

① 等距节点分段直线校正法：

等距节点分段直线校正法适用于非线性特性曲线曲率变化不大的场合。每段曲线都用一个直线方程代替，分段数 n 取决于非线性程度和仪表的精度要求。非线性越严重或仪器的精度要求越高，则 n 越大。式(6-24)中的 a_{1i} 和 a_{0i} 可离线求得。采用等分法，每段折线的拟合误差 V_i 一般各不相同。拟合结果应保证：

$$\max[U_{\max i}]\leqslant\varepsilon\quad(i=1,\ 2,\ \cdots,\ n)\tag{6-25}$$

式中，$U_{\max i}$ 为第 i 段的最大拟合误差，ε 为系统要求的拟合误差。求得的 a_{1i} 和 a_{0i} 存入仪器的 ROM 中。实时测量时只要先用程序判断输入的 x 位于折线的哪一段，然后取出该段对应的 a_{1i} 和 a_{0i} 进行计算，即可得到被测量的相应近似值。

② 非等距节点分段直线校正法：

对于曲率变化大和切线斜率大的非线性特性曲线，若采用等距节点分段直线校正法进行校正，欲使最大误差满足精度要求，则分段数 n 就会变得很大，而误差分配却不均匀。同时，n 增加，使 a_{1i} 和 a_{0i} 的数目相应增加，占用内存较多，这时宜采用非等距节点分段直线校正法。即在线性较好的部分，节点间距离取得大些，反之则取得小些，从而使误差达到均匀分布。

设某系统的输入/输出特性曲线如图 6-2 中实线所示，x 为系统的输入值(含有系统误差的测量值)，y 为系统的输出值(实际被测量值)，采用非等矩节点分段直线校正法将曲线分为四段直线，逼近该系统的输入/输出曲线，如图 6-2 中虚线所示。可求得各段的直线方程式为：

$$\begin{cases}y_3 & x\geqslant x_3\\ y_2+k_3(x-x_2) & x_2\leqslant x<x_3\\ y_1+k_2(x-x_1) & x_1\leqslant x<x_2\\ k_1x & 0\leqslant x<x_1\end{cases}\tag{6-26}$$

式中，$k_3=\dfrac{y_3-y_2}{x_3-x_2}$，$k_2=\dfrac{y_2-y_1}{x_2-x_1}$，$k_1=\dfrac{y_1}{x_1}$。

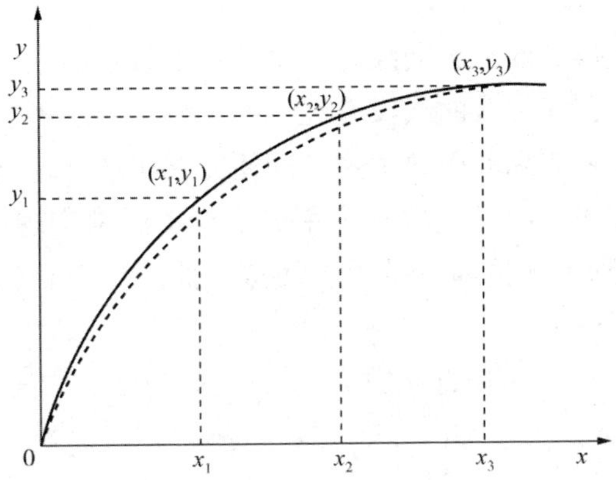

图 6-2　输入/输出特性曲线

编程时应将系数 k_1、k_2、k_3 以及数据(x_1, y_1)、(x_2, y_2)、(x_3, y_3)分别存放在指定的存储器中。智能仪器在进行校正时，先根据测量值的大小，找出所在直线段区域，从存储器中取出该直线段的系数，然后按照式(6-26)计算，获得实际被测量值 U。程序流程图如图 6-3 所示。

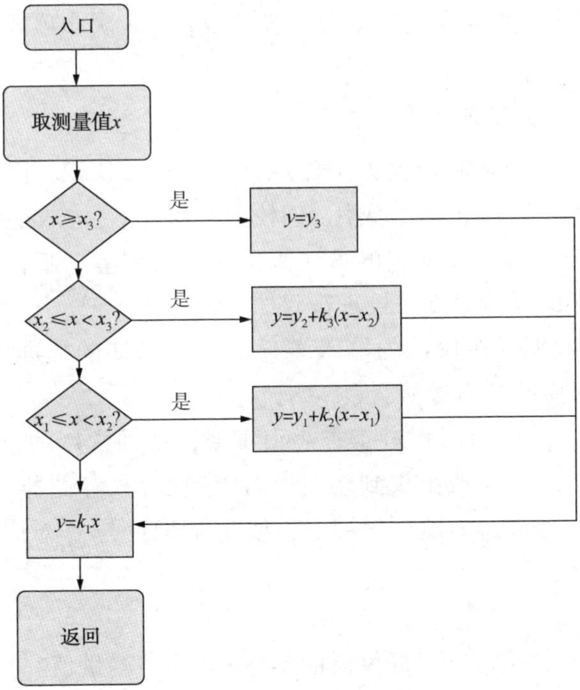

图 6-3　程序流程图

3)最小二乘法

利用代数插值法得到的拟合曲线在 n 个节点上校正误差为零，这是因为拟合曲线正好经过这些点，而拟合曲线没有经过的点校正误差可能增加。所以拟合曲线不一定能够准确反映实际的函数关系，即使能够实现，也会因为拟合曲线次数太高，使用起来不方便。因此，常常采用最小二乘法来实现曲线拟合，即以“误差平方和最小”的原则来衡量逼近结果，使拟合曲线更符合仪器的实际特性。下面介绍最小二乘法原理。

设被逼近函数为 $f(x)$，逼近函数为 $g(x)$，x_i 为 x 上的离散点，逼近误差为：

$$U(x_i)=|f(x_i)-g(x_i)|$$

令：

$$\psi=\sum U^2(x_i)$$

使 ψ 最小，即在最小二乘意义上使 $U(x_i)$ 最小化，为简单起见，常选用 $G(x)$ 为多项式：

$$G(x)=a_0x_0+a_1x_1+\cdots+a_mx_m \tag{6-27}$$

$$G(x)=\sum_{i=1}^{m}a_jx_j \tag{6-28}$$

若 $G(x)$ 为直线，则称为直线拟合；若 $G(x)$ 为 m 次多项式($m>1$)，则称为曲线拟合。

(3)利用标准数据校正系统误差

如果对系统误差的来源及仪器工作原理缺乏充分认识，则无法建立误差模型，有的仪器虽然可以建立误差模型，但校正过程复杂，若处理不当，则会引入新的误差。通过建立校正数据表的方法来修正系统误差，不仅可以提高测量精度，还可以提高系统运行速度。校正步骤如下：

① 获取校正数据：在仪器的输入端逐次加入已知的标准电压 x_1，x_2，…，x_n，并测出仪器对应的输出量 y_1，y_2，…，y_n。

② 建立表格：表格的形式对于查表很重要，一种常用的方法是将 x_i($i=1$，2，…，n)按照由小到大(或由大到小)的顺序依次存入存储器，用测量值(输出量)y_i($i=1$，2，…，n)作为地址偏移量，使 y_i 的地址与 x_i 对应，建立一张校正数据表。

③ 实际测量。

④ 查表校正：校正时，根据仪器的实际输出量(测量值)y_i 查表，读出对应的值 x_i，即得到经过校正后的被测量值。

若实际测量值 y_i 查表时没有对应的标准值，而是介于某两个测量值 y_i、y_{i+1} 对应的标准点 x_i 和 x_{i+1}之间，为了减小误差，可以再进行内插计算来修正。最简单的内插是线性内插，当 $y_i<y<y_{i+1}$时，取：

$$x = x_i + \frac{x_{i+1} - x}{y_{i+1} - y}(y - y_i) \tag{6-29}$$

内插法可以减少校准点，减少存储空间，但由于在两点间用一条直线代替原曲线，因而精度有限。如果要求更高的精度，可以采取增加校准点的方法，或者采用更精确的内插方法，如 n 阶多项式内插、三角内插等。

(4) 传感器的非线性校正

许多传感器、元器件和测量电路的输出信号与被测参数存在明显的非线性。例如，在温度测量中，热电偶与温度的关系是非线性的；再如，测量热电阻所用的四臂电桥，当电阻变化使电桥失去平衡时，输出电压与电阻之间的关系也是非线性的。为了使智能仪器直接显示各种参数并提高测量精度，需要对传感器的非线性进行校正。校正算法常由仪器通过执行相应的软件来完成，比传统仪器中采用的硬件技术方便，并且具有较高的精度和广泛的适用性。常用的传感器非线性校正算法有校正函数法、代数插值法、最小二乘法等。其中，利用代数插值法、最小二乘法进行传感器的非线性校正实际上就是利用离散数据建立模型方法来校正系统误差的典型应用。

1) 利用离散数据建立模型方法校正传感器的非线性

下面以镍铬-镍铝热电偶为例说明利用代数插值法、最小二乘法等校正传感器非线性的校正过程。

0~490℃的镍铬-镍铝热电偶分度见表 6-2，现要求进行非线性校正，设允许校正误差小于 3℃。

表 6-2　镍铬-镍铝热电偶分度

温度/℃	0	10	20	30	40	50	60	70	80	90
	热电势/mV									
0	0.00	0.40	0.80	1.20	1.61	2.02	2.44	2.85	3.27	3.68
100	4.10	4.51	4.92	5.33	5.73	6.14	6.54	6.94	7.34	7.74
200	8.14	8.54	8.94	9.34	9.75	10.15	10.56	10.97	11.38	11.80
300	12.21	12.62	13.04	13.46	13.87	14.29	14.71	15.13	15.55	15.97
400	16.40	16.82	17.24	17.67	18.09	18.51	18.94	19.36	19.79	20.21

① 采用直线方程进行非线性校正：

校正时，一般取两端点，即取 $A(0, 0)$ 和 $B(20.21, 490)$ 两点，按式(6-22)可求得 $a_1 \approx 24.245$，$a_0=0$，由式(6-21)可得 $P_1(x)=24.245x$，这就是直线校正方程。可以验证，在两端点，拟合误差为 0，而在 $x=11.38\text{mV}$ 时，$P_1(x)=275.91$℃，误差为 4.09℃，达到最大值。240~360℃范围内拟合误差均大于 3℃。

显然，对于非线性严重或测量范围较宽的非线性特性曲线，采用上述一个直线方程进行校正，往往很难满足仪表的精度要求。

② 采用抛物线插值法进行校正：

选择两端点及中间点，即节点选择(0, 0)、(10.15, 250)和(20.21, 490)三点。根据式(6-23)得：

$$P_2(x)=\frac{x(x-20.21)}{10.15(10.15-20.21)}\times 250+\frac{x(x-10.15)}{20.21(20.21-10.15)}\times 490$$
$$=-0.038x^2+20.02x$$

可以验证，用这一方程进行非线性校正，每点误差均不大于 3℃，最大误差发生在 130℃处，误差值为 2.277℃。

可见，提高插值多项式的次数是提高校正精度的关键，插值多项式的次数需根据经验、描点观察数据的分布或试凑决定。另外，插值节点的选择与插值多项式的误差大小有很大的关系。由于一般给出的离散数组函数关系对的数目均较多，可选择适当的插值节点 x_i 和 y_i。

③ 采用分段插值法进行校正：

在表 6-2 中所列出的数据中取三点：(0, 0)、(10.15, 250)、(20.21, 490)，现用经过这三点的两个直线方程来近似代替整个表格，并可以求得方程为：

$$P_1(x)=\begin{cases}24.63x & 0\leqslant x<10.15\\ 23.86x+7.85 & 10.15\leqslant x\leqslant 20.21\end{cases}$$

可以验证，用这两个插值方程对表 6-2 所列的数据进行非线性校正，每点的误差均不大于 2℃。第一段的最大误差发生在 130℃处，误差值为 1.278℃；第二段的最大误差发生在 340℃处，误差值为 1.212℃。

当非线性严重时，用一段或两段直线方程进行拟合无法保证拟合精度，往往需要通过增加分段数来满足拟合要求。另外，分段节点分布不合理将会导致误差不能均匀分布，因此应合理确定分段节点的位置。

④ 最小二乘法建立校正模型的方法：

在表 6-2 的数据中取三点：(0, 0)、(10.15, 250)、(20.21, 490)，采用分段

直线拟合，拟合系数用最小二乘法求取。在 3 个节点之间求出两段直线方程为：

$y=a_{01}+a_{11}x \qquad 0\leqslant x<10.15$

$y=a_{02}+a_{12}x \qquad 10.15\leqslant x\leqslant 20.21$

分别求出 a_{01}、a_{11} 和 a_{02}、a_{12}，$a_{01}=-0.122$，$a_{11}=24.57$；$a_{02}=9.05$，$a_{12}=23.84$。

可以验证，第一段直线最大绝对误差发生在 130℃处，误差为 0.836℃；第二段直线最大绝对误差发生在 250℃处，误差为 0.925℃。与前述分段折线拟合结果比较，采用最小二乘法所得的校正方程的绝对误差要小得多。

2）利用校正函数法进行传感器的非线性校正

如果确切知道传感器非线性特性的解析式 $y=f(x)$，则就有可能利用基于此解析式的校正函数来进行非线性校正，如图 6-4 所示。

图 6-4　传感器的非线性校正示意

已知：

$$y=f(x) \tag{6-30}$$

$$N=ky \tag{6-31}$$

$$z=x \tag{6-32}$$

设 $y=f(x)$ 的反函数为 $x=F(y)$，则由式(6-32)可得：

$$z=x=F(y) \tag{6-33}$$

由式(6-31)可知，$y=N/k$，代入式(6-33)中，有：

$$z=x=F(N/k)=\phi(N) \tag{6-34}$$

式(6-34)就是对应于 $y=f(x)$ 的校正函数，其自变量是数据采集系统的输出信号 N，因变量 $z=x$，为根据数字量提取出来的被测物理量。下面以一个实例来说明校正函数法的使用过程。

某测温热敏电阻的阻值与温度之间的关系为：

$$R_{\mathrm{T}}=\alpha R_{25℃}\mathrm{e}^{\beta/T}=f(T) \tag{6-35}$$

式中，R_{T} 为热敏电阻在温度为 T 时的阻值；$R_{25℃}$ 为热敏电阻在 25℃时的阻值；T 为热力学温度，单位为 K；当温度在 0~50℃之间，$\alpha\approx1.44\times10^{-6}$，$\beta\approx4016\mathrm{K}$。

显然，式(6-35)是一个以被测量 T 为自变量，R_{T} 为因变量的非线性函数表达式。可利用校正函数法来求出与被测量 T 呈线性关系的校正函数，具体实现过程如下。

① 首先求式(6-35)的反函数，可得：

$$\ln R_{\mathrm{T}}=\ln(\alpha R_{25℃})+\frac{\beta}{T} \tag{6-36}$$

$$\frac{\beta}{T}=\ln R_{\mathrm{T}}-\ln(\alpha R_{25℃})=\ln\left(\frac{R_{\mathrm{T}}}{\alpha R_{25℃}}\right) \tag{6-37}$$

所以：

$$T=\frac{\beta}{\ln[R_{\mathrm{T}}/(\alpha R_{25℃})]}=F(R_{\mathrm{T}}) \tag{6-38}$$

式(6-38)即为 $R_{\mathrm{T}}=f(x)$ 的反函数。

② 再求相应的校正函数。由式(6-31)得：

$$N=kR_{\mathrm{T}}$$

即：

$$R_{\mathrm{T}}=N/k$$

则：

$$F(R_{\mathrm{T}})=F\left(\frac{N}{k}\right)=\frac{\beta}{\ln[N/(k\alpha R_{25℃})]}=T \tag{6-39}$$

于是可得校正函数为：

$$z=T=F(R_{\mathrm{T}})=F\left(\frac{N}{k}\right)=\frac{\beta}{\ln[N/(k\alpha R_{25℃})]} \tag{6-40}$$

因此，仪器中的微处理器只需要把数据采集系统的输出 N 代入式(6-40)进行计算，就可以转换为 z，即被测量值 T。

在实际应用中，许多传感器的函数解析式难以直接得到，这样就不可能求出相应的反函数；即使能得到传感器的函数解析式，也不一定能方便地变换成相应的反函数；而且有的校正函数比较复杂，不便于工业现场使用微处理器进行实时计算。此时，可以采用前述代数插值法或最小二乘法实现传感器的非线性校正。

6.3 PID 控制算法

6.3.1 PID 简介

PID 即 Proportional(比例)、Integral(积分)、Differential(微分)的缩写。顾名思义，PID 控制算法是集比例、积分和微分三种环节于一体的控制算法，它是连续系统中技术最为成熟、应用最为广泛的一种控制算法，该控制算法出现于 20

世纪 30 至 40 年代，适用于对被控对象模型了解不清楚的场合。实际运行的经验和理论的分析都表明，运用这种控制规律对许多工业过程进行控制时，都能得到比较满意的效果。PID 控制的实质就是根据输入的偏差值，按照比例、积分、微分的函数关系进行运算，将运算结果用于控制输出。

在工业过程中，连续控制系统的理想 PID 控制规律为：

$$u(t)=K_P\left[e(t)+\frac{1}{T_t}\int_0^t e(t)\mathrm{d}t+T_D\frac{\mathrm{d}e(t)}{\mathrm{d}t}\right] \tag{6-41}$$

式中，K_P 为比例增益，K_P 与比例度呈倒数关系；T_t 为积分时间常数；T_D 为微分时间常数；$u(t)$ 为 PID 控制器的输出信号；$e(t)$ 为给定值 $r(t)$ 与测量值之差。

6.3.2　PID 控制原理

闭环控制是根据控制对象输出反馈来进行校正的控制方式，它是在测量出实际与计划发生偏差时，按定额或标准来进行纠正的。比如控制一个电机的转速，就得有一个测量转速的传感器，并将结果反馈到控制路线上。PID 是闭环控制算法中最简单的一种。

(1) 比例

成比例地反映控制系统的偏差信号，偏差一旦产生，立即产生控制作用以减小偏差。比例控制器的输出 $u(t)$ 与偏差 $e(t)$ 成正比，能迅速反映偏差，从而减小偏差，但不能消除静差。静差是指系统控制过程趋于稳定时，给定值与输出量的实测值之差。偏差存在，才能使控制器维持一定的控制量输出，因此比例控制器必然存在着静差。比例控制作用的大小除与偏差 $e(t)$ 有关外，还取决于比例系数 K_P 的大小。比例系数 K_P 越小，控制作用越小，系统响应越慢；反之，比例系数 K_P 越大，控制作用也越强，则系统响应越快。但是，K_P 过大会使系统产生较大的超调和振荡，导致系统的稳定性能变差。因此，不能将 K_P 选得过大，应根据被控对象的特性来折中选取，使系统的静差控制在允许的范围内，同时又具有较快的响应速度。

(2) 积分

积分环节的作用是消除静差提高系统的无差度。积分作用的强弱，取决于积分时间常数 T_t，T_t 越大积分作用越弱，反之则越强。积分控制作用的存在与偏差 $e(t)$ 的存在时间有关，只要系统存在着偏差，积分环节就会不断起作用，对输入偏差进行积分，使控制器的输出及执行器的开度不断变化，产生控制作用以减小偏差。在积分时间足够的情况下，可以完全消除静差，这时积分控制作用将维持不变。T_t 越小，积分速度越快，积分作用越强。但积分作用太强会使系统超调加大，甚至使系统出现振荡。

(3)微分

微分环节的作用是能反映偏差信号的变化趋势(变化速率)，并能在偏差信号的值变得太大之前，在系统中引入一个有效的早期修正信号，从而加快系统的动作速度，减小调节时间。积分控制作用的引入虽然可以消除静差，但是也降低了系统的响应速度，特别是对于具有较大惯性的被控对象，用 PI 控制器很难得到很好的动态调节品质，系统会产生较大的超调和振荡，这时可以引入微分作用。在偏差刚出现或变化的瞬间，不仅根据偏差量作出及时反应(即比例控制作用)，还可以根据偏差量的变化趋势(速度)提前给出较大的控制作用(即微分控制作用)，将偏差消灭在萌芽状态，这样可以大大减小系统的动态偏差和调节时间，使系统的动态调节品质得以改善。微分环节有助于系统减小超调，克服振荡，加快系统的响应速度，减小调节时间，从而改善了系统的动态性能，但微分时间常数过大，会使系统出现不稳定。微分控制作用一个很大的缺陷是容易引入高频噪声，所以在干扰信号比较严重的流量控制系统中不宜引入微分控制作用。

对于一个恒定的偏差量来说，不管其数值有多大，微分控制作用均为零。因此，微分作用不能消除静差，单独使用意义不大，一般需要与比例、积分控制作用配合使用，构成 PD 或 PID 控制。

对于 PID 控制，在控制偏差输入为阶跃信号时，立即产生比例和微分控制作用。由于在偏差输入的瞬时，变化率非常大，微分控制作用很强，此后微分控制作用迅速衰减，但积分作用越来越大，直至最终消除静差。PID 控制综合了比例、积分、微分 3 种作用，既能加快系统响应速度、减小振荡、克服超调，亦能有效消除静差，系统的静态和动态品质得到很大改善，因此 PID 控制器在工业控制中得到了广泛的应用。

6.3.3 控制器的 PID 项选择

下面将常用的各种控制规律的控制特点简单归纳如下。

(1)比例(P)控制规律

采用 P 控制规律能较快地克服扰动的影响，它的特点是输出值与偏差成正比，控制速度快、效果明显，但不能很好稳定在一个理想的数值，不良的结果是虽能有效地克服扰动的影响，但有余差出现。它适用于控制通道滞后较小、负荷变化不大、控制要求不高、被控参数允许在一定范围内有余差的场合。如水泵房冷、热水池水位控制，油泵房中间油罐油位控制等。

(2)比例积分(PI)控制规律

在工程中比例积分控制规律是应用最广泛的一种控制规律。积分能在比例的基础上消除余差，它适用于控制通道滞后较小、负荷变化不大、被控参数不允许有余差的场合，如重油流量控制系统、油泵房供油管流量控制系统、退火。

(3)比例微分(PD)控制规律

微分具有超前作用，对于具有容量滞后的控制通道，引入微分参与控制，在微分项设置得当的情况下，对于提高系统的动态性能指标，有着显著效果。因此，对于控制通道的时间常数或容量滞后较大的场合，为了提高系统的稳定性、减小动态偏差等可选用比例微分控制规律。如加热型温度控制、成分控制。需要说明一点，对于那些纯滞后较大的区域，微分控制是无能为力的，而在测量信号有噪声或周期性振动的系统，则也不宜采用微分控制，如大窑玻璃液位的控制。

(4)比例积分微分(PID)控制规律

PID 控制规律是一种较理想的控制规律，它在比例的基础上引入积分，可以消除余差，再加入微分作用，又能提高系统的稳定性。它适用于控制通道时间常数或容量滞后较大、控制要求较高的场合。如温度控制、成分控制等。我们还必须了解时间滞后的概念，时间滞后包括容量滞后与纯滞后。其中容量滞后通常又包括测量滞后和传送滞后。测量滞后是检测元件在检测时需要建立的一种平衡，如热电偶、热电阻、压力等响应较慢产生的一种滞后。而传送滞后则是在传感器、变送器、执行机构等设备产生的一种控制滞后。纯滞后是相较于测量滞后而言的，在工业上，大多的纯滞后是由物料传输所致，如大窑玻璃液位，从投料机动作到核子液位仪检测需要很长的一段时间。

总之，控制规律的选用要根据过程特性和工艺要求来选取，绝不是说 PID 控制规律在任何情况下都具有较好的控制性能，不分场合采用是不明智的。如果这样做，只会给其他工作增加复杂性，并给参数整定带来困难。当采用 PID 控制器还达不到工艺要求时，则需要考虑其他的控制方案，如串级控制、前馈控制、大滞后控制等。

6.3.4 位置式 PID 控制算法

在数字计算机系统中 PID 控制算法的实现，必须用数值逼近的方法。当采样周期相当短时，用求和代替积分，用差商代替微商，使 PID 算法离散化，将描述连续-时间 PID 算法的微分方程，变为描述离散-时间 PID 算法的差分方程。位置式 PID 控制算法流程如图 6-5 所示。

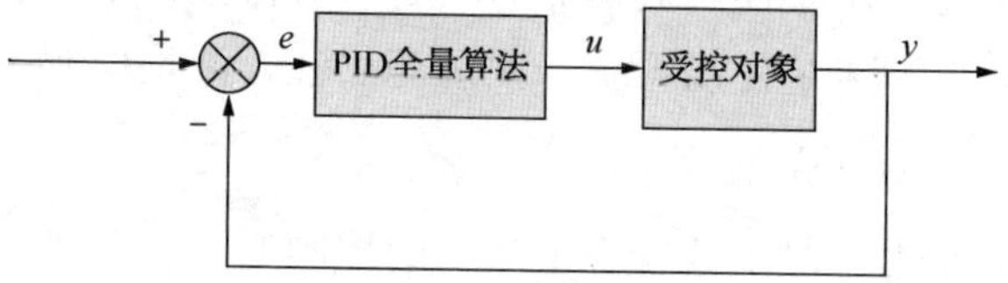

图 6-5　位置式 PID 控制算法

用矩形积分时，有：

$$\frac{1}{T_I}\int_0^t e(\tau)\,\mathrm{d}t = \frac{T_S}{T_I}\sum_{j=0}^{k} e(j) \tag{6-42}$$

用差分代替微分：

$$T_D\frac{\mathrm{d}e(t)}{\mathrm{d}t} = \frac{T_D}{T_S}[e(k) - e(k-1)] \tag{6-43}$$

将式(6-42)、式(6-43)代入式(6-41)，PID 算法变为：

$$u(k) = K_p e(k) + \frac{T_S}{T_I}\sum_{j=0}^{k} e(j) + \frac{T_D}{T_S}[e(k) - e(k-1)] + u_0 \tag{6-44}$$

或：

$$u(k) = K_p e(k) + K_I\sum_{j=0}^{k} e(j) + K_D[e(k) - e(k-1)] + u_0$$

式中，u_0 为控制量的基值，即 $k=0$ 时的控制；$u(k)$ 为第 k 个采样时刻的控制；K_P 为比例放大系数；T_I 为采样时间积分；T_S 为采样周期；K_I为积分放大系数；K_D 为微分放大系数。

式(6-44)是数字 PID 算法的非递推形式，称为全量算法。算法中，为了求和，必须将系统偏差的全部过去值 $e(j)$ $(j=1, 2, 3, \cdots, k)$ 都存储起来。这种算法得出控制量的全量输出 $u(k)$，是控制量的绝对数值。在控制系统中，这种控制量确定了执行机构的位置，例如，在阀门控制中，这种算法的输出对应阀门的位置(开度)。所以，将这种算法称为“位置算法”。

6.3.5　增量式 PID 控制算法

当执行机构需要的不是控制量的绝对值，而是控制量的增量(例如，用以驱动步进电动机)时，需要用 PID 的增量算法，如图 6-6 所示。

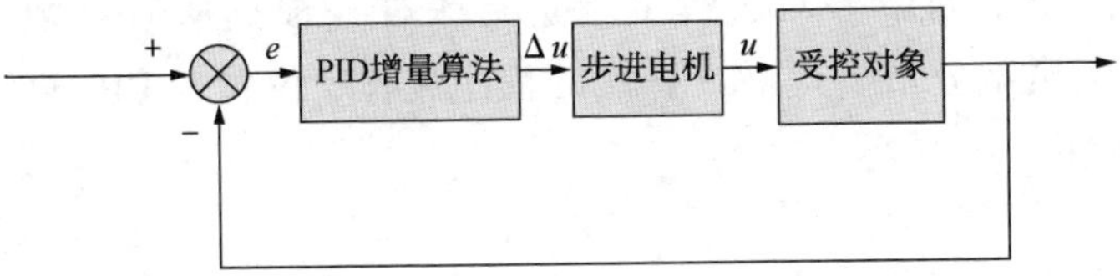

图 6-6　增量式 PID 控制算法

求出：

$$u(k-1)=K_{P}e(k-1)+\frac{T_{S}}{T_{I}}\sum_{j=0}^{k-1}e(j)+\frac{T_{D}}{T_{S}}[e(k-1)-e(k-2)]+u_{0}$$

用上式求出 $u(k)$ 的表达式，两式相减，得出控制量的增量算法：

$$\begin{aligned}\Delta u(k)&=u(k)-u(k-1)\\&=K_{P}[e(k)-e(k-1)]+\frac{T_{S}}{T_{I}}e(k)+\frac{T_{D}}{T_{S}}[e(k)-2e(k-1)+e(k-2)]\end{aligned}\tag{6-45}$$

式(6-45)称为增量式 PID 算法。

$$\Delta u(k)=q_{0}e(k)+q_{1}e(k-1)+q_{2}e(k-2)\tag{6-46}$$

式中，$q_{0}=K_{p}(1+\frac{T_{S}}{T_{I}}+\frac{T_{D}}{T_{S}})$，$q_{1}=-K_{p}(1+s\frac{T_{S}}{T_{D}})$，$q_{2}=K_{p}\frac{T_{S}}{T_{D}}$。

式(6-46)已看不出是 PID 的表达式了，也看不出“P”“I”“D”作用的直接关系，只表示了各次误差量对控制作用的影响。从式(6-46)可看出，数字增量式 PID 算法，只要储存最近的三个误差采样值 $e(k)$、$e(k-1)$、$e(k-2)$ 就足够了。

6.3.6　PID 算法的程序流程

(1)增量式 PID 算法的程序流程

为了编程方便，可将式(6-46)整理成如下形式，即：

$$\Delta u(n) = a_0 e(n) + a_1 e(n-1) + a_2 e(n-2) \tag{6-47}$$

式中，$a_0 = K_p(1 + \frac{T}{T_I} + \frac{T_D}{T})$，$a_1 = -K_p(1 + \frac{2T_D}{T})$，$a_2 = K_p \frac{T_D}{T}$。

由式(6-47)可见，按增量式 PID 算法计算 $\Delta u(n)$ 只需要保留现在时刻的值及其之前的两个偏差值，即 $e(n)$、$e(n-1)$ 和 $e(n-2)$。初始化程序置初值 $e(n-1)=e(n-2)=0$，由于中断服务对过程变量进行采样，根据所有参数计算 $\Delta u(n)$。图 6-7给出了完全微分增量式 PID 算法的程序流程。位置式 PID 算法程序流程图如图 6-8 所示。

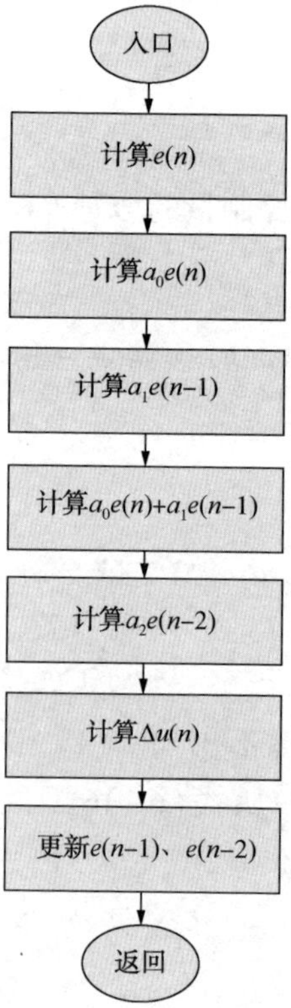

图 6-7　完全微分增量式 PID 算法程序流程图

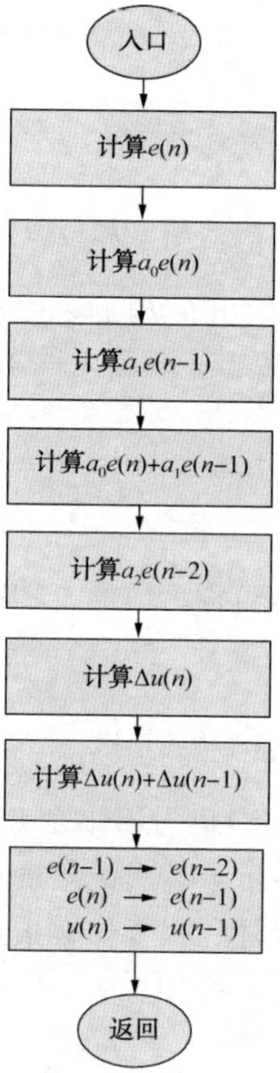

图 6-8　位置式 PID 算法程序流程图

(2)位置式 PID 算法的程序流程

利用增量式控制算法[式(6-47)]也可得出位置式控制算法的递推形式，即：

$$u(n)=u(n-1)+\Delta u(n)=u(n-1)+a_0e(n)+a_1e(n-1)+a_2e(n-2) \tag{6-48}$$

由式(6-48)可见，因 $u(n)=u(n-1)+\Delta u(n)$，所以位置式 PID 算法只需在增量式 PID 算法的程序流程基础上增加一次加运算 $u(n)=u(n-1)+\Delta u(n)$ 和更新 $u(n-1)$ 即可，如图 6-8 所示。

在执行图 6-7 和图 6-8 所示的程序流程编写的程序时，必须先在内存中的指定地址填写 PID 运算所需的数据，除固定常数 a_0、a_1、a_2 外，其他数据都要每个采样周期更新一次。设 $c(n)$ 是被控参量在第 n 个采样周期的测量值，$r(n)$ 是按照预定的控制要求被控参量在该采样周期应达到的值，即给定值。如果要求被控参量始终保持恒定，那么 $r(n)$ 为常数，由键盘输入内存即可。如要求被控变量随时间变化，那么 $r(n)$ 为时间函数，即在第 n 个采样周期的瞬时值 $r(n)=r(nT)$，$r(n)$ 一般要每次通过计算求出后存入内存。PID 运算时计算出二者之差 $e(n)=r(n)-c(n)$ 作为 PID 控制的依据。另外，在 PID 控制过程中必须有一个计时模块，每间隔 T(采样周期)产生一次定时中断，主机响应后，即执行中断服务程序。

6.3.7　应用实例

一个电炉的炉温控制要求按图 6-9 所示的曲线规律变化。从加温开始到 a 点(对应温度为 T_a)为自由升温段，当温度达到 T_a 后引入 PID 控制，使炉温在超调满足给定指标的条件下进入保温段 bc，保温段时间为 50~100min。cd 段为自然降温段，无须控制。

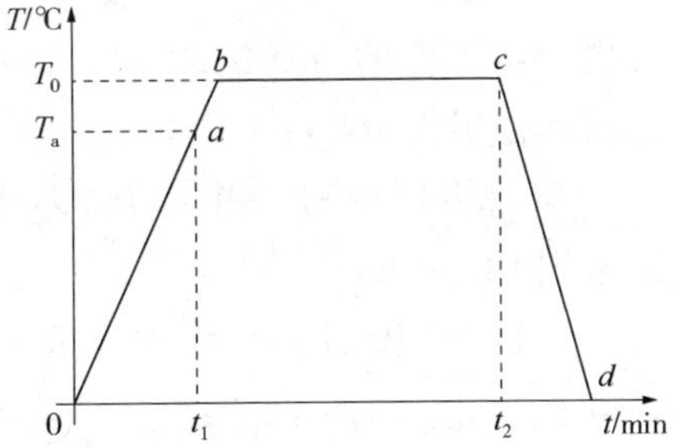

图 6-9　炉温控制曲线图

根据炉温控制曲线，对各项品质指标的要求如下。

过渡过程时间 t_s：从升温开始到进入保温段(0~T_a 段)的时间。

$$t_s<100\text{min}$$

静态误差 e_v：保温段实际温度值 T 与要求保温值 T_0 之差与要求保温值 T_0 之比。

$$e_v=\frac{T-T_0}{T_0}\leqslant \pm 2\%$$

保温值变化范围为50~100℃。

(1)炉温控制系统的构成

炉温控制系统框图如图6-10所示。系统中采用铂电阻作为温度检测元件，用A/D转换器将温度检测元件信号转换成数字信号，通过PIO的A口采入计算机，计算机输出的控制信号通过PIO的B口，经D/A转换成模拟信号，再经放大后控制晶闸管整流装置。

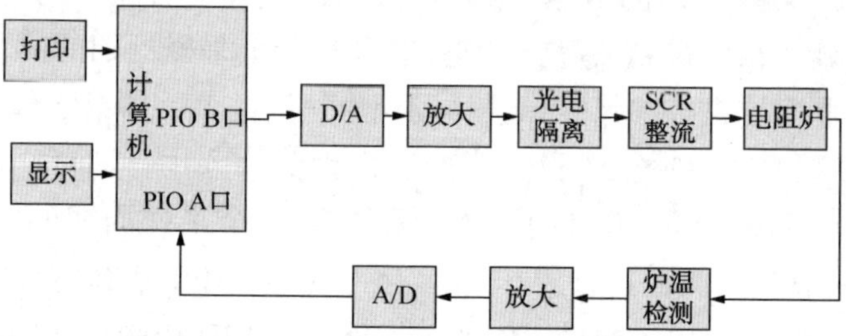

图6-10　炉温控制系统框图

(2)控制规律选择及PID参数计算

由图6-9可知，炉温控制曲线可分成三段：自由升温段(a点以前)、保温段(bc)和自然降温段(cd)，而真正需要电气控制的是前两个阶段。

① 自由升温段控制。在自由升温段，希望升温越快越好，此段控制方程为：

$$u(n)=1(T\leqslant 0.8T_0)$$

实际程序中，$u(n)=1$表示计算机向D/A转换器输出该转换器所要求的满量程值。就8位的DAC0832而言，这一数值为FFH，与这一数字量对应的晶闸管整流器输出为160V。

② 保温段控制。当$T>0.8T_0$后进入保温段，对象为带纯滞后的惯性环节，宜采用PID控制。

增量式PID控制算法为：

$$u(n)=u(n-1)+K_P[e(n)-e(n-1)]+K_Ie(n)+K_D[e(n)-2e(n-1)+e(n-2)]$$

选$K_P=0.04$、$K_I=0.002$、$K_D=0.16$，则保温段PID控制的差分方程为：

$$u(n)=u(n-1)+0.202e(n)-0.36e(n-1)+0.16e(n-2) \quad (6-49)$$

在实际编写程序时，将式(6-49)改写成两个迭代方程，加入常值项$u_0=0.8$，则：

$$u(n) = 0.202e(n) + v(n-1) - 0.36e(n-1) + u_0$$

$$v(n) = u(n) - 0.36e(n) + 0.16e(n-1) \tag{6-50}$$

$v(n-1)$代表前一采样时刻算得的$[v(n)-d_1e(n)+d_2e(n-1)]$值，在此刻该值与式(6-49)中的$u(n-1)-0.36e(n-1)+0.16e(n-2)$是等效的。

计算开始时取$u(n-1)=0$，$e(n-1)=0$，每次采样计算一次$e(n)$、$u(n)$及$v(n)$，并将$e(n)$、$u(n)$及$v(n)$存起来，变成$e(n-1)$、$u(n-1)$及$v(n-1)$，供下一采样时刻使用。

(3)程序实现

炉温控制程序由主程序、中断服务程序及若干子程序模块组成。

主程序流程如图 6-11 所示。它以循环方式开中断，并显示当前的温度值及控制输出值。对炉温的采样及控制都在中断服务程序中进行。

中断服务程序流程如图 6-12 所示。它求取当前炉温值与给定保温值的偏差，判别是否进入了保温段。如已进入保温段，则调用 PD(或 PID)算法子程序，否则令$v(n)$= FFH 输出，使晶闸管整流器以全功率给电炉加温。

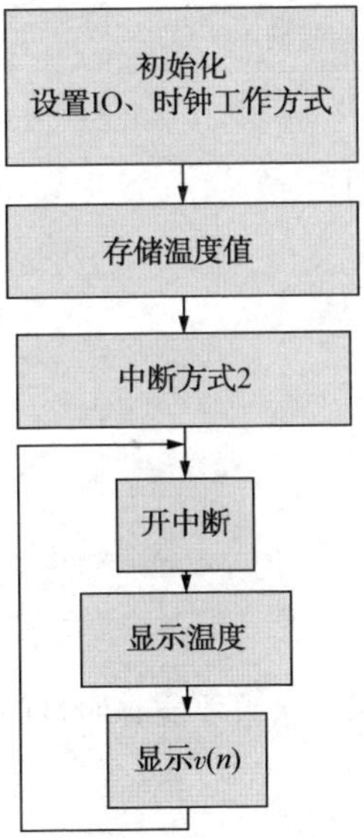

图 6-11　炉温控制主程序流程

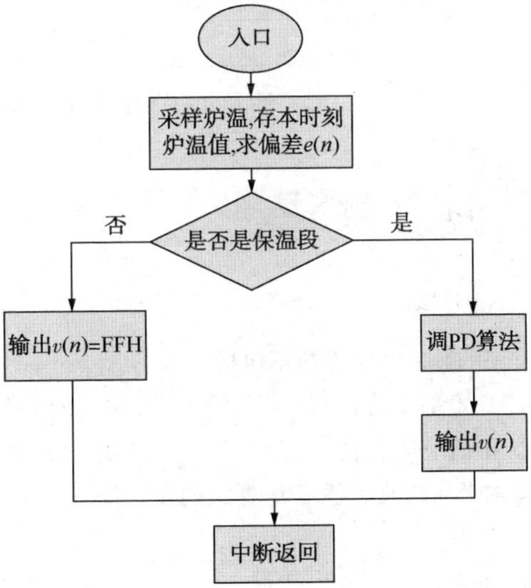

图 6-12　中断服务程序流程

PID 控制算法程序流程如图 6-13 所示。

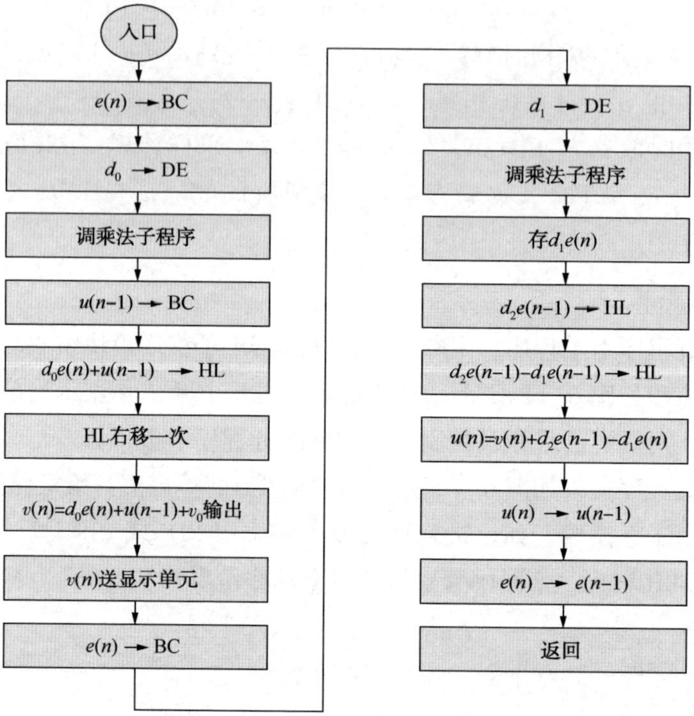

图 6-13　PID 控制算法程序流程图

习　题

一、选择题

1. 常用的数字滤波方法不包括(　　)。

A. 算术平均滤波　　　　B. 中值滤波

C. 中值平均滤波　　　　D. 几何平均滤波

2. 算术平均滤波的优点是算法简单，缺点是需要较多的采样次数才能有明显的平滑效果。(　　)

A. 正确　　　B. 错误　　　C. 无法判断

3. 关于 PI、PD、PID 校正，下列说法正确的是(　　)。

A. PI 校正可获得快速响应，但存在稳态误差

B. PID 校正可获得快速响应，并消除稳态误差

C. PD 校正可获得快速响应，并消除稳态误差

D. PD 校正降低响应速度，但消除稳态误差

4. 比例积分调节器，其比例调节作用，可以使系统动态响应速度较快；而其积分调节作用，又使系统基本上无静差。(　　)

A. 正确　　B. 错误　　C. 无法判断

5. 调速系统中采用比例积分调节器，兼顾了实现无静差和快速性的要求，解决了静态和动态对放大倍数要求的矛盾。(　　)

A. 正确　　B. 错误　　C. 无法判断

6. 比例控制直流调速系统能够减小稳态速降的实质是自动调节作用。(　　)

A. 正确　　B. 错误　　C. 无法判断

7. 采用比例积分调节器的闭环调速系统一定属于(　　)。

A. 无静差调速系统　　B. 有静差调速系统

C. 双闭环调速系统　　D. 交流调速系统

8. 带有比例调节器的单闭环直流调速系统，如果转速的反馈值与给定值相等，则调节器的输出为(　　)。

A. 零　　B. 大于零的定值

C. 小于零的定值　　D. 保持原先的值不变

9. 无静差单闭环调速系统，稳态时，转速的给定值与反馈值相同，此时调节器的输出(　　)。

A. 为 0　　B. 正向逐渐增大

C. 负向逐渐增大　　D. 保持恒定终值不变

10. 转速电流双闭环调速系统中的两个调速器通常采用的控制方式是(　　)。

A. PID　　B. PI　　C. P　　D. PD

11. 连续采样 n 次(一般取奇数)，把 n 次采样值按大小排列，形成有序数据，取中间值为本次有效值。这种滤波算法是什么？(　　)

A. 算术平均滤波　　B. 中值滤波

C. 中值平均滤波　　D. 递推平均滤波

12. 连续取 N 个采样值进行算术平均运算。这种滤波算法是什么？(　　)

A. 算术平均滤波　　B. 中值滤波

C. 中值平均滤波　　D. 递推平均滤波

13. 在算术平均滤波中，N 值较大时，信号平滑度较(　　)，但是灵敏度较(　　)。

A. 高　　B. 低　　C. 不变　　D. 无法判断

14. 下列数字滤波算法中最简单的是(　　)。

A. 限幅滤波　　B. 限速滤波

C. 加权平均滤波　　D. 中值滤波

15. 下列数字滤波算法中属于动态滤波器的是(　　)。

A. 限幅滤波　　　　B. 限速滤波

C. 算术平均滤波　　　　D. 一阶滞后滤波

二、简答题

1. 与硬件滤波器相比，数字滤波器有何优点？
2. 常用的滤波方法有哪些？试说明各种滤波方法的特点和使用场合。
3. 校正算法的功能是什么？
4. 简述 PID 算法。
5. 简述增量式 PID 算法和位置式 PID 算法的特点。

参 考 文 献

[1] 韩柳．机械控制工程基础实验教程[M]．北京：国防工业出版社，2013.

[2] 曹建平．智能化仪器原理及应用[M]．西安：西安电子科技大学出版社，2012.

[3] 付华，徐耀松，王雨虹．智能仪器[M]．北京：电子工业出版社，2013.

[4] 丁国清，陈欣．智能仪器设计[M]．北京：机械工程出版社，2014.

[5] 史建芳．智能仪器设计基础[M]．北京：电子工业出版社，2012.

[6] 殷侠，王蓉．智能仪器原理与设计[M]．北京：中国电力出版社，2015.

[7] 赵新民．智能仪器设计基础[M]．哈尔滨：哈尔滨工业大学出版社，1999.

[8] 赵茂泰．智能仪器原理及应用[M]. 2 版．北京：电子工业出版社，2004.

[9] 朱兆优．智能仪器原理与设计：基于 STC15 系列可在线仿真 8051 单片机[M]．北京：电子工业出版社，2006.

[10] 付华，王雨虹，刘伟玲．智能仪器技术[M]．北京：电子工业出版社，2017.

[11] 程德福，林君．智能仪器[M]. 3 版．北京：机械工业出版社，2017.

[12] 高云红，冯志刚．智能仪器技术及工程实例设计[M]．北京：北京航空航天大学出版社，2015.